U0831601

高等学校安全科学与工程类系列教材

安全监测监控技术

主　编　魏引尚 李树刚
副主编　李　俊 吴建斌

第三版

中国矿业大学出版社
·徐州·

内 容 提 要

本书简述了安全监测监控技术构成及发展历程，以及以此构成的安全监测监控系统的工作原理、功能和用途；讲述了传感器基本理论及主要技术特征，并阐述了不同用途的传感器和相关矿井环境状态参数的检测原理或方法；讲述了测控分站结构、功能以及实现功能的方法和原理；介绍了测控信号在系统中传输时的数据采集技术、通信技术以及匹配的计算机网络技术；阐述了监测信息处理基本方法以及作为安全信息时用于管理方面的基本功能，并结合目前推广使用的安全监测监控系统，介绍了安全监测监控系统的主要性能测试方法、设计和应用遵循的规范。

本教材可作为普通高等学校安全工程、采矿工程、计算机通信、自动控制和工业自动化等专业本科教学或自学用书，也可作为从事安全监测监控系统设计制造、工程安装等的科研和技术人员的参考资料。

图书在版编目(CIP)数据

安全监测监控技术/魏引尚，李树刚主编．—3版．—徐州：中国矿业大学出版社，2023.5

ISBN 978-7-5646-5309-5

Ⅰ．①安… Ⅱ．①魏… ②李… Ⅲ．①矿山安全—安全监测—概论 Ⅳ．①TD7

中国版本图书馆 CIP 数据核字(2022)第 032995 号

书　　名　安全监测监控技术

主　　编　魏引尚　李树刚

责任编辑　黄本斌

出版发行　中国矿业大学出版社有限责任公司

（江苏省徐州市解放南路　邮编 221008）

营销热线　(0516)83884103　83885105

出版服务　(0516)83995789　83884920

网　　址　http://www.cumtp.com　**E-mail**:cumtpvip@cumtp.com

印　　刷　徐州中矿大印发科技有限公司

开　　本　787 mm×1092 mm　1/16　**印张** 13.25　**字数** 331 千字

版次印次　2023年5月第3版　2023年5月第1次印刷

定　　价　36.00元

前　言

（第三版）

“十三五”期间，我国建成了全球规模最大的光纤通信网络、4G 网络，包括现在正在部署的 5G 网络。在“十四五”规划中，提出了“加快数字化发展 建设数字中国”的目标。随着信息化和智能化技术在全世界的普及和应用，安全监测监控技术正在发挥其预警效能。矿井生产智能化建设正如火如荼进行中，对安全监测监控技术的要求越来越高，不仅要求矿井安全监测监控系统与人员定位系统、井下广播通信系统等融合互通，而且要求安全监测监控系统与矿井安全监管监察部门联网。

本教材于 2005 年被列入高等学校（矿业）“十一五”规划教材，主要面向应用安全监测监控技术的师生和工程技术群体，力求把目标、方法和技术原理的关系阐述清晰。自 2008 年出版以来，得到全国各院校安全工程等专业师生鼎力支持，并于 2014 年和 2022 年分别进行修订。教材共分为十章，第一章介绍了安全监测监控系统基本知识和发展概况，第二章至第五章介绍了传感器技术、各种环境和工况参数检测技术及方法，第六章至第八章介绍了数据采集、数据通信和互联网通信技术，第九章介绍了监测数据统计方法、系统管理及应用，第十章介绍了安全监测监控技术与工程实践结合情况。

本次修订中，沿袭了教材早期风格，坚持了高等学校（矿业）规划教材研讨会的精神，并参考了各位编者近些年的讲义要点。其中西安科技大学的李树刚教授修编了第一章内容，吴建斌老师修编了第三章至第五章内容，李俊副教授修编了第六章至第八章内容，魏引尚教授修编了第二章、第九章和第十章内容，最后魏引尚教授审阅了全书。

本教材在编写和修订过程中，得到了中国矿业大学、太原理工大学、长安大学、河南理工大学、湖南科技大学、安徽理工大学和西安石油大学等兄弟院校老师和企业工程技术人员的大力支持与帮助，同时也参阅了许多专家、学者的著作和文献，在此一并表示感谢！

由于作者水平有限，教材中疏漏之处在所难免，希望广大读者提出宝贵意见。

编　者

2022 年 6 月

前　言
（第二版）

随着我国煤炭工业快速发展，煤矿安全生产形势日趋严峻，为了改善这一局面，在2010年国家有关部门先后出台了《国务院关于进一步加强企业安全生产工作的通知》（国发〔2010〕23号）、《国家安全生产监督管理总局 国家煤矿安全监察局关于建设完善煤矿井下安全避险“六大系统”的通知》（安监总煤装〔2010〕146号）等文件，要求煤矿企业进一步重视安全事故的预防工作。其中，装备安全监测监控系统就是一项很重要的建设项目，这是国家安全生产监督管理总局提出关于瓦斯灾害综合治理的“十二字”方针和“十六字”工作体系的延续，表明了“预防为主”对于安全问题是实施关口前移的根本原则，所以准确并及时监测矿井生产环境中各类安全和环境状态参数，仍是实现安全生产的基础性工作。

自从煤矿紧急避险“六大系统”建设以来，我国所有煤矿和非煤矿山企业都装备了安全监测监控系统，因此与之相关的各种技术也蓬勃发展，使得对于安全监测监控系统及其相关技术的需求日渐增多。利用安全监测监控技术，监测对象从瓦斯浓度、风速、有害气体变化等，发展到生产设备开停、供配电的自动控制，甚至井下瓦斯突出动力预测、煤自然发火变化趋势等灾害分析。

本教材第一版是在高等学校（矿业）“十一五”规划教材研讨会的精神指导下编写的，于2008年8月由中国矿业大学出版社正式出版。教材介绍了安全监测基本构成、传感器原理和主要监测方法，讲述了矿井生产环境中各类安全状态和环境参数的监测技术，各种重要的监测仪器、仪表和监测系统，力求使学生能学以致用、触类旁通，把基本的监测技术和方法正确地应用到实践中去。多年的教学使用，表明本教材颇受在校师生和函授同学的欢迎，为此，我们再次对本教材进行了修订。

修订后的《安全监测监控技术》教材，共分为十章，第一章介绍了安全监测监控系统组成、功能和发展概况，第二章至第五章介绍了传感器技术以及各类环境安全参数的监测技术及方法，第六章至第八章介绍了数据通信及计算机网络通信技术，第九章介绍了监测数据的综合管理和应用，第十章介绍了安全监测监控系统的设计和应用的基本原则。

本次修订中，坚持了高等学校（矿业）“十一五”和“十二五”规划教材研讨会的精神，并且参考了编者近年的讲义文稿。其中，西安科技大学李树刚教授编写了第一章、第二章内容，安徽理工大学戴广龙教授编写了第三章、第四章内容，黑龙江科技大学秦宪礼教授编写了第六章、第七章内容，西安科技大学魏引尚教授编写了第五章、第八章和第十章内容，西安科技大学钱敏教授编写了第九章内容。最后魏引尚教授审阅了全书。

本教材的编写得到了中国矿业大学、长安大学、太原理工大学、河南理工大学、湖南科技大学和西安石油大学等兄弟院校专家及现场工程技术人员的大力支持与帮助，同时也参阅了许多专家、学者的著作和文献，在此一并致谢。

由于作者水平有限，教材中疏漏之处在所难免，希望读者提出宝贵意见。

编 者

2014 年 4 月

前　言
（第一版）

作为我国安全生产指导方针的一项重要内容，“预防为主”指明了生产工作中对于安全问题实施关口前移的根本原则。于是，在煤矿安全生产特别是瓦斯灾害的治理工作中，国家安全生产监督管理总局提出了“先抽后采、监测监控、以风定产”的十二字方针，强调了监测监控技术对于煤矿安全生产的重要性。可见，准确并及时地监测监控矿井生产环境中各类安全和环境状态参数，是实现安全生产的重要基础性工作。因此，自从国家开展了矿井瓦斯灾害专项治理以来，几乎所有的煤矿都安装了矿井安全监测监控系统，监测对象从瓦斯浓度、风速、有害气体变化等，发展到生产设备的开停、供电运输的自动控制，甚至到了煤（岩）与瓦斯异常动力现象预测、煤自然发火变化趋势等灾害分析方面。

安全监测监控系统的普遍应用以及与之相关的各种技术的更新发展，使得对于安全监测监控系统及其相关技术的需求日渐增多。2005 年 7 月，中国煤炭教育协会高等教育分会在湘潭组织召开了高等学校（矿业）“十一五”规划教材研讨会，把《安全监测监控技术》列为矿业类院校安全工程、采矿工程、自动控制及工业自动化等专业的教材，要求从监测基本原理、监测方法入手，深入讲述矿井生产环境中各类安全状态和环境参数的监测监控技术，介绍各种重要的监测仪器、仪表和监测系统，力求使学生能学以致用、触类旁通，把基本的监测监控技术和方法正确地应用到现场实际中。

本教材共分十章。第一章介绍了安全监测监控系统发展的简史和系统功能，第二章至第五章介绍了传感器技术以及各类参数的监测方法和原理，第六章至第八章介绍了数据采集与通信以及安全监测计算机网络技术，第九章介绍了安全监测数据的综合管理与应用，第十章介绍了安全监测监控系统设计和应用的基本原则。

《安全监测监控技术》是在高等学校（矿业）“十一五”规划教材研讨会的精神指导下编写的，参考了编者近年使用的讲义书稿，由李树刚任主编，魏引尚任副主编。其中，第一章和第二章由西安科技大学李树刚教授编写，第三章和第四章由安徽理工大学戴广龙教授编写，第五章、第八章和第十章由西安科技大学魏引尚副教授编写，第六章和第七章由黑龙江科技学院秦宪礼副教授编写，第九章由西安科技大学钱敏副教授编写。

本教材的编写得到了中国矿业大学、湖南科技大学和河南理工大学等兄弟院校专家及现场工程技术人员的大力支持与帮助，同时也参阅了许多专家、学者的著作和文献，在此一并致谢。

由于编者水平和能力有限，教材中疏漏之处在所难免，欢迎广大读者提出宝贵意见。

编　者

2008 年 7 月

目　录

第一章

绪　论

第一节　安全监测监控系统组成及其作用

监测监控系统是融计算机技术、通信技术、自动化控制技术和传感器技术于一体的综合自动化系列产品。它广泛应用于当今社会现代化工业、农业、交通运输和日常生活的诸多领域，当将其作为一种安全预防技术措施应用到社会化生产和社会生活中时，就称其为安全监测监控系统。我们常见到的楼宇安全监测及通信系统、建筑消防监测监控系统、公路交通安全监控系统、矿山监测监控系统等，都是以环境系统安全为目标而建设的一套综合系统。可见，安全监测监控系统是国内外各个行业都能应用到的一种预防安全事故的综合性技术产品，通过对环境状态参数、安全信息的监测和监控，来实现安全性分析和预测的自动化、准确化和及时化，并给予必要的预警和控制。

在我国的工业安全事故中，煤炭工业的安全事故较为频发且性质严重，尤其以生产矿井瓦斯爆炸事故最为突出。为此，国家安全生产监督管理部门专门制定了"先抽后采、监测监控、以风定产"的十二字指导方针，同时要求矿井建立"通风可靠、抽采达标、监控有效、管理到位"的十六字工作体系。到了2010年，国家强制要求全国煤矿及非煤矿山都必须建立和完善"监测监控、井下人员定位、紧急避险、压风自救、供水施救、通信联络"安全避险"六大系统"。近年来，伴随人工智能和计算机网络通信技术的高速发展，为了推动智能化技术与煤炭产业融合发展，提升煤矿智能化水平，2020年八大部委联合印发《关于加快煤矿智能化发展的指导意见》。综上所述，安全监测监控技术在矿山生产实践中的作用越来越重要。本章以矿井安全监测监控系统为对象，叙述安全监测监控系统的组成、工作原理、工作方法及其在矿井安全生产中的应用。

一、安全监测监控系统的概念与组成

（一）安全监测监控系统的基本概念

安全监测监控系统的功能：一是"测"，即监测各种环境状态参数、设备工况参数、过程控制参数等；二是"控"，即根据监测参数去控制安全装置、报警装置、生产设备、执行机构等。若系统仅用于生产过程的安全监测，当安全参数达到极限值时，输出警示数据并发出声、光报警等，此类系统一般称为安全监测系统；除安全监测外还参与一些必要的开关量控制，如

断电、闭锁等，此类系统一般称为安全监测监控系统。

(二) 安全监测监控系统的组成

在我们的日常工作和生活中，人体实际上就是一个“监测监控系统”。人通过五官（传感器）感受外界的信息，通过神经（传输信道）传输给大脑（计算机），大脑经过分析、判断，指挥四肢等器官（执行机构）的动作。信息由大脑集中管理，产生的动作由四肢等器官分散控制，这里可以将其称为“集散监测监控系统”。

矿井安全监测监控系统在层次上一般分为两级或三级管理的计算机集散系统(distributing center system, DCS)，一般包含测控分站级和中心站级。所谓的“集”，就是中心站负责数据的处理、储存、传输，实现了管理的集中。所谓的“散”，就是每个测控分站负责某几路传感器信号的采集和某个执行机构的控制，实现了采集、控制分散。中心站与测控分站和计算机网络之间的通信、传感器到测控分站的数据传输、测控分站到执行或控制装置信号的传输，都是通过传输信道实现的。典型矿井安全监测监控系统的组成如图 1-1 所示。

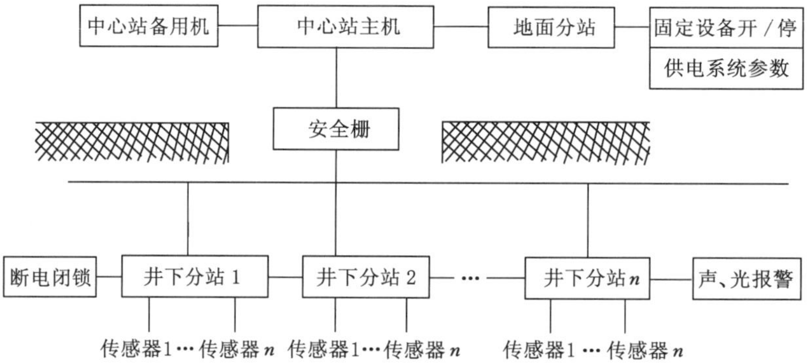

图 1-1 典型矿井安全监测监控系统的组成

1. 测控分站

根据放置地点和防爆要求的不同，测控分站有井下分站和地面分站之分。测控分站的主要功能是采集由传感器传来的环境状态参数、设备工况参数等信息，并进行预处理。根据预先设定的参数极限，测控分站发出超限声、光报警信号和断电、闭锁信号，与中心站通过传输信道进行通信，传输被测量信息，接收中心站的命令。井上、井下信息的交换必须加安全栅隔离。

测控分站的核心是以单片机组成的微型计算机系统，包括 CPU、ROM、RAM、I/O 接口，必需的外设，系统软件和应用软件。

(1) 传感器

传感器是将被测的物理量转换为便于传输和处理的电信号，经传输线和测控分站连接，为测控分站提供信息。按输出信号的种类划分，传感器有模拟量传感器和开关量传感器。根据安全监测监控系统的特点和考虑抗干扰等因素，很多传感器采用频率信号输出，为测控分站的采集和处理带来很大的方便。

有的传感器本身就是智能传感器，输出为数字量信号，可不设置测控分站，由传感器与中心站直接交换信息。

(2) 执行或控制装置

执行或控制装置是根据测控分站或中心站的命令，进行状态转换和控制的装置，主要包括声、光报警装置，断电、闭锁装置等。

报警装置的作用是根据安全参数的极限值，发出声、光报警信号。

断电、闭锁装置的作用是在安全参数超限时，切断工作面工作设备的电源，以免发生事故或防止事故的扩大，进而实现工作面电源的闭锁。

2. 中心站

中心站的关键设备是主机，它采用高可靠性的计算机，如工控机等作为主要部件。主机一般设置 2 台，采用冷备份或热备份的方式，互为备用。主机的作用是监测监控系统信息内容的生成、监测监控系统的管理以及进行数据的处理和输出，并进行统一存储管理，必要时对关键设备实施控制。

随着信息技术的发展，一些中心站采用“服务器＋主机”模式，其中基础数据信息保存在服务器中，主机既对监测监控系统进行管理又与服务器进行数据信息交换。

3. KJ95 煤矿安全监测监控系统

KJ95 煤矿安全监测监控系统（以下简称 KJ95 系统）主要用于对煤矿井下、井上的有害、有毒、易燃易爆气体和各种机电设备运行状态的监测和控制。该系统硬件设施主要由计算机服务器、显示终端、智能分站、光纤/电缆传输信道、漏泄通信、通用测控分站、各类气体和环境状态参数监测传感器、视频摄像机和瓦斯电/风电闭锁控制装置等组成。KJ95 系统软件由 KJ95-Plus 煤矿自动化应用平台以及外挂的应用模块组两大部分构成。软件系统采用 KJ95-Plus 煤矿自动化应用平台，结合 Microsoft 公司的 COM 和 DCOM 等技术开发而成，可在网络环境下运行，其结构紧凑、运行稳定，具有高效可靠的特点，同时还具有开放性，便于用户进行二次开发。

计算机实时采集并显示瓦斯浓度值和风速值，根据设定的瓦斯浓度和风速的上/下限值进行实时报警和打印，计算机通过视频观测主要场所的现场图像；智能测控分站中的高性能单片机将瓦斯传感器、风速传感器、顶板压力传感器、位置传感器输出的频率信号转换成智能数据包并进行分析，分析结果转换成瓦斯电/风电闭锁控制信号，继而控制现场磁力开关来实现瓦斯电/风电闭锁控制的目的。

控制系统数据采集接口是整个系统建设的技术关键和技术难点。控制系统一般都具有各种各样外接数据接口，利用工控组态软件提供的丰富数据外部接口协议、手段和标准，开发控制系统数据采集接口。如广泛采用 RS-485 接口进行测控分站与传感器之间通信，方便网络传输和二次开发。

KJ95 系统主要由 6 个子系统组成：

（1）安全监控监听子系统：主要完成井下、井上等监控地点的图像和声音信号的采集。

（2）报警输入输出子系统：主要完成井下瓦斯传感器、风速传感器、温度传感器、顶板压力传感器等的报警信号输入，并完成主控室报警，且自动按照预先设置的控制方式操作报警系统。

（3）监控记录与回放子系统：主要将图像信号、声音信号、报警信号进行长时间的记录与回放，其存储的时间可无限期，支持其他控制中心通过用户名称和密码的认证调用井下的内容，并做到事故发生后可以立即查出各监视地点在最近的活动历史、矿工所在位置，为救援和确定井下情况作重要参考依据。

(4) 布线防护子系统:采用星型分布式结构,一个信号可通过多条路线路由出井,电源信号也在内部,有效地避免了事故发生后全部线缆被炸断而无法继续监控的后果,除重大事故外,一般情况下均可保证测点数据正常传输。

(5) 电源供电子系统:传统的监控一般均采用就近供电的方式,造成事故发生后即使完好的设备也由于全部断电而无法工作。本系统最大的特点在于可以线缆供电,最大限度地保证系统的连续工作能力。

(6) 安全广播子系统:在本系统中引入安全广播的概念,使得在紧急情况下井上指挥中心可以指挥井下人员的动作,或者告诫人员的违规行为。

KJ95 系统的主要功能体现在 6 个方面:

(1) 灵活实用的组态功能。实时的在线组态方式,即在不中断监测的情况下,对多种输入量、输出量进行定义和编辑,以及表格、曲线、图形画面的生成和修改。支持多队列多数据方式工作,可同时满足不同类型的被测量、控制量对实时性的要求。提供导出量定义功能,即根据一个或多个实测量经过对应公式运算,生成一个新的量。提供图文并茂的报表制作模块,可根据用户的要求,任意制作相应的报表,如瓦斯日报、调度日报等,并且在报表中可以任意插入图片以及根据实测量自动绘出曲线图、柱状图、散点图或圆饼图等。提供动态模拟图生成软件包,用户通过它可生成符合需要的各式模拟图。

(2) 丰富的网络功能。系统数据(实测量和导出量)可直接上网。因系统采用的 KJ95-Plus 煤矿自动化应用平台支持网络环境运行,所以在局域网上的有权限用户,可通过客户端软件查阅与权限相对应的信息,达到数据共享的目的。提供监测信息的 Internet 网上发布,用户可随时随地对本单位的信息进行查询。提供远程系统维护功能,若用户现场出现故障,一时又无法排除,可通过调制解调器与监控主机相连进行远程维护处理,从而在第一时间排除故障,恢复正常运行。提供数据转发功能,为没有网络的用户提供多台查询终端,亦可把监测数据发往第三方,供第三方利用。提供双机热备功能,确保系统不会因为计算机故障而丢失数据。

(3) 可靠而灵活的数据存储。采用 Access 数据库保存数据,对所有监测的数据和重要操作事件均进行保存或长期保存,用户根据需要自行设定保存的期限(最小值为一年,缺省值亦为一年),为用户二次开发和事件的追述提供了良好的条件。

(4) 直观、丰富的显示功能。丰富的表格和模拟图显示,同时支持 JPG、BMP、GIF、ICON 和 AVI 等多种图形格式,用户在模拟图上可直接点击定义的动态点获得此点的各种数据(曲线、数据图、历史报警、故障以及各种统计),达到查看数据的方便快捷。

(5) 报警与控制功能。系统控制分两级:第一级是测控分站就地控制,如测控分站根据事先设定的断电或报警限值,实现超限就地控制;第二级是用键盘或鼠标通过地面主机实现远距离控制。当系统有故障或报警时弹出用户定义的图形,如避灾路线图等;通过联网的调度通信系统自动叫通相关电话。通过主控机的设定,根据测控分站实测量,实现不同测控分站之间所控制设备的断电和开启。

(6) 接口功能。提供 OPC 接口及多种标准的外挂模块接口,如模拟盘外挂模块、工业电视外挂模块和电子屏外挂模块等。多种监测控制子系统可直接汇入,形成一个更大的、覆盖面更广的监测系统,如带式输送机控制系统、水泵控制系统、风机调节系统、人员监测系统等。

就其地位而言，安全监测监控系统是企业综合自动化计算机集成制造系统（computer integrated manufacturing systems，CIMS）中的子系统，是计算机网络中的节点。

二、安全监测监控系统的作用

安全监测监控系统是目前现代化矿山企业生产和管理的有效工具。对于矿井发展而言，安全监测监控系统是其安全高效生产的重要保证。

安全监测监控系统是一种自动采集信息、处理信息并进行控制的系统，具有及时、准确、连续、可靠的优点，对保障矿井安全、提高矿井“一通三防”管理水平、增强矿井抗灾能力等方面具有非常重要的作用，特别是对预防矿井瓦斯超限、积聚，准确且迅速地测定矿井通风参数及有害气体浓度、掌握井下通风状况，早期发现事故征兆，防止瓦斯事故的发生起到辅助决策的作用。

例如，对于瓦斯灾害严重的矿井，安全监测监控系统可从以下方面发挥作用：

（1）合理利用瓦斯超限断电功能，杜绝瓦斯超限。安全监测监控系统能准确及时实施自动报警和控制断电，自动切断规定范围内全部非本质安全型电气设备的电源，真正做到24 h不间断地对采掘工作面进行瓦斯监控，防止瓦斯事故的发生。

（2）监督安全技术措施的落实，及时消除瓦斯隐患。安全监测监控系统不仅在消除瓦斯超限作业方面发挥着重大作用，而且还可利用监控系统来监督安全技术措施的执行情况。在生产过程中所实施的一些降低瓦斯浓度的措施，其作用效果是否明显，可以通过安全监测监控系统得到真实反映。

（3）为快速查找瓦斯超限原因提供帮助。安全监测监控系统是对矿井所有瓦斯流经的区域进行实时监测，所以通过一些关键地点的瓦斯浓度监测数据，可以快速查找瓦斯超限的原因。例如，2004年2月26日，山西某矿发现2#风井总回风瓦斯浓度在短时间内达到0.75%，传感器报警频繁，同时从停产的4302工作面监测曲线看出，工作面瓦斯浓度急剧上升，上隅角瓦斯浓度达到3%以上，说明采空区瓦斯大量涌出。经分析，原因是邻近小煤窑漏风携带采空区瓦斯进入工作面。通过及时调控后，瓦斯浓度恢复到正常水平。

（4）为矿井瓦斯治理提供基础数据。安全监测监控系统连续监测采掘工作面瓦斯浓度变化，并将数据存储在监测中心站，为分析研究矿井和采掘工作面瓦斯涌出规律、瓦斯赋存特征，制定治理瓦斯技术措施提供可靠的依据。如可以分析得到工作面产量与瓦斯涌出量关系，生产工序与瓦斯涌出量关系，考察掘进巷道的瓦斯涌出特征等。

当前监测监控系统技术正朝着安全、生产和调度一体化的综合监测监控系统方向发展，并逐渐渗入矿井生产的各个环节，从而为矿井安全高效生产和科学管理起到极为重要的作用。

第二节 安全监测监控系统技术发展历程

安全监测监控系统应用于矿井生产，起源于对矿井瓦斯进行检测的安全需求。据记载，世界上最早的瓦斯爆炸事故是发生于1675年英国莫斯廷煤矿的一次瓦斯爆炸；第一次伤亡超过百人的瓦斯爆炸事故发生于1825年的英国奈尔生多煤矿，死亡102人；第一次伤亡超过千人的瓦斯爆炸事故发生于1906年的法国科瑞尔斯煤矿，死亡1 099人。由此可见，在检测措施和安全措施没有完备以前，由于巨大的破坏力，煤矿瓦斯爆炸已经成为当时社会瞩目的安全问题。

一、瓦斯检测技术的发展过程

正是由于煤矿瓦斯爆炸事故的危害巨大，瓦斯检测仪器伴随着对瓦斯安全问题的研究而出现。最早应用仪器来检测矿井瓦斯浓度的国家是英国，该国化学家戴维在19世纪初发明了第一种瓦斯检测仪器——安全灯，它是利用火焰的高度来测量瓦斯浓度的。这种安全灯由于构造简单、性能可靠、使用寿命长，一直被沿用了100多年。

光学瓦斯检定器是1925年日本发明的一种检测瓦斯技术，它是根据瓦斯对光线的折射率与空气的折射率不同的原理，由同一光源发出的两束光，分别经过充有空气的参考气室与充有待测量气样的测量气室，两束光再次相遇时将产生干涉条纹。待测量气样中瓦斯浓度不同，干涉条纹的位置也不相同，根据干涉条纹的位置即可测定瓦斯浓度。这种光学瓦斯检定器在我国和日本生产、使用得比较广泛，目前我国有许多矿井仍然采用这种仪器进行瓦斯检测。

当前世界上占主要地位的是催化型瓦斯监测仪器。据可查的资料，1943年美国已经成功制造VCC瓦斯测量仪，它使用纯铂丝热效元件，这是最早的热效型瓦斯传感器。随后，日本在铂丝热效元件上加上涂有催化剂的载体小珠，制成最早的载体催化元件，并利用这种元件制成了北辰型瓦斯指示器。此后，据联邦德国安全仪器专家Berqrat的报告，1958年法国Cherchar研究所研制成功利用Al_2O_3（氧化铝）为载体，Pd（钯）、Th（钍）为催化剂的载体催化元件，获得了较好的测量性能。从此，催化型瓦斯传感器进入了发展过程中的全盛时期，并得以普及。

二、国内外瓦斯安全监测监控系统

1961年以后，英国、美国、法国、德国、日本、苏联等工业发达国家，都把发展催化型仪器作为瓦斯检测的主要方向。同时，从1960年开始，随着微型计算机技术、通信技术的发展，国外矿井安全监测已经不单单是自动监测矿井瓦斯浓度参数，而是集多种安全状态参数于一体的监测系统，是传感器技术、半导体材料技术以及通信技术的综合产品。从技术特性来看，其信息传输是靠空分制，即一个测点信号靠一对电缆来传输。其中最具代表性的是20世纪60年代中期法国的CCT63/40矿井环境监测系统，它可测量瓦斯浓度、一氧化碳浓度、风速、温度等参数，最多可测40个点。

我国催化型瓦斯传感器的研究工作，最早出现于1958年的山西省煤炭研究所，它采用纯铂丝元件为传感器，后经多方协作研制出我国第一个达到实用水平的载体催化元件，随后研制成功以这种元件为传感器的AQR-1型瓦斯测量仪。到了1973年，重庆煤矿安全仪器厂等5家单位协作，研制成功了长期连续监测瓦斯的AYJ-1型瓦斯遥测仪，随后又有ABD-1型瓦斯断电报警仪、AQD-1型采煤机瓦斯断电控制仪等产品出现，我国催化型矿井瓦斯监测仪器的品种逐渐丰富起来。20世纪70年代，我国煤矿已经采用了多路载波传输技术和模拟显示进行环境状态参数、机械状态参数的监测，用电话来指挥生产。随着改革开放的国策出台，我国开始引进了波兰的CMM系统、英国的MINOS系统、美国的DAN系统和联邦德国的TF-200系统。20世纪80年代，引进消化安全监测监控系统并进一步实现国产化，创造了一系列适合我国煤矿条件的安全监测监控系统。到了20世纪90年代，我国先后研制出了KJ4、KJ8、KJ66、KJ75、KJ80等煤矿安全监测监控系统。随着电子技术、计算机软硬件技术的迅猛发展和企业自身发展的需要，国内各主要科研单位和生产厂家又相继推出了KJ90、KJ95、KJ101、KJF2000和KJG2000等煤矿安全监测监控系统，以及MSNM、WEBGIS等煤矿安全综合化和数字化网络监测管理系统。同时，“先抽后采、监测监控、以风定产”的十二字方针和《煤矿安全规程》等法规文件，特别是矿井安全避险“六大系统”建设要求规定我国所有煤矿和非煤矿山必须装备安全监测监控系统。

三、安全监测监控系统技术指标

根据安全监测监控系统的组成，其技术指标主要以组成系统的各个子系统的技术指标为特征。

1. 测控分站

(1) 容量，是指输入、输出量的个数及类型。例如：模拟量输入8路，开关量输入4路；TTL电平输出4路，继电器触点输出4路；等等。

(2) 接配传感器，是指分站所能连接并适配的传感器，其种类、型号、测量范围、输出信号形式和精度可存在差异。

(3) 分辨率，反映测控分站对微小模入量变化的敏感程度，一般用模数转换器的有关参数来表示(如8位或12位分辨率)，也可以用一个数码所代替的模入量来表示。

(4) 转换时间，指模数转换器完成一次转换所需要的时间，其倒数称为转换率。转换时间反映了测控分站实时性的程度。

(5) 传输距离，是传感器与测控分站间信号传输的最远距离。

此外，还有可靠性、工作条件、耗电量、质量、几何尺寸等。

2. 中心站计算机

(1) 主机型号及配置，即指CPU型号，内存容量，硬盘容量，软驱数量、规格，外设配置的种类、型号、数量等。另外，还有备用主机的情况。

(2) 容量，即系统可带测控分站的数量。例如，井下100个测控分站，地面10个测控分站。

(3) 信息传输方式，即是时分制还是频分制，是频带传输方式还是基带传输方式。

(4) 传输速率，即指数字传输的波特率。例如，600 bit/s和1 200 bit/s。波特率越高，传输效率越高。

(5) 传输距离，即中心站与最远测控分站间的距离，一般大于10 km。

(6) 可靠性，一般用故障率和信息传输误码率来衡量。

3. 系统信息管理软件

(1) 开放性好。组态软件数据库提供了开放数据访问接口，可以实现数据库的二次开发。

(2) 安全性良好。所有的设计方案都充分考虑了系统的安全性，使采集系统对监控系统的影响降到最小。采用有效的方法使局域网与监控网相互隔离，从而避免局域网内人为因素或计算机病毒对监控系统的影响。

(3) 数据容量大。采用虚拟内存管理技术，理论上数据存储是无限制的(受硬盘空间和内存大小的影响)。

(4) 响应速度快。客户端访问实时数据库的时间低于 3 s。

(5) 运行稳定。实时数据采集监控系统长期无故障运行。

(6) 扩展性强。开放 I/O 接口规范,允许跨平台对接其他系统,兼容性好。

(7) 热备性好。具有两台需要实现冗余热备的计算机服务器。

4. 防爆及防爆标志

《爆炸性环境 第 1 部分:设备 通用要求》(GB/T 3836.1—2021)中将爆炸性环境用设备分为三类,即Ⅰ类设备(用于煤矿瓦斯气体环境)、Ⅱ类设备(用于除煤矿瓦斯气体环境之外的其他爆炸性气体环境)、Ⅲ类设备(用于除煤矿之外的爆炸性粉尘环境),并将Ⅲ类设备进一步细分为ⅢA(用于可燃性飞絮环境)、ⅢB(用于非导电粉尘环境)和ⅢC(用于导电粉尘环境)三类设备。其中,Ⅰ类电气设备分为 Ma 和 Mb 两级,这是根据设备成为点燃源的可能性和爆炸性气体环境、爆炸性粉尘环境及煤矿瓦斯爆炸性环境所具有的不同特征而对设备规定的保护级别。

防爆型设备在外壳上的总标志为“Ex”。这里结合矿用安全监测监控系统用途,简要说明在煤矿井下常用的设备防爆标志和防爆类型。

(1) 增安型。它指在正常运行情况下不产生火花、电弧或危险温度的电气设备或部件上采取某些措施,以提高安全程度的防爆类型。增安型的附加标志为“eb”。

(2) 隔爆型。它是以隔爆外壳进行防爆,这种设备可在有瓦斯和煤尘爆炸危险的矿井中的任何地点使用。隔爆型的附加标志为“da”“db”。例如,煤矿瓦斯气体环境用隔爆外壳的标志:Ex db Ⅰ Mb。

(3) 本质安全型。在正常工作和故障状态下,产生的电火花和热效应都不能点燃爆炸性气体混合物的电路称为本质安全电路。若电气设备内部的所有电路都是本质安全的,则其为本质安全型电气设备。本质安全型的附加标志为“ia”“ib”。

(4) 正压型。它是利用向外壳内通入正压新鲜空气或充入惰性气体,以阻止外部爆炸性气体混合物进入壳内达到防爆的目的。正压型的附加标志为“pxb”。

(5) 其他类型。充砂型的附加标志为“q”;浇封型的附加标志为“ma”“mb”;等等。

第三节 安全监测监控系统发展应用现状

自 20 世纪 60 年代欧美等发达国家先后开发、生产出矿井环境监测监控系统以来,安全监测监控系统的应用得到了迅速发展。近年来,国内的安全监测监控系统也取得了长足的发展。

一、国外安全监测监控系统的发展和应用

国外安全监测监控系统应用于矿井生产过程,是集环境安全、生产控制、调度运输等各方面功能于一体的复合系统。截至目前,还没有明确的划分标志,如果从系统信息传输方式来划分的话,基本上每 10 年就有一代新产品出现。按照安全监测监控系统信息传输特征来区分的话,可以将其分为以下几代产品:

第一代产品,信息传输采用空分制方式,这是国外最早应用于煤矿安全监测监控的信息

传输方法。20 世纪 60 年代，英国煤矿的输送机控制、日本煤矿中的固定设备控制等大都采用这种技术，其中最具代表性的是法国的 CCT63/40 矿井环境监测系统，它可以监测瓦斯、一氧化碳等多种参数，可布置 40 多个测点。到了 20 世纪 70 年代末，西欧一些国家共装备了 150 多套系统。其中波兰在 20 世纪 70 年代从法国引进这一技术后，推出了可测 128 个测点的 CMC-1 系统。

第二代产品，其主要技术特征是信道的频分制技术的应用，它大大减少了传输信道电缆芯数目，于是很快取代了空分制系统。英国、美国、联邦德国等国家的煤矿在 20 世纪 60 年代后期就大量采用频分制技术，其中最具代表性的是联邦德国西门子公司的 TST 系统和 F+H 公司的 TF-200 系统，这些音频传输系统的信息传输技术以晶体管电路为主，它比空分制信息传输前进了一大步。

第三代产品，集成电路技术出现以后，推动了时分制信息传输技术的发展。其中发展较快的是英国，英国煤炭研究院于 1976 年推出了轰动一时的以时分制为基础的 MINOS 系统。在胶带运输系统应用取得成功后，他们立即推广到井下环境监测、供电供水监测和选煤厂监控等方面，形成了全矿井安全监测监控系统。到了 20 世纪 80 年代初，MINOS 系统已经相当成熟，在英国国内得到大量推广，并向美国和印度出售。这一系统的成功应用，开创了煤矿自动化技术和安全监测监控技术发展的新局面，直到现在，国内外各种安全监测监控系统尽管在功能性和产品的技术先进性上都有较大的提高，但系统的整体结构仍没有太大的变化。

第四代产品，以分布式微处理机为基础的安全监测监控系统。近年来，计算机技术、大规模集成电路技术、数据通信技术以及计算机网络技术等现代高新科技应用于煤矿安全监测监控系统，使得矿井安全监测监控技术跻身于高科技之列。最具代表性的是美国 MSA 公司的 DAN6400 系统，其信息传输方式虽然仍属于时分制范畴，但用原来的一般时分制的概念已经不足以反映这一高新技术的应用特点。

第五代产品，以光纤通信技术为基础的安全监测监控系统。采用光纤通信技术是国外煤矿监测监控系统近年来发展的特点之一。光纤技术应用之一是利用光纤高速数据通道将地面中心站与井下测控分站连接起来，以提高信息传输速度，扩大系统容量。如德国 AEG-TELEFUNKEE 公司将光纤通信用于 GEAMATIC2900i 矿井监控系统中；柏林技术大学将光纤通信用于矿井电力网监测系统中；英国在 MINOS 系统中也开发了 64 kb/s 光纤通信装置。在日本，尽管许多煤矿关闭，煤炭产量减少，但日本煤矿监测技术仍在不断创新。日本采矿研究中心利用局域网络(LAN)技术能够构成宽带传输线，具有高传输速率的特点，提出并开发了双回路环形系统。新系统由地面中心站、局域网系统(主系统)、本质安全子系统构成。主系统由一对光纤构成环路；每个站之间最大通信距离达 6 km；采用再生重复传输方法，传输速度达 8.192 Mb/s。当某处电缆断开时，系统可以改变传输路线；某测控分站断电时，可将这个站点旁路导通，不会影响系统的信息传输，其可靠性得到了很大提高。

1995 年美国矿山安全和健康管理局开发了光纤环境监测报警系统(Forewarns)，对矿井的 CO、NO_2、SO_2 三种有毒气体进行监测。该系统由中心站(CMS)通过一个大芯径光纤向三种传感器提供光源。中心站由显示单元、激光组件组成，通过分光器将光信号分布到每个敏感组件(RSU)上。利用光纤技术监测瓦斯是气体传感器技术的新途径、新方向。美国、英国、瑞典、日本、澳大利亚等国家均开展了该技术的研究工作，澳大利亚和美国还在煤矿进行了试验。该技术的特点是利用了 CH_4 吸收某一特定波长的红外光能量的原理，CH_4 的强吸收带虽然在 3.3 μm 处，但在该波长下，硅光纤材料传播红外光能量的损失太大，一般是将波长选在其谐波，即 1.6 μm 处。如果在光纤芯中，3.3 μm 波长的红外光传播的光能损失是 56 dB/km，而在同一光纤芯中其谐波的光能损失只是它的 1/56。此外，在 3.3 μm 这一波长的红外光生成技术和探测器制造技术日趋完善。光纤瓦斯传感器与载体热催化式瓦斯传感器相比有明显的优点，主要表现为线性范围宽（可监测的 CH_4 浓度为 0～100％）、线性误差小（CH_4 浓度误差不超过 0.1％）、稳定性好（每月的 CH_4 浓度误差不超过 0.1％）、响应时间短（1 s）、寿命长。

二、国内安全监测监控系统的发展和应用

我国的矿井安全监测监控系统是以“自力更生”方针为起点，在引进、吸收、消化国外先进的矿井安全监测监控技术的基础上逐步发展起来的。我国自行设计的第一套煤矿安全监测监控系统是原煤炭科学研究总院常州自动化研究所研制的 KJ1 系统。我国在 20 世纪 80 年代初，先后从法国引进了两套 CCT63/40 矿井环境监测系统，分别装备在阳泉一矿和兖州东滩矿。到了 20 世纪 80 年代中期，我国又从波兰引进了两套 CMC-20 系统分别装备在抚顺龙凤矿和开滦赵各庄矿，并由抚顺煤矿安全仪器总厂引进 CMC-20 系统制造技术。这是第一代安全监测监控系统在我国的应用情况。

1984 年，煤炭工业部从 F＋H 公司引进一套 TF-200 系统，装备在兖州兴隆庄煤矿，并由重庆煤矿安全仪器厂引进其制造技术。由此，国内不少矿井装备了 TF-200 系统。同一年，我国从美国引进了两套 MSA 公司的 DAN6400 系统，分别装备在淮南潘一矿和鸡西的小恒山矿。

在 20 世纪 80 年代初，煤炭工业部组织了对国外煤矿安全监测监控技术进行大规模考察和引进的工作，大大促进了国内安全监测监控技术的发展。如煤炭科学研究总院常州自动化研究所研制的 KJ2 系统于 1988 年通过鉴定；镇江煤矿专用设备厂生产的 A-1 系统于 1988 年通过鉴定；海南煤矿安全仪器厂于 1989 年生产出了 KJ10 系统；中国矿业大学北京研究生部研制的 ZKY-1 系统于 1989 年通过鉴定；天津煤矿专用设备厂引进生产的森透里昂系统也于同一时期通过鉴定；煤炭科学研究总院常州自动化研究所的 KJ22 系统于 1991 年通过鉴定；由煤炭科学研究总院常州自动化研究所、大同矿务局和阜新矿业学院（现辽宁工程技术大学）研制的 KJ7 系统于 1991 年通过鉴定。这些标志着我国煤矿安全监测监控系统进入了国产化的轨道。

进入 20 世纪 90 年代，我国在安全监测监控技术方面的研究得到了进一步的发展，研制开发出了一批具有世界先进水平的安全监测监控系统。如北京仙岛新技术研究所和抚顺煤矿安全仪器总厂联合开发的 KJ66 系统，煤炭科学研究总院重庆分院的 KJ90 系统，上海嘉利矿山电子有限公司的 KJ92 系统，煤炭科学研究总院常州自动化研究所的 KJ95 系统等。其主要特点：测控分站的智能化水平进一步提高，具有网络连接功能；系统信息管理软件普遍运行在 Microsoft Windows 中文操作系统上。

总结我国近 40 年来矿井安全监测监控系统的技术发展概况，主要表现在以下 5 个方面：

(1) 矿井安全监测监控技术标准化工作逐步完善。为了规范管理矿井安全监测监控系

统，有关部门相继制定了《煤矿监控系统总体设计规范》《煤矿安全生产监控系统软件通用技术要求》，以及 CH_4、CO、风速等传感器行业标准。后来原国家安全生产监督管理总局颁布了《煤矿安全监控系统及检测仪器使用管理规范》等行业标准，这些技术规范和标准对煤矿安全监测监控系统的技术规格、实时性、可靠性、精度、软件功能、关联设备等技术指标和试验方法作出了明确规定。这对我国矿井安全监测监控系统的研究、设计及产品质量监督检验起到了指导和积极推动的作用。

(2) 开发新型传输技术，系统容量扩大。我国现有的矿井安全监测监控系统的数据传输信道基本上采用电信号传输，既有模拟传输系统，也有数字传输系统。从矿井生产的实际情况出发，安全监测监控系统的网络结构，即中心站和测控分站之间的连接，一般采用树形网络结构。其最大特点是系统所用传输电缆少，但这种结构也存在着传输阻抗难以匹配、接收端信号功率微弱、信噪比小、抗干扰能力差等问题。因此，一些系统采用了数字频带传输技术，一般是采用数字调频移频监控 FSK 调制解调技术，这是一种数字调制信号传输信息的方式，与基带传输方式相比，这种传输方式有较好的抗干扰能力。

随着矿井安全监测监控系统容量的增加以及矿井调度通信功能的综合一体化，现有系统的网络结构和传输方式难以满足要求，为此中国矿业大学、原煤炭科学研究总院常州自动化研究所等单位相继开发了光纤传输系统。如 KJ95 系统就是集矿井调度通信、监测于一体的综合性系统，该系统的主干线是光纤高速通道，在传输监测数据的同时可以传输微机调度通信系统的 28 路语音信号。

(3) 应用软件丰富，系统功能增强。随着微型计算机技术的快速发展，矿井安全监测监控系统软件运行环境不断改善，应用软件的开发工作也不断深入。软件的不断升级、功能增强是近年来矿井安全监测监控系统技术进步的主要方面。目前，矿井安全监测监控系统大部分都采用了 Intel 系列 CPU 的工业控制机，硬件配置增强，配有实时、多任务操作系统。系统软件多运行在 Microsoft Windows＋中文操作系统上，不仅可以充分利用多进程、多线程技术实时并发处理多任务，还具有丰富多彩的用户界面，使系统软件的前后台处理能力增强。

网络化是矿井安全监测监控系统软件发展的重要方面。矿井安全监测监控系统本身就是一个分布式计算机网络。随着矿井计算机应用水平的不断提高和管理要求的不断更新，需要将矿井安全监测监控系统与其他计算机构成网络，使网络各节点上的计算机可以调用、分享监测监控信息，也可以处理管理信息。通过网络系统，还可以方便地与上级部门计算机网络交换信息。现有的 KJ95N、KJ99X 等系统都具备联网功能。如 KJ95N 系统与矿井调度通信系统组成网络，通信系统中的语音工作站不断访问服务器，如果发现井下某一测点瓦斯超限，确定报警语音信息，语音工作站将语音信息转换成语音信号送交换机，再由交换机对井下进行广播报警。

(4) 矿井专业化安全监测监控系统不断涌现。矿井安装安全监测监控系统的目的是防止瓦斯、火灾等重大灾害事故的发生。矿井自然发火预测预报、瓦斯突出预报、带式输送机巷火灾监测等一系列专业安全监测监控系统相继研制成功。由原煤炭科学研究总院抚顺分院开发的 KJF 系统将束管监测监控技术与环境监测监控系统相结合，将束管系统置于井下，解决了束管监测监控技术存在的取样时间延迟问题，为采空区自燃火灾监测预报及采空区注氮防火状态监测提供了手段。原煤炭科学研究总院重庆分院开发的 KJ54 系统在现有监测监控系统的基础上，根据我国矿井生产的实际情况和多年来与自然灾害斗争的实际经验，以多种自然灾害的预报（如矿压显现规律）为目标。与一般的环境监测监控系统不同，专业化系统强调了对矿井自然灾害的实时分析与处理，包括矿井环境及工况监测监控、煤与瓦斯突出实时分析监测监控、矿井冲击地压实时分析监测监控、煤层自然发火实时分析监测监控（束管监测监控）、瓦斯异常涌出实时分析监测监控、巷道火灾实时分析监测监控和瓦斯抽采实时监测监控等。

（5）重视、加强传感器的开发研究。传感器是矿井安全监测监控系统的重要组成部分。我国矿井安全监测监控技术的发展，也相应地带动了矿井安全监测监控传感器的技术进步。原煤炭工业部曾多次组织了传感器科技攻关，并取得一定成效。原煤炭科学研究总院重庆分院等单位采用单片机研制出智能型 CH_4 传感器，增加了红外光非接触调校和自动调校功能，传感器整机稳定性有了一定提高。为了克服高浓度瓦斯冲击造成催化元件失效的问题，一些研究院所和企业采用催化和热导两种敏感元件研制了高、低浓度瓦斯传感器，相应延长了传感器的使用寿命。目前，传感器稳定性和测量精度问题仍是研究焦点。为提高 CO 传感器电化学敏感元件的寿命和稳定性，原煤炭科学研究总院抚顺分院和武汉大学分别研制出胶体电解质和固体电解质 CO 元件，解决了电解质泄漏的问题，元件的使用寿命达到 2 a。为了适应矿井安全监测监控系统的发展，还开发了新的品种，如原煤炭科学研究总院抚顺分院研制的 CO_2 传感器、O_2 传感器、采空区多点温度传感器、微压力传感器以及原煤炭科学研究总院重庆分院研制的离子烟雾传感器等。

第四节　我国矿井安全监测监控系统的发展方向

一、矿井安全生产对监测监控系统的基本要求

1. 矿井安全监测监控系统的通用要求

矿井安全监测监控系统不同于一般工业监测监控系统，除了满足矿井监测监控信息传输要求外，还应满足下列要求：

（1）应具有模拟量、开关量和累计量监测监控功能。

（2）应具有声光报警、模拟量和开关量手动与自动控制功能。

（3）应具有备用电源，当电网停电后，系统应能对主要监测监控量继续监测监控，且持续监测监控时间不少于 2 h。

（4）应具有自检功能，当系统中设备发生故障时，应能够自检出故障类型和位置、报警并记录故障时间，以供查询及打印。

（5）系统主机应双机备份，并具有手动切换功能，自动切换功能可选。

（6）应具有实时存盘功能和列表显示功能。

（7）应具有模拟量实时曲线和历史曲线显示功能。

（8）应具有柱状图显示功能，以便直观地反映设备开机率，显示内容包括地点、名称、最后一次开/停时刻和状态、工作时间、开机率、开/停次数、传感器状态、闭锁与解锁等。

（9）应具有模拟动画显示功能，以便形象、直观、全面地反映安全生产状况。

（10）应具有系统设备布置图显示功能，以便及时了解系统配置、运行状况。

(11) 应具有报表、曲线、柱状图、模拟图、初始化参数等召唤打印功能,定时打印功能可选,以便于报表分析。

(12) 应具有人机对话功能,以便于系统生成、参数修改、功能调用命令输入。

(13) 应具有防雷电措施,防止雷电击毁设备,引起井下瓦斯爆炸。

(14) 应具有抗干扰措施。

(15) 系统测控分站应具有初始化参数掉电保护功能,以防测控分站停电后,初始化参数丢失。

(16) 应具有工业电视图像等多媒体功能,以便于提高信息的利用率。

(17) 应具有网络通信功能,以便于矿领导及上级主管部门掌握监测监控信息。

(18) 地面设备应具有防静电措施。

(19) 电源波动适应范围为地面 90%~110%,井下 75%~120%。

2. 矿井安全监测监控系统对信息传输的要求

信息传输要求矿井安全监测监控系统硬件通用、软件兼容、信道共享、信息共享,对促进矿井安全监测监控产品标准化,提高产品质量具有重要作用。

(1) 传输介质。矿井安全监测监控系统的传输介质可以是电缆、光缆等。

(2) 网络结构。为了便于系统安装维护,节约传输电缆,降低系统成本,宜采用树型网络结构,也可采用环型、总线型、星型或其他类型网络结构。

(3) 工作方式。矿井安全监测监控系统宜采用多主或无主工作方式,也可采用主从等其他工作方式。

(4) 连接方式。为满足环境安全、轨道运输、胶带运输等就地监控的需要,可单层连接,也可多层连接。

(5) 传输方向。单向传输仅适用于监测系统,全双工传输适用于传输通道较多、信号带宽要求较大及远程遥控等系统。

(6) 最大巡检周期。为保证实时性,需对最大传输容量下的巡检周期作出规定。

(7) 最大节点容量。物理层是决定节点容量的关键因素。此外,还应对信号、同步方式、调制方式、字符、帧格式、输入输出方式、传输速率、误码率、传输处理误差、最大传输距离、最大节点容量等进行规定。

总之,尽管我国矿山企业数量多、分布广、规模多样,开发出一种适合于各种条件的通用的矿井安全监测监控系统较难,但是随着传感器技术、电子技术、计算机技术和信息传输技术的发展以及矿山行业内外科技人员的不懈努力,仍然能开发研制出满足所有矿井不同层次需求的安全监测监控系统。

二、我国矿井安全监测监控技术的发展方向

1. 紧密结合我国矿井安全生产现状

我国是一个矿井灾害事故严重,特别是瓦斯爆炸事故频发的产煤大国。瓦斯爆炸事故大都发生在中小型矿井,而且都出现在没有监测监控系统或系统未能正常使用的矿井。因此,高瓦斯突出矿井必须装备安全监测监控系统,但应根据不同矿井井型、产量及其安全状况开发装备相应的安全监测监控系统,既在经济上能够承受,又在使用中安全可靠。

2. 重视专业化或专家系统的开发

近年来，一些科研院所虽然进行了大量的研究工作，利用监测数据信息进行灾害预警并取得了一些成果，但由于大部分是在独立的系统上进行，没有广泛的适应性，因此无法推广应用。今后，开发安全监测监控技术应特别注意将诸如瓦斯涌出规律、瓦斯突出预测预报、煤炭自然发火预测预报、带式输送机火灾早期预报、均压通风自动调控以及矿井灾变期间抢险救灾指挥等技术融入安全监测监控系统中，才能充分发挥系统的作用。

3. 继续深入强化传感器技术的研究

传感器是矿井安全监测监控系统投入运行的关键，虽然人们已经做了大量的研究工作，但由于传感器要运行在矿井特殊的气候环境中，故增加了开发研究的难度，特别是某些敏感元件的稳定性和使用寿命问题仍然没能完全解决。传感器、通信技术、计算机技术是信息产业的三大支柱，已经受到国内外各行各业的重视。因此，国内外传感器技术进步将为矿井安全监测监控传感器的发展提供契机。为了提高矿井安全监测监控传感器的水平，在今后研究开发工作中，应重视以下方面：

(1) 关注国内外传感器发展热点，借鉴传感器新技术，开发适用于矿井条件的传感器。微型化、集成化、智能化、系统化、低功耗是当今全球传感器发展的方向，而光纤技术、生物工程技术、微电子技术及微加工技术等多种技术的融合，可能使传感器性能最优化，这些都是我们在跟踪国内外新技术时要特别关注的地方。

(2) 解决矿井安全监测监控传感器的稳定性、可靠性，提高传感器质量，在很大程度上依赖于制作工艺。先进的传感器制作工艺也是传感器技术创新的基础，诸如微机械加工技术、平面制作工艺、薄膜制作工艺及传感器封装技术等，对传感器研究开发以及传感器实现产业化、工程化起着至关重要的作用，这是一项十分重要的基础工作。

(3) 应高度重视传感器功能材料的研究。当今世界各国已把纳米技术纳入了自己的科技攻关项目中，我国的一些研究成果也表明，用纳米材料制作气体传感器时，由于其本身具有高表面能，有较大的孔径和孔容，其比表面积是常规材料的数十倍，在气固反应过程中能加快反应速度，提高反应灵敏度，有利于改善气体传感器的性能。这些都值得我们在今后的研究工作中借鉴。

第五节　本课程的任务与目的

本课程的任务主要是学习应用于矿井生产的安全监测监控系统的各种技术、方法等，从传感器到数据的采集、传输、处理、输出，抗干扰技术，系统设计，典型系统分析等。讲述矿井安全监测监控系统的工作原理和使用方法，阐述传感器理论以及基于该理论指导的矿井瓦斯等各种有害组分和其他环境状态参数的检测原理和检测仪表，介绍监控信号在监测监控系统传输过程中的检测信号采集技术、数据通信技术、计算机网络基础以及信号干扰抑制技术，叙述安全监测监控系统在矿井安全生产中实现的功能和作用、矿井安全监测监控系统主要性能的测试方法及其设计方法，介绍几种目前比较先进的安全监测监控系统及其在矿井应用的有关成果。

讨论矿井安全监测监控系统的原因是其具有普遍性，且是一个典型的集散控制系统；同时又具有特殊性，对工作于爆炸危险环境的安全监测监控系统具有借鉴作用。了解、熟悉或掌握了长期处于危险作业环境(如煤矿井工开采)中的安全监测监控系统的基本概念、基本原理和基本方法,就能比较容易地了解和掌握其他工矿企业作业环境的安全监测监控系统。

本课程的一个目的是通过对矿井安全监测监控系统的学习讨论,以期达到举一反三的效果;另一个目的是给读者展现一个计算机监测监控系统的整体概念,这里着重讨论系统的组成、结构及工作原理,较少涉及软件设计及控制算法编程等。

复习思考题

1. 简述安全监测监控系统的内涵、结构组成及其工作原理。
2. 矿井安全监测监控系统能够发挥哪些作用?
3. 矿井安全生产对监测监控系统有哪些具体要求?
4. 综述国内外安全监测监控系统的发展现状,并分析其用途多样性。

第二章

传感器基本理论

第一节　传感器的定义、组成及分类

一、传感器的定义

为了研究自然现象和制造劳动工具，人类必须了解外界的各类信息。了解外界信息的最初通道是大自然赋予人体的生物体感官，如五官、皮肤等。随着人类实践活动发展，仅靠感官获取外界信息远远不够，人们必须利用已掌握的知识和技术制造一些器件或装置，以补充或替代人体感官的功能，于是出现了传感器。

《传感器通用术语》(GB/T 7665—2005)中定义，传感器是能感受被测量并按照一定的规律转换成可用输出信号的器件或装置，通常由敏感元件和转换元件组成。可见，传感器是生物体感官的工程模拟物，而反过来，生物体的感官则可以看作是天然的传感器。

所谓“可用输出信号”，是指便于传输、处理的信号。就目前而言，电信号最能满足便于传输、处理的要求。因此，也可以把传感器狭义地定义为：能把外界非电量信息转换成电信号输出的器件或装置。目前只要谈到传感器，指的几乎就是以电信号为输出的传感器。

二、传感器的组成

传感器一般是由敏感元件、转换元件和信号处理电路三部分组成的，有时需要加辅助电源，其组成原理如图 2-1 所示。

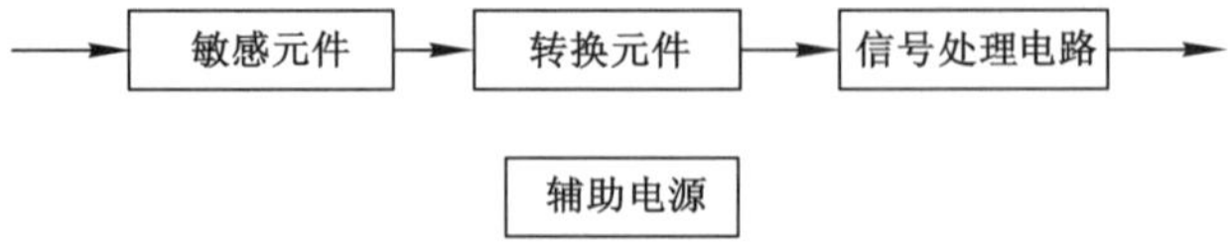

图 2-1　传感器组成原理图

敏感元件（又称预变换器），是用来感受被测物理量，并将它预先变换成另一种形式物理量的器件。

转换元件，是将经预变换的非电信号变换为电信号的器件。例如，在压力传感器中，敏感元件为弹簧管、波纹管、膜片等，在压力作用下产生形变，从而产生了位移或力，即将压力变换为位移或力，然后通过位移检测线圈或差动变压器等，又将位移或力变换为电信号。

信号处理电路，是将转换元件输出的电信号放大或处理为便于显示、记录、控制、传输的信号。另外，信号处理电路还可以对传感器内部和外部电路起缓冲、匹配和补偿的作用；有的还可以对传感器输出信号进行预处理，故有时将信号处理电路称为接口电路、二次电路等。

三、传感器的分类

现已发展起来的传感器用途纷繁、原理各异、形式多样，其分类方法也有多种，最为常用的几种分类方法是：

(1) 按照传感器的用途分类。如位移传感器、力传感器、荷重传感器、速度传感器、振动传感器、压力传感器、温度传感器、湿度传感器等。

(2) 按照传感器的工作原理分类。如电阻式传感器、电感式传感器、电容式传感器、涡流式传感器、磁电式传感器、压电式传感器、光电式传感器、磁弹性式传感器、振频式传感器和电化学式传感器等。

(3) 按照外界输入信号转换至电信号过程中所利用的效应分类。如利用物理效应进行转换的为物理传感器，利用化学反应进行转换的为化学传感器，利用生物效应进行转换的为生物传感器等。表 2-1 列出了与人体五官对应的几种传感器及其效应。

表 2-1　传感器按效应分类

感觉	传感器	效应
视觉(眼)	光敏传感器	物理效应
听觉(耳)	压力传感器、磁敏传感器	物理效应
触觉(皮肤)	压力传感器、热敏传感器	物理效应
嗅觉(鼻)	气敏传感器、热敏传感器	化学效应、生物效应
味觉(舌)	味敏传感器	化学效应、生物效应

第二节　传感器的作用及其发展

一、传感器的作用及地位

今天，信息技术对社会发展、科学进步起到了决定性的作用。现代信息技术的基础包括信息采集、信息传输与信息处理。信息采集离不开传感器技术。传感器位于信息采集系统之首、检测与控制之前，是感知、获取与检测的最前端。科学研究与自动化生产过程中所要获取的各类信息，都需要通过传感器获取并转换成电信号，没有传感器技术的发展，整个信息技术的发展就成为一句空话。若将计算机比喻为人的大脑，那么传感器则可比喻为人的感觉器官。可以设想，没有功能正常而完善的感觉器官来迅速、准确地采集与转换外界信息，有再好的大脑也无法发挥其应有的效能。就安全监测监控技术而言，科学技术越发达，自动化程度越高，安全工程和安全科学研究对传感器的依赖性越大。

早在20世纪80年代初，各发达国家就将传感器列为优先发展的新技术，使其在近40年来获得了高速发展。进入21世纪以后，计算机及网络技术的发展拓展了传感器发展空间，传感器厂商随之不断研究创新传感器测量原理。随着物联网、移动互联网等新兴产业的快速发展，人工智能算法的不断提升和完善，智能传感器应用不断涌现。智能传感器由传感元件、信号调理电路、控制器（或处理器）组成，具有数据采集、转换、分析甚至决策功能。智能化可以提升传感器的精度，降低功耗和体积，实现较易组网，从而扩大传感器的应用范围，使其发展更加迅速有效。

在安全工程领域，传感器主要用于测量环境安全状态参数和控制安全保障机制，它的性能直接影响系统安全性能。利用传感器技术进行检测的优点在于：① 测量灵敏度高，应用范围广；② 测量系统结构紧凑，安装调试方便；③ 测量惯性小，反应速度快，频率特性好；④ 可进行无接触测量和远程监测，并有较高的测量精度；⑤ 在计算机技术的支持下，具有很高的自动测试程度，智能化前景好。

在测量或控制系统中，如果传感器不能灵敏地感受被测量，或者不能把感受到的被测量精确地转换成电信号，其他仪表和装置的精确度再高也无意义。

现今人类社会的研究范围往往需要进行一些数目巨大或信息极微的测量，这些已经不是一些电子设备所能适应的，必须凭借配备有专门传感器的高精度测试仪器或大型测试系统的帮助。因此，传感器技术的发展正在把人类感知、认识物质世界的能力推向一个新的高度。

二、传感器技术的发展

传感器技术所涉及的知识非常广泛，涵盖多个学科领域，但是它们的共性是利用物质的物理、化学和生物等特性，将非电量转换成电量。采用新技术、新工艺、新材料以及探索新理论，以达到高质量的转换效能是总的发展途径。当前，传感器技术的主要发展动向，一是传感器本身的基础研究，二是与微处理器组合在一起的传感器系统的研究。前者研究新的传感器材料和工艺，发现新现象；后者研究如何将检测功能与信号处理技术相结合，向传感器的智能化、集成化发展。

1. 发现新现象

根据传感器的工作机理，充分利用已发现的现象和效应设计制造各种用途的传感器，是传感器技术领域的重要工作。同时还要开展基础研究，以求发现新的物理现象、化学反应和生物效应，极大地扩大传感器的检测极限和应用领域。例如，利用核磁共振吸收磁能的磁传感器能检测 10^{-7} T的地球磁场强度；利用约翰逊热噪声温度计，能检测 10^{-6} K的超低温等。值得一提的是，检测极微弱信号传感器技术的开发，不仅能促进传感器技术本身的发展，而且能使一些新的学科诞生，意义十分重大。

2. 开发新材料

随着物理学和材料科学的发展，在很大程度上人们已经能根据对材料功能的要求来设计材料的组分，并通过对生产过程的控制制造出各种所需材料。目前最为成熟、先进的材料技术是以硅加工为主的半导体制造技术。例如，人们利用该项技术设计制造的多功能精密陶瓷气敏传感器有很高的工作温度，弥补了硅(或锗)半导体传感器温度上限低的缺点，可用于汽车发动机空燃比控制系统，大大地扩展了传统陶瓷传感器的使用范围。有机材料、光导纤维等材料在传感器上的应用，也已成为传感器材料领域的重大突破，引起国内外学者的极大关注。

3. 微细加工技术

将硅集成电路技术加以移植并发展，形成了传感器的微细加工技术。这种技术能将电路尺寸加工到光波长数量级，并能形成低成本超小型传感器的批量生产。

微细加工技术除全面继承氧化、光刻、扩散、淀积等微电子技术外，还发展了平面电子工艺技术、各向异性腐蚀技术、固相键合工艺技术和机械切割技术。利用这些技术对硅材料进行三维形状的加工，能制造出各式各样的新型传感器。例如，利用光刻、扩散工艺已制造出压阻式传感器，利用薄膜工艺已制造出快速响应的气敏传感器或湿敏传感器。

4. 传感器的智能化

“电五官”与“电脑”的结合，就是传感器的智能化。智能化传感器不仅具有信号检测、转化功能，同时还具有记忆、存储、解析、统计处理及自诊断、自校准、自适应等功能。

5. 模糊传感器

模糊传感器是在经典传感器数值测量的基础上，经过模糊推理与知识集成，以自然语言符号描述的形式输出测量结果的智能传感器。一般认为，模糊传感器是以数值量为基础，能产生和处理与其相关测量的符号信息的传感器件。随着模糊理论技术的发展，其应用已经越来越广泛，如模糊控制洗衣机中布料检测、水位检测等。另外，模糊距离传感器、模糊温度传感器、模糊色彩传感器等也是国外专家们研制的成果。随着科技的发展以及科学分支的相互融合，模糊传感器也应用到了神经网络、模式识别等体系中。

未来传感器发展将主要表现为利用半导体材料和大规模集成电路工艺，将测量电路和敏感元件结合成一体，以提高传感器的灵敏度、精确度和可靠性，实现小型化、智能化。

三、传感器技术在矿井的应用及发展

自从 20 世纪 70 年代以来，我国矿井生产全过程——采掘、运输、生产环境、固定设备等都进行了大规模技术改造。矿井自动化技术得以普遍应用，大大促进了矿用传感器技术的发展，并在各个生产环节有了长足进步。

1. 采掘智能/机械化

随着综采机械化的发展，目前国内综采机械化程度超过了 80%，广泛采用了电牵引机械化工作面。综采设备电器控制与检测普遍采用了电压、电流检测，部分采煤机也装备了速度、功率、轴温等传感器及监测器。如采煤机配备双向倾斜度、煤岩分界、油量、油温、油压、轴承温度、电压、电流、振动等传感器，并与微机组成智能故障诊断模式；对液压支架、刮板输送机、转载机进行自动化控制与检测，使工作面生产的机械化、自动化水平和工作效率有很大提高。进入“十四五”时期后，我国矿井智能化建设和发展步入快车道，为传感器技术和智能化监测应用提供了广阔天地。

2. 矿井运输自动化

我国井下运输主要有轨道运输和胶带运输。其中，轨道运输系统开发有轨道运输监测系统，随着计算机技术和微电子技术的发展，采用 PLC 和微机控制，开发矿车位置检测传感器以及矿用电机车行车安全监测装置，其中应用了矿车速度、累计里程、电池容量、电池电压、超速报警以及架线电压检测等传感器。另外，对于胶带运输，目前能够实现多条胶带的输送机集中控制、监测和综合保护，配备有打滑、跑偏、断带、纵向撕裂、物料探测、堆煤、烟雾、温度(轴承、环境)、速度、防尘洒水、灭火洒水等门类齐全的保护装置。

3. 矿井生产环境监控

到 20 世纪 80 年代末，我国已有 200 多个矿井装备了环境状态监测系统，传感器的应用达到一定水平，如超声波料位、电容液位、环境温度、高低瓦斯浓度、水位、超声波风速、CO、CO_2、O_2、负压、烟雾、风门开关等传感器。进入 21 世纪后，新材料、无线通信和物联网等技术综合发展，激光 CH_4 传感器、人员位置监测传感器、光纤温度传感器，以及温度和 O_2 二合一复合型传感器等不断问世，促进了矿井生产环境、生产监测监控技术的发展以及安全监测监控系统的普及。现今国家“绿色矿山”和“智慧化矿山”发展战略，从政策上为传感器发展提供指南。

4. 矿井固定设备

矿用提升机、绞车、水泵、通风机、压风机等大型设备属于矿井固定设备，对于矿井安全生产非常重要。目前，对于提升机和绞车等设备，使用了行程位置传感器，提升机深度指示器，提升机过卷保护器，电压、电流变送器，功率变送器和防爆磁性开关等。另外，通风机、水泵微机监测系统和压风机自动化监测系统已投入使用，其中用到了电压、电流、功率变送器，负压、风速、转速、水泵效率检测、水仓水位、压力、二级排气管温度、储气罐温度、轴承温度、自动风门传感器等。

传感器技术是矿井实现自动化生产的基础，而矿用传感器的现状远远不能适应矿井自动化发展的需要，应当合理规划，特别要加强在超声波技术、红外光技术、光纤技术以及核放射检测技术等方面的工作。大力开发矿用智能型传感器与仪器仪表，以获得现场应用性能优良的传感器，将矿用传感器技术提高到一个新的水平。

第三节　传感器技术的特性

传感器所测量的物理量有两种基本形式：一种是稳态(静态或准静态)的形式，即信号不随时间变化(或变化很缓慢)；另一种是动态(周期变化或瞬态)的形式，即信号随时间变化。传感器必须具有良好的静态和动态特性，才能完成对信号(或能量)的无失真转换。

一、传感器的静态特性

传感器在被测物理量各值处于稳定状态时的输出-输入关系称为静态特性。衡量传感器静态特性的主要指标有线性度、灵敏度、精度、分辨率和迟滞等。

1. 线性度(非线性误差)

如果传感器理想的输出(y)-输入(x)关系是一条直线，即 $y=a_0x$，那么这种关系称为线性输出-输入关系。但是实际上，许多传感器的输出-输入关系为非线性，只能用如下多项式来逼近：

$$y = f(x) = a_0 + a_1x + a_2x^2 + \cdots + a_nx^n \tag{2-1}$$

式中　x——输入信号；

y——输出信号；

a_0——零位输出；

a_1——传感器线性灵敏度；

$a_2,a_3,\cdots,a_n$——非线性系数，对于已知的输出-输入特性曲线，二次项以及二次项以上的非线性系数可忽略为零。

该多项式代数方程有如图 2-2 所示的四种情况。

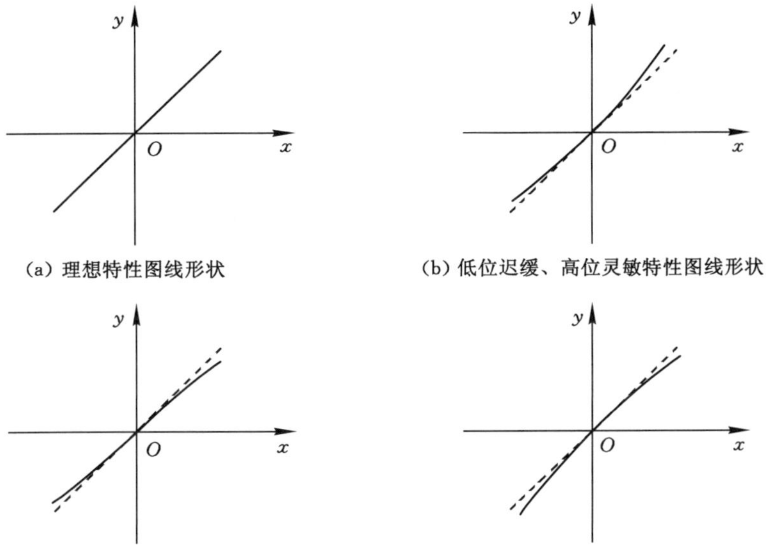

(a) 理想特性图线形状　　(b) 低位迟缓、高位灵敏特性图线形状

(c) 两端灵敏度迟缓特性图线形状　　(d) 低位灵敏、高位迟缓特性图线形状

图 2-2　传感器的静态特性

在实际使用非线性传感器时，如果非线性项次不高，在输入量变化范围不大的条件下，可以用实际特性的切线或割线等直线来近似地代表实际特性曲线的一段，如图 2-3 所示，这种方法称为传感器的非线性的线性化。显然这种拟合的方法存在一定误差，于是在规定条件下，传感器校准曲线和拟合直线间的最大偏差与满量程(F.S)输出值的百分比称为线性度。用 δ_L 代表线性度，则：

$$\delta_L = \pm \frac{\Delta_{max}}{y_{F.S}} \tag{2-2}$$

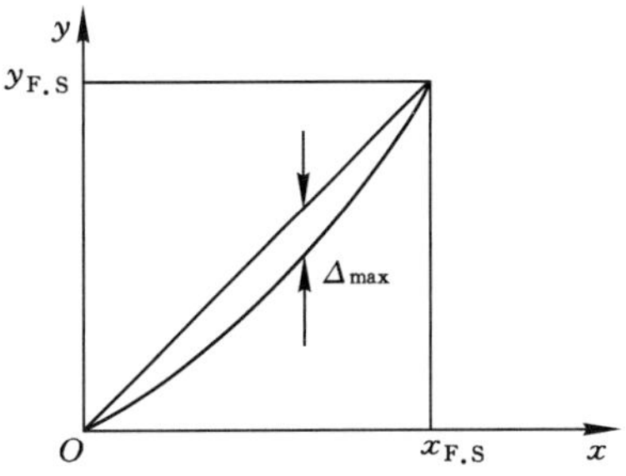

图 2-3　传感器的线性度

式中　Δ_{max}——校准曲线与拟合直线间的最大偏差；

$y_{F.S}$——传感器满量程输出，$y_{F.S}=y_{max}-y_{min}$。

线性度是以一定的拟合直线为基准直线算出来的，因此，基准直线不同，所得到的线性度也不同。一般并不要求拟合直线必须通过所有的检测点，而只要找到一条既能够反映校准数据的一般趋势同时又能使误差绝对值最小的直线即可。根据基准直线的不同，有许多不同线性度的表示法，如图 2-4 所示。

独立线性度：在校准曲线中找出一条最佳直线作为基准直线，使校准曲线与基准直线在

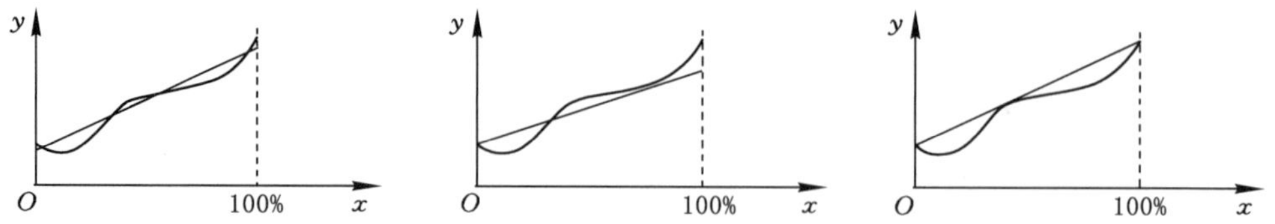

(a) 独立线性度　(b) 零基线性度　(c) 端基线性度

图 2-4　三种线性度

各测点上的偏差最小。

零基线性度:基准直线与校准曲线的起点重合。

端基线性度:基准直线过校准曲线的起点和满量程点。

以上三种线性度的表示方法中,独立线性度的拟合精度最高,零基线性度次之,端基线性度最低。此外,拟合精度更高的线性度表示方法还有平均选点线性度、最小二乘法线性度等。

2. 灵敏度

传感器的灵敏度是指达到稳定工作状态时,输出变化量 Δy 与引起此变化的输入变化量 Δx 之比。线性传感器校准曲线的斜率就是灵敏度 k,则:

$$k=\frac{\Delta y}{\Delta x} \tag{2-3}$$

对于非线性传感器,灵敏度用$\frac{\mathrm{d}y}{\mathrm{d}x}$表示,也可以用某一小区域内拟合直线的斜率表示。

3. 精度

传感器的精度指测量结果的可靠程度,它是以给定的准确度表示重复某个读数的能力,其误差越小,传感器精度越高。

传感器的精度 A 表示传感器在规定条件下允许的最大绝对误差 $\Delta x_{\max}$ 相对于传感器满量程输出的百分数,可表示为:

$$A=\frac{\Delta x_{\max}}{y_{\mathrm{F.S}}}\times 100\% \tag{2-4}$$

式中　$\Delta x_{\max}$——传感器在规定条件下允许的最大绝对误差;

$y_{\mathrm{F.S}}$——传感器满量程输出。

工程技术中为了简化传感器精度的表示方法,引用了“精度等级”的概念。精度等级以一系列标准百分数分挡表示,如压力传感器的精度等级分别为 0.05,0.10,0.20,0.30,0.50,1.00,1.50,2.00 等。

传感器在设计和出厂检验时,其精度等级代表的误差是指传感器测量的最大允许误差。精度越高,传感器测量误差越大。

4. 最小检测量和分辨率

最小检测量是指传感器能确切反映被测量的最低极限量。最小检测量越小,表示传感器检测微量的能力越高。

由于传感器的最小检测量 M 易受噪声的影响,所以一般用相当于噪声电平若干倍的被测量为最小检测量,用公式表示为:

$$M=\frac{CN}{k} \tag{2-5}$$

式中　C——系数(一般取1～5);

N——噪声电平;

k——传感器的灵敏度。

例如,电容式压力传感器的噪声电平 N 为 0.2 mV,灵敏度 k 为 5 mV/MPa。若取 $C=2$,则根据式(2-5),计算得最小检测量 M 为 0.08 MPa。

分辨率是传感器能感测到的测量值的最小变化量,因为变化量是无穷的,小数点后面有无穷位,但传感器测量的输出并不是无穷的变化量都能分辨出来,能分辨的最小单位就是分辨率。数字式传感器一般用分辨率表示,即输出数字指示值最后一位数字所代表的输入量。

5. 迟滞

迟滞是指在相同工作条件下进行全测量范围校准时,在同一校准中对应同一输入量的正行程和反行程,其输出值间的最大偏差,如图2-5所示。其数值用最大偏差或最大偏差的一半与满量程输出的百分比表示,即:

$$\delta_H=\pm\frac{\Delta H_{\max}}{y_{F.S}}\times 100\% \tag{2-6}$$

或

$$\delta_H=\pm\frac{\Delta H_{\max}}{2y_{F.S}}\times 100\% \tag{2-7}$$

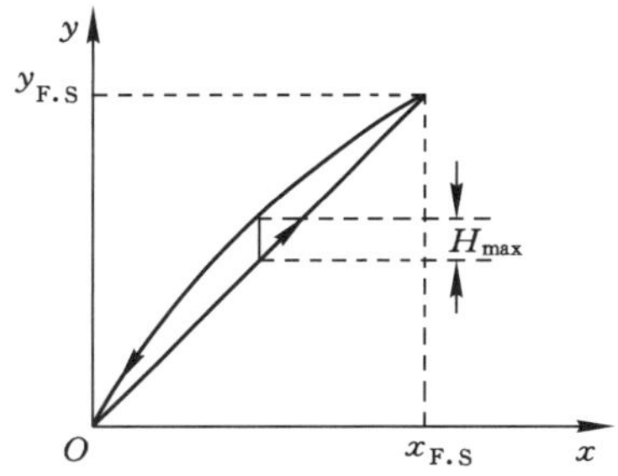

图2-5　传感器的迟滞特性

式中　$\Delta H_{\max}$——输出值在正、反行程间的最大偏差;

δ_H——表示传感器的迟滞。

迟滞现象反映了传感器材料本身响应及传感器机械结构和制造工艺上的缺陷,如元件腐蚀、螺钉松动、灰尘等。

二、传感器的动态特性

除了静态特性之外,传感器的动态特性也影响到其检测误差。传感器的动态特性是指传感器对于随时间变化的输入量的相应特性。

动态特性好的传感器,其输出量随时间变化的曲线与被测量在同一时间变化的曲线一致或相近。实际被测量随时间变化的形式可能是各种各样的,根据哪种变化的形式来判断一个传感器动态特性的好坏呢?实际研究中,通常根据“标准”输入特性来考虑传感器的相应特性。标准输入有两种,即正弦变化和阶跃变化。传感器的动态分析和动态标定都以这两种标准状态输入为依据。

(一)传感器的数学模型

在研究传感器的动态特性时,通常以正弦变化或阶跃变化信号作为输入的激励信号来考察传感器的输出响应,当输入信号随时间变化时,输出信号能迅速准确地反映输入信号幅度的大小和波形的变化,这样的传感器可以看成是理想的传感器。但实际的传感器测试系统总是存在着诸如弹性、惯性、阻尼等元件,使得输出、输入之间不是简单的跟随关系,还与输出量的变化速度和加速度等有关,因而精确地建立传感器数学模型是困难的。为了便于分析和处理传感器的动态特性,工程上总是采取一些近似的方法,即忽略一些影响不大的因素，以给数学模型的建立和求解带来方便。

通常可以用线性时不变系统来描述传感器的动态特性，即以常系数线性微分方程建立传感器输出量 y 和输入量 x 之间的数学关系，即：

$$k_n \frac{d^n y}{dt^n} + k_{n-1} \frac{d^{n-1} y}{dt^{n-1}} + \cdots + k_1 \frac{dy}{dt} + k_0 y = b_m \frac{d^m x}{dt^m} + b_{m-1} \frac{d^{m-1} x}{dt^{m-1}} + \cdots + b_1 \frac{dx}{dt} + b_0 x \tag{2-8}$$

其中：$k_n, k_{n-1}, \cdots, k_0$ 和 $b_m, b_{m-1}, \cdots, b_0$ 均为与测试系统结构有关的常数；t 为单位量，微分步距。

理论上讲，式(2-8)是可以求解的，但对于一个多阶的复杂系统，直接求解式(2-8)是很困难的。为了简化求解过程，通常利用拉普拉斯变换将式(2-8)变为传递函数，或利用傅立叶变换将其变为频率响应函数，通过求解传递函数或频率响应函数来分析传感器的动态特性。

（二）传感器的时域特性

传感器的时域特性是研究传感器对所加激励信号的瞬态响应特性。常用的激励信号有阶跃函数、斜坡函数和冲激函数，最典型的是阶跃函数。下面简要说明一阶和二阶传感器的动态特性。

1. 一阶传感器单位阶跃响应

一阶传感器的微分方程式为：

$$k_1 \frac{dy}{dt} + k_0 y = b_0 x \tag{2-9}$$

对初始状态为0的一阶传感器，当输入一个单位阶跃信号：

$$x(t) = \begin{cases} 0 & (t \leqslant 0) \\ 1 & (t > 0) \end{cases}$$

传感器输出信号产生阶跃响应，称之为一阶传感器单位阶跃响应，其数学表达式为：

$$y(t) = 1 - e^{-\frac{1}{\tau}t} \tag{2-10}$$

式中　τ——时间常数。

式(2-10)是一个按指数规律变化的曲线，说明了传感器的响应最终会达到稳态值。实际上，当 $t=4\tau$ 时，其输出值已达到稳态值的98.2%，即与稳态响应输出误差小于2%时，可以认为已达到稳态。

显然，时间常数 τ 是衡量一阶传感器动态响应速度的重要参数，τ 越小，响应速度越快，亦即传感器惯性越小。

2. 二阶传感器单位阶跃响应

二阶传感器的微分方程可表示为：

$$k_2 \frac{d^2 y}{dt^2} + k_1 \frac{dy}{dt} + k_0 y = b_0 x \tag{2-11}$$

工程上一般将其表示为：

$$\frac{d^2 y}{dt^2} + 2\xi \omega_0 \frac{dy}{dt} + \omega_0 y = \omega_0^2 x \tag{2-12}$$

式中　ω_0——传感器固有频率，$\omega_0 = \sqrt{\frac{k_0}{k_2}}$；

ξ——传感器的阻尼比，$\xi=\dfrac{k_1}{2\sqrt{k_2k_0}}$。

传感器的传递函数为：

$$H(s)=\frac{y(s)}{x(s)}=\frac{\omega_0^2}{s^2+2\xi\omega_0 s+\omega_0^2} \tag{2-13}$$

式中　s——拉普拉斯变换的复变量。

可见，二阶传感器对单位阶跃信号的响应，在很大程度上取决于阻尼比 ξ 和固有频率 ω_0。固有频率 ω_0 由传感器参数结构决定，ω_0 越高，传感器的响应速度越快；当 ω_0 为常数时，传感器的响应速度取决于阻尼比 ξ。

（三）传感器的频域特性

当传感器输入的激励信号为正弦信号时，则按传感器的频率响应特性研究传感器的动态特性。

1. 一阶传感器的正弦响应

一阶传感器频率响应特性表达式为：

$$H(\mathrm{j}\omega)=\frac{1}{\tau(\mathrm{j}\omega)+1} \tag{2-14}$$

拉普拉斯变换公式为 $s=\sigma+\mathrm{j}\omega$，其中 $\mathrm{j}\omega$ 表示虚频或复数频率函数。

相应的幅频特性和相频特性为：

$$A(\omega)=\frac{1}{\sqrt{1+(\omega\tau)^2}} \tag{2-15}$$

$$\varphi(\omega)=-\arctan(-\omega\tau) \tag{2-16}$$

一阶传感器频率响应变化的特点是，时间常数 τ 越小，频率响应特性越好。当 $\omega\tau\ll 1$ 时，$A(\omega)\approx 1$，$\varphi(\omega)\approx 0$，表明传感器的输出与输入呈线性关系，且相位差很小，输出能真实地反映输入的规律。

2. 二阶传感器的正弦响应

二阶传感器频率响应特性表达式为：

$$H(\mathrm{j}\omega)=\frac{1}{1-\left(\dfrac{\omega}{\omega_0}\right)^2+2\mathrm{j}\xi\dfrac{\omega}{\omega_0}} \tag{2-17}$$

相应的幅频特性和相频特性为：

$$A(\omega)=\frac{1}{\sqrt{\left[1-\left(\dfrac{\omega}{\omega_0}\right)^2\right]^2+\left(2\xi\dfrac{\omega}{\omega_0}\right)^2}} \tag{2-18}$$

$$\varphi(\omega)=-\arctan\frac{2\xi\dfrac{\omega}{\omega_0}}{1-\left(\dfrac{\omega}{\omega_0}\right)^2} \tag{2-19}$$

二阶传感器频率响应特性的好坏，主要取决于传感器的固有频率 ω_0 和阻尼比 ξ。当 $\xi<1$，$\omega_0\gg\omega$ 时，$A(\omega)\approx 1$，$\varphi(\omega)$ 很小，频率特性平直，输出与输入呈线性关系，此时传感器的输出能真实地反映输入的规律。通常在传感器设计时，必须使其阻尼比 ξ 小于 1，固有频率 ω_0 至少应大于被测信号频率 ω 的 3～5 倍，即 $\omega_0\geqslant(3\sim5)\omega$。若被测信号为多频谐波信号

时，传感器的固有频率 ω_0 理论上应高于输入信号谐波中最高频率 ω_{max} 的 3～5 倍。实际上，过高的 ω_0 会使传感器的制造难度大大增加，并考虑到在整个频谱内，频率越高，幅值越小，灵敏度越低，因而固有频率的选择应根据测量需要综合考虑。

第四节　传感器的标定

传感器的标定是指利用较高等级的标准器具对传感器的特性进行检测、检验，使其达到标准水平。传感器在投入使用之前对其进行标定，以测定其各种性能指标；传感器在使用过程中定期进行检查，以判断其性能参数是否偏离初时标定的性能指标，是否需要重新标定或停止使用。传感器的标定分为静态标定和动态标定，不同的传感器的标定方法不同，但其基本要求是一致的。

一、传感器静态特性标定

传感器静态特性标定的目的是确定传感器的静态特性指标，如线性度、灵敏度、精度、迟滞等。所以在标定时，所用的标准器具精度等级应比被标定的传感器精度等级至少高一级，并且要在一定的标准条件下进行，然后可按下述步骤进行静态标定：

(1) 将传感器全量程标准输入量分成若干个间断点，取各点的值作为标准输入值；

(2) 由小到大一点一点地输入标准值，并记录与各输入值相对应的输出值；

(3) 由大到小一点一点地输入标准值，同时记录与各输入值相对应的输出值；

(4) 按(2)和(3)所述过程，对传感器进行正、反行程往复循环多次测试，将所得输出、输入数据用表格列出或画成曲线；

(5) 对测试数据进行必要的分析和处理，以确定该传感器的静态特性指标。

二、传感器动态特性标定

传感器动态特性标定的目的是确定传感器的动态特性参数，如时间常数、上升时间或工作频率、通频带等。各类传感器动态标定的方法不同，同一类传感器也有多种标定方法，但基本要求是相同的。此时传感器输入信号应该是一个标准的激励函数，如阶跃函数、正弦函数等；传感器输出、输入信号间建立起时域函数或频域函数，并由此函数标定传感器时域或频域特性参数。

复习思考题

1. 什么是传感器？其作用是什么？
2. 传感器的组成有哪些？传感器主要有哪些分类？
3. 传感器的主要技术指标是什么？
4. 传感器的技术特性有几种？
5. 传感器动态特性一般分为哪几种？怎样表示？
6. 传感器的标定方法有哪些？
7. 简述传感器静态特性标定的方法和步骤。

第三章

气 体 检 测

地面新鲜空气进入井下后，其成分将发生变化，主要表现为氧气含量减少和掺入了一些有害气体。矿井空气成分检测的目的是确定其成分是否符合《煤矿安全规程》的规定。如果不符合，必须采取措施进行处理，保证矿井的安全生产。瓦斯是指矿井中主要由煤层气构成的以 CH_4 为主要成分的有害气体，这里单独指 CH_4。瓦斯检测就是对矿井空气成分进行检测，主要是 CH_4 的检测。

第一节　矿井空气成分检测方法概述

矿井空气成分非常复杂，有可燃爆炸性气体，如 CH_4、C_2H_4、C_2H_6、C_3H_8、H_2、C_2H_2 等；有中毒性气体，如 CO、H_2S 等；有窒息性气体，如 NH_3、N_2、CO_2 等；有助燃性和维持工作人员呼吸的气体，如 O_2。

由于矿井空气气体种类繁多，检测方法各不相同，矿井空气成分的检测方法主要有四种：一是在井下采集气样送至地面在实验室进行气体分析，如利用矿井专用气相色谱仪进行气体分析，其所得到的数据准确度高、检测范围广，但所需时间长，不能很快作出判断，因而可能会因不及时采取措施而引起重大事故；二是专用检测仪器，它能就地检测，速度快，但一般来说精度较低；三是安全监测系统，它能连续、远距离、自动检测矿井空气成分的变化，并具有报警、断电等功能；四是矿用环境多参数无线监测系统，它能实现每一个监测点多种气体及环境参数的高精度检测，数据实时传输，在线连续分析，形成各监测点协同感知，预测变化趋势，对异常变化及时预警、定位并提供决策支持，实现分级预警和主动防控，是今后矿井智能化监测预警的发展趋势。

矿井气体检测仪器种类较多，按其检测原理不同，可分为：利用光学原理检测，如光干涉法瓦斯检测器以及红外光检测 CO、CH_4 等多种气体；利用各种气体热导率与空气热导率的差异的热导原理检测，如热导型 CH_4 检测器；利用热催化原理检测，如热催化可燃气体检测器；利用电化学原理检测，如 CO 定电位检测仪和伽伐尼电池法 O_2 检测仪；利用磁学原理检测，如顺磁法测 O_2 仪等；利用化学反应原理检测，如 CO、CO_2、H_2S 检知管等。按其结构不同，矿井气体检测仪器可分为便携式和固定式两大类。

对于矿井气体检测仪器的要求有：如果是可燃气体，仪器可以检测的最小值在允许浓度下限的 1/10 以下，反应时间小于 30 s；如果是中毒性气体，其可以检测的最小值也在允许浓度下限的1/10以下，反应时间小于10 s；无论是可燃气体，还是中毒性气体，其报警点都任意可调；其工作环境要求，工作温度为−20～40 ℃，工作电压或电流在工作电源的电压或电流的100%±10%范围内波动，本身要具有防爆、防中毒、防震、防冲击的特性。

第二节　热导型气体检测

一、工作原理

1. 热导原理

热导原理是指利用各种气体热导率与空气热导率的差异以及热导率与气体浓度的关系，来实现对气体浓度的检测。

某种气体的热导率 λ 与气体相对分子质量 m、热运动的平均速度 $\bar{v}$、气体摩尔定容热容 $C_{V,m}$、绝对温度 T 以及实验常数 C 有关，即：

$$\lambda = f(m,\bar{v},C_{V,m},T,C) \tag{3-1}$$

表3-1列出了部分气体在1个大气压、300 K条件下的热导率。

表3-1　部分气体在1个大气压、300 K条件下的热导率

名　称	$\lambda/[\times 10^{-6}\ \mathrm{W/(m\cdot K)}]$
空气	15.69
O_2	15.86
N_2	15.63
H_2	109.50
CO	15.67
CO_2	5.32
CH_4	20.68

气体的热导率随温度增加而增加，当温度为定值时，热导率与气体分子的直径成反比，分子直径越小，其热导率越大。在一般情况下热导率与气压无关。

2. 混合气体的热导率

气体的热导率与温度的关系复杂，常用下式表示：

$$\lambda_T = \lambda_0(1+\beta T) \tag{3-2}$$

式中　λ_T，λ_0——气体在温度为 T ℃和0 ℃时的热导率；

β——一定范围内气体热导率温度系数。

对于混合气体的热导率，可以粗略地认为是各组分热导率的平均值，即：

$$\lambda_c = \sum_{i=1}^{n} n_i \lambda_i \tag{3-3}$$

式中　λ_c，λ_i——混合气体和第 i 种气体的热导率。

n_i——第 i 种气体的体积分数。

设空气中 CH_4 的含量为 m，空气的热导率为 λ_a，CH_4 的热导率为 λ，CH_4 和空气混合气

体热导率为 λ_c，则：

$$\lambda_c = \lambda m + \lambda_a(1-m)$$

$$m = \frac{\lambda_c - \lambda_a}{\lambda - \lambda_a} \tag{3-4}$$

应当指出，上述混合气体热导率 λ_c 计算公式及热导率与温度关系式均是近似关系式，在不少情况下，气体热导率并不符合上述关系。

由于混合气体的热导率是组成它的气体组分及各组分所占的百分比函数，测出它的热导率差，即可测出混合气体的组成，由式(3-4)可看出，只要测出 λ_c，就可测出 m 值。热导型 CH_4 检测器就是根据矿井空气的热导率随 CH_4 含量不同而变化，测出其变化即可测定 CH_4 等气体含量。但直接测量气体的热导率是比较困难的，一般是借助于某种热敏元件将混合气体中 CH_4 含量的变化所引起的热导率变化转换成电阻值的变化。

二、测量热导元件

作为热量—电阻转换元件的热变电阻的材料有金属丝、半导体热敏电阻等。

1. 金属丝

金属丝的热变电阻值随温度的改变而变化，其变化量 ΔR 可由下式计算：

$$-\Delta R = R_0 - R_0(1+\alpha\Delta T) \tag{3-5}$$

式中　R_0——起始温度电阻值，Ω；

ΔT——温度的增减量，K；

α——金属丝的电阻温度系数，K^{-1}。

式(3-5)表明，金属丝受热后，电阻值的变化量大小与金属丝的电阻温度系数成正比。电阻增量值越大，仪器灵敏度越高。因此，热变电阻的材料选用电阻温度系数大的材料较好，但往往还要考虑金属丝的加工工艺、化学稳定性等因素。故一般常用的材料是纯度较高的铂电阻丝、钨丝、铼钨丝和钯丝，金属丝的直径为 10～50 μm。金属丝的特点是稳定性好，零点漂移小，线性好，重复性高，寿命长；但是金属丝加工工艺复杂，化学稳定性差，元件互换性差。

2. 半导体热敏电阻

半导体热敏电阻包括金属氧化物半导体、碳化硅半导体及钛酸钡正特性热敏电阻陶瓷三大类。金属氧化物半导体、碳化硅半导体为负电阻温度系数，热敏电阻阻值与温度的关系为：

$$R = R_0 \exp\left[B\left(\frac{1}{T} - \frac{1}{T_0}\right)\right] \tag{3-6}$$

式中　R_0——起始温度 T_0 时的电阻，Ω；

R——温度为 T 时的电阻，Ω；

B——热敏电阻常数，K，通常 B=3.6 K。

热敏电阻温度系数 α 为：

$$\alpha = -\frac{B}{T^2} \tag{3-7}$$

热敏电阻的温度系数比铂丝温度系数大得多。当工作温度为 180 ℃时，热敏电阻的温度系数相当于铂丝温度系数的 5 倍，故半导体热敏电阻的灵敏度比铂丝灵敏度高 5～10 倍。

但使用热敏电阻作传感器存在下列问题：

(1) 受 CO_2、水蒸气影响较大，水蒸气使指示值增大，CO_2 使指示值减小，且 CO_2 的负向指示率与 CH_4 的正向指示率的绝对值几乎相等，两者有相消作用。因此，必须加吸收剂以消除 CO_2 和水蒸气的影响。

(2) 零点漂移，当测定气体的温度变化时，仪器零点和灵敏度都发生变化，故需采用零点补偿措施。

(3) 元件的一致性和互换性较差，元件加工工艺等因素的影响较大。

CH_4 热导率是空气热导率的 1.296 倍，因此用热导方法来测量浓度很低的 CH_4 时得到的输出信号很小，测量 1%以下的 CH_4 时灵敏度不够，误差大。

三、传感器结构与检测原理

利用热导原理制作的传感器，结构比较简单，主要是电桥电路，如图 3-1 所示。

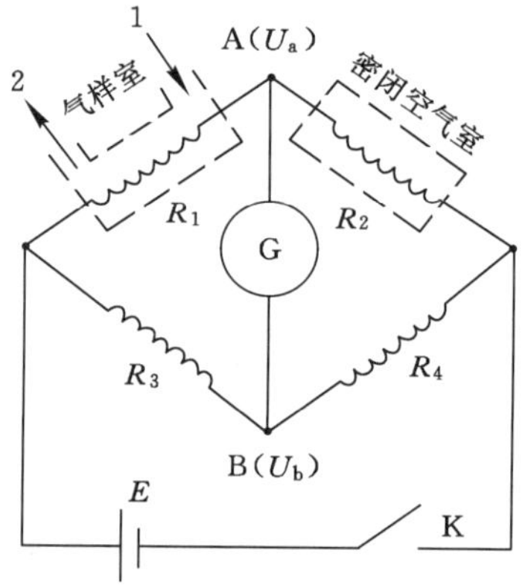

1—入气口；2—出气口。

图 3-1 热导式气体浓度检测仪传感器原理图

热导型传感器采用电阻温度系数较大的金属丝(铂丝或钨丝)或半导体热敏电阻作为敏感元件。把性能相同的一对热导元件分别接在电桥电路的两个臂上，一只放置在与被测气体相通的气样室中，叫作测量元件(R_1)；另一只放置在充满地面标准大气的密闭空气室中，叫作补偿元件(R_2)。工作时，当测量元件与补偿元件输入同样的电流后，产生的热量相同，但由于散热介质不同，检测气样室中通入 CH_4 时，由于 CH_4 的热导率比空气大，R_1 上传导出的热量大，故 R_1 与 R_2 上出现温度差，使两元件存在一定温差。两元件产生一个与温差相适应的热态电阻差，差异的大小与两电阻各自与气体进行热交换最终平衡后的温度有关，破坏电桥平衡，电桥输出一个与被测气体浓度变化成比例关系的电信号。电信号输出大小与电阻阻值变化有关，而阻值的变化与气体热导率有关，气体热导率又与气体含量有关。因此，根据电桥输出信号大小，通过标定即可获得 CH_4 浓度数值，实现对气体浓度的检测。

由于纯被测气体或高浓度被测气体的热导率与空气的热导率相差较大，所以测量高浓度气体时精度高。但是如果被测气体浓度较低，其热导率与空气的热导率相近，则输出信号较弱，其灵敏度和分辨力很小，因此，这类传感器不适用于低浓度环境下。

热导型瓦斯检测仪器具有测量范围宽、功耗小的优点，也不存在载体催化元件受高浓度瓦斯冲击发生激活及中毒的问题，使用寿命长。但其也存在一些问题，使用中应予以注意：① 选择性差。由检测原理可知，多元混合气体的热导率是各种气体成分热导率的平均值。如果式(3-4)中 λ_a 值是不稳定值，或混合气体中存在 CO_2 和水蒸气，将严重干扰瓦斯浓度测定值。其中，受 CO_2 影响，指示值减小；受水蒸气影响，指示值增大。因此，使用热导型瓦斯检测仪器也要除去 CO_2 和水蒸气。② 环境温度变化的影响。环境温度会影响仪器的零点稳定性和灵敏度，一方面，气体热导率随温度增加而增加；另一方面，气室壁温度也影响热丝电阻的变化。为保证测量精度，必须保持气室温度恒定。③ 流速变化的影响。气室内的热交换取决于热传导、热对流和热辐射，当热丝温度不高时，主要与前两项有关，热对流影响随气室尺寸增加而增加。实际使用中，要注意流速变化对测值的影响。

目前，热导型仪表型号繁多，有我国生产的高浓度 CH_4 检定器和与矿井安全生产监测系统相配接的高浓度 CH_4 传感器等。例如，KG9001B 型智能高低浓度 CH_4 传感器中的高浓度传感元件就是采用热导原理。

第三节　载体热催化原理气体检测

近年来，热催化原理的检测仪器已经得到广泛应用，且占据了瓦斯检测仪表领域的首位。

一、热催化元件

1943 年，美国制成热催化原理的测量仪表，使用纯铂丝元件，随后，在铂丝上加涂催化剂，制成催化元件。1957 年，英国发表了在铂丝上涂加载体和催化剂的专利。以后载体热催化原理检测仪表在元件工艺配方、工作稳定性、抗中毒、使用寿命等方面得到逐步提高，日臻完善。

1. 纯铂丝热效元件

纯铂丝热效元件的结构如图 3-2 所示。元件仅有一个纯铂丝螺旋圈，结构简单，制造容易。它的最大优点是抗中毒能力强，如在含 0.000 1%的 H_2S 与 1%的 CH_4 的气体中，可持续工作 4 h 或每天工作 30 s、断续工作 400 次，元件输出活性不下降。与其相比，载体热效元件在含 0.000 1%的 H_2S 与 1%的 CH_4 的气体中，当持续工作 4 h 时，其输出活性下降 20%以上。故在含有较多 H_2S 等的气体中不宜使用载体热效元件，可使用纯铂丝作为传感元件。但是，铂丝的工作温度一般为 900～1 000 ℃，工作时铂丝升华比较严重，线径缩小，容易造成仪器零点严重漂移，连续工作寿命缩短。波兰和法国一直以铂丝元件为主，实际使用中采取向元件间断供电的工作方式延长铂丝元件寿命，实现长期连续监测。

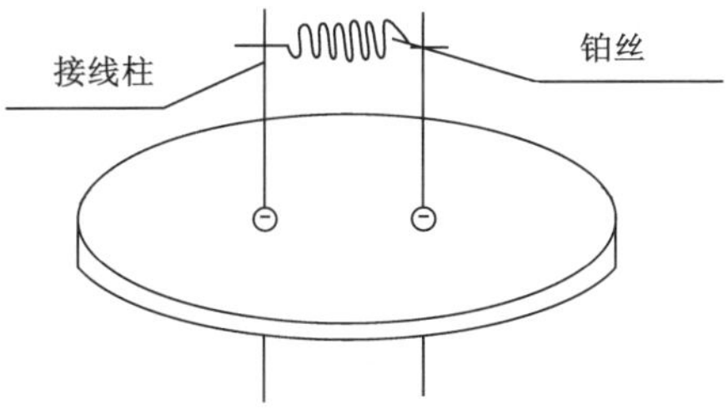

图 3-2　纯铂丝热效元件结构

2. 载体热催化元件

载体热催化元件是使用最广泛的一种催化元件，目前国内外生产使用的低浓度 CH_4 传感器几乎都是采用载体热催化元件。

载体热催化元件的结构如图 3-3 所示，它由铂丝线圈、载体和催化剂组成。

铂丝线圈的作用，一方面是对载体和催化剂进行加热，使 CH_4 等可燃气体接触元件后达到一定的氧化状态，另一方面是把 CH_4 等可燃气体在催化剂作用下燃烧生成的热量检测出来。

载体一般是 Al_2O_3，其作用是提供较大的反应接触面积、固定铂丝的几何形状、附载催化剂、传导热量给铂丝。

催化剂的作用是使氧化反应速度加快，CH_4 在空气中进行无焰燃烧的温度约为 650 ℃，在催化剂的作用下，燃烧温度可以降低到 300～400 ℃。催化剂对元件的灵敏度、稳

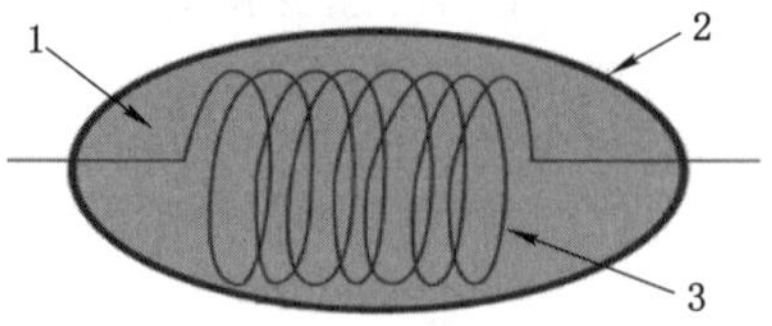

1—载体；2—催化剂；3—铂丝线圈。

图 3-3 载体热催化元件结构

定性、功耗和寿命等都有决定性影响。常用的催化剂有 Pt(铂)、Pd(钯)、Th(钍)等。元件配方及工艺较复杂，各厂家均不相同。

涂有催化剂的元件颜色一般呈黑色，俗称黑元件，即检测元件。用来对环境(风速、温度、湿度、电流和电压等)变化影响进行补偿的元件，未涂催化剂呈白色，称白元件，即补偿元件。二者的大小、材料、几何形状等都相同。CH_4 检测传感器中载体热催化元件(黑元件)和白元件都是配对使用的。

二、热催化型元件检测 CH_4 等可燃气体的原理

热催化原理又称催化燃烧原理。CH_4 等可燃气体在一定温度条件下，在催化剂[Pt(铂)、Pd(钯)、Th(钍)]的催化作用下进行无焰燃烧，在一定的浓度范围内，定量的 CH_4 燃烧放出定量的热，生成 CO_2 和 H_2O。CH_4 在空气中燃烧的反应式如下：

$$CH_4 + 2O_2 \longrightarrow CO_2 \uparrow + 2H_2O + 890.34\ \text{kJ}$$

释放出的热量使元件的温度上升，造成铂丝的阻值变化。铂丝的电阻在0～630.74 ℃范围内与 CH_4 的浓度成正比。

利用热催化元件制成传感器的结构如图 3-4 所示。一个简单电桥电路主要有黑(热催化元件)和白(补偿元件)两种元件，其阻值分别为 r_1 和 r_2，两个元件放在同一个待测气样将通过的气室内。由固定电阻 R_1 和 R_2 组成电桥另外的两个桥臂，用电阻温度系数小的电阻，以提高电桥在高温时的稳定性。为使电桥在无 CH_4 等可燃气体状态下处于平衡状态，桥路内装有调零电位器 W_1。电阻 r_2' 并联在白元件 r_2 上，补偿黑、白元件热学性质的差异，以改善电桥的零点漂移。

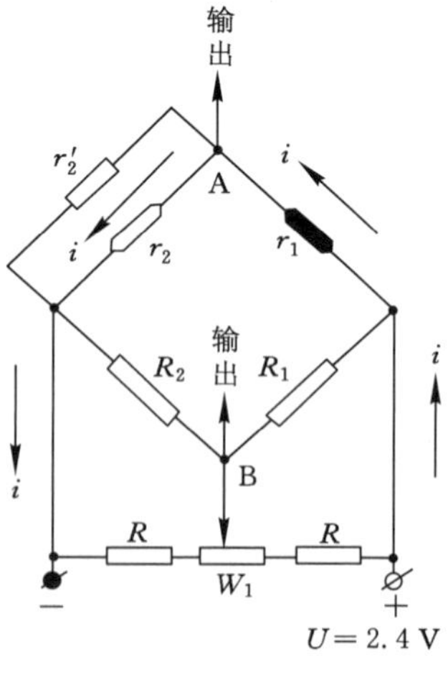

图 3-4 热催化元件制成传感器的结构

传感器工作时，在恒流电源作用下，有电流流过电桥四个臂。无 CH_4 等可燃气体时，此时在工作电流作用下，元件工作温度达 500 ℃左右，通过调零电位器 W_1 的调整，使电桥处于平衡状态，电桥输出平衡；当有 CH_4 等可燃气体时，CH_4 与 O_2 在黑元件表面进行无焰燃烧，放出热量被元件吸收，引起元件温度升高，使铂丝电阻增大。另一方面，白元件上无催化剂，CH_4 等可燃气体在其表面不进行氧化燃烧。但它处在与黑元件相同的工作环境中，起到对环境(风速、温度、湿度、电流和电压)变化而引起的催化元件阻值变化的补偿作用。这样就破坏电桥原来的

平衡，输出一个与 CH_4 浓度成正比的电信号。然后将此信号送入放大电路放大，再送至显示、报警或其他单元，实现对 CH_4 浓度的检测和报警。

目前，国内外利用载体热催化原理元件生产可燃气体检测报警便携仪的厂家较多，生产出来的型号也较多，但它们的检测原理和结构基本一样，均采用载体热催化元件作为检测元件，通过电桥电路输出电信号，经放大后，分别送给报警电路和模数转换电路。模数转换电路将模拟信号转换为数字信号，由液晶显示器读出可燃气体浓度大小。当 CH_4 等可燃气体浓度达到报警设定值时，通过比较器输出一个高电平，驱动报警电路实现声光报警。为了保证仪器使用的可靠性，多数仪器均设有欠压报警（或指示）及传感器故障等自检电路。可燃气体检测报警便携仪原理框图如图 3-5 所示。

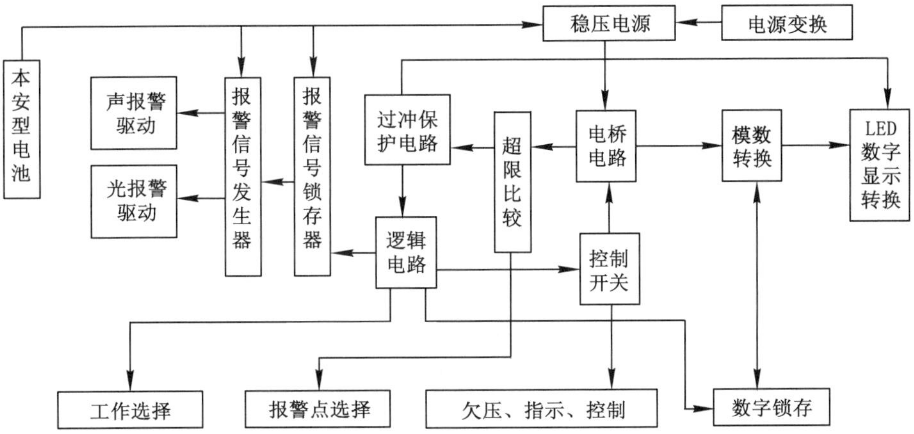

图 3-5 可燃气体检测报警便携仪原理框图

这类仪器的特点是体积小、结构简单、功耗低、性能较稳定及使用寿命长。测定低浓度可燃气体时，输出信号较大（1%的 CH_4 时，输出电压可达 150 mV 以上），信号处理和显示较简便、直观，易于实现超限报警、遥测。其缺点是催化剂与 S（硫）、Pb（铅）、P（磷）、Cl（氯）等的化合物接触时，催化性能逐渐降低，使仪器的灵敏度降低。

三、载体热催化元件的特性

以 CH_4 为例，载体热催化元件的特性如下。

（1）元件的活性。元件的活性是指元件对 CH_4 的氧化燃烧速率。元件活性高，通过电桥测量 CH_4 时，可以得到较高的信号输出，单位是 mV，一般元件中每测量 1%的 CH_4 浓度，信号输出电压不应低于 15 mV。测量爆炸下限以下浓度的 CH_4 时，其输出接近线性，并输出数十毫伏的电信号，灵敏度高，可以直接推动电表指示，便于信号的放大和数据处理，是良好的监测系统传感器。

（2）元件的稳定性。元件的稳定性是指元件在新鲜空气与有一定浓度 CH_4 的环境中，在规定的连续工作时间内的活性下降率。活性下降率越低，表明元件工作性能越稳定，对不可燃气体不反应，受环境（温度、湿度和 CO_2 等气体）的影响小。

（3）元件的工作点和工作区间。元件的工作点是指元件的标准工作电压和电流值。实际使用中，为了便于组成电桥和选定电桥电流，工作点通常是指一对元件(黑、白)的标准工作电压或电流值。在工作点上，元件具有较大输出、较好的稳定性和最小的零点漂移。目前，国内元件的工作点有 1.2 V、2.2 V、2.4 V 及 320 mA 等。

当元件的工作电压或电流变动时，在同一 CH_4 浓度下输出活性的大小是不同的。只有当工作电压或电流在某一范围内变动时，输出活性才接近于直线，这个工作电压或电流的变化范围称为元件的工作区间，区间越宽越好。目前，元件的工作区间只能达到标准电压的 90%～110%。

(4) 元件的输出特性。元件的输出特性是指在不同 CH_4 浓度下，元件的活性与 CH_4 浓度的关系。图 3-6 为载体热催化元件的输出特性曲线。曲线表明，CH_4 浓度在 0～5%范围内，输出信号与 CH_4 浓度呈线性关系。当 CH_4 浓度在 9.5%时，曲线出现拐点，以后随 CH_4 浓度的增大，输出信号不断下降，出现高浓度和低浓度输出信号相同的现象，即"元件双值性"。该现象产生的原因是高浓度 CH_4 气样中缺 O_2 而使燃烧不完全，所以热催化原理的 CH_4 检测器只能测量低浓度 CH_4。

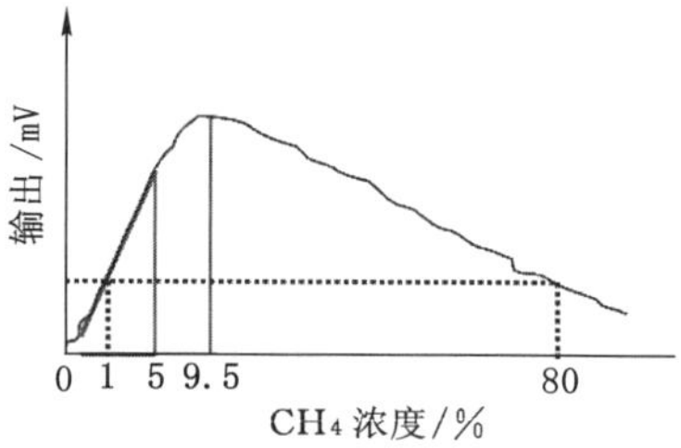

图 3-6　载体热催化元件的输出特性曲线

(5) 元件的中毒特性。载体热催化元件的催化剂 Pt(铂)、Pd(钯)、Th(钍)等与 S(硫)、P(磷)、Pb(铅)、Cl(氯)、Si(硅)等的化合物作用，使其催化活性逐渐降低，称为催化剂中毒。催化剂中毒过程的实质是毒物与催化剂之间发生了某种物理化学作用，从而使元件的活性表面受到破坏或遮盖。

毒物在元件活性表面上吸附或化合较弱，造成暂时性中毒，暂时性中毒通过活化处理可以恢复。使元件暂时中毒的物质有硫化物和氯化物等。若毒物与活性表面结合力很强，无法使元件活性恢复，则造成永久性中毒。使元件永久性中毒的物质有 Si(硅)、Sb(锑)、Pb(铅)等。

元件的中毒程度，即元件灵敏度的降低程度，与毒物的浓度和接触时间成正比。毒物的浓度越高，则元件灵敏度很快降低，甚至元件无反应。若毒物的浓度低，元件初期灵敏度下降不大，但随中毒时间加长，其灵敏度逐渐降低。评价元件中毒的指标用相对灵敏度表示：

$$\text{相对灵敏度}=\frac{\text{某一时间元件的灵敏度}}{\text{元件的初始灵敏度}}\times 100\%$$

使用时应首先了解使用环境中毒物的存在情况，了解元件本身的抗中毒性能，然后根据矿井存在毒物的情况采取相应的措施，以保证元件正常工作。目前，除依靠元件本身增加抗中毒性能外，常加装过滤装置将毒物过滤掉，常用的过滤剂有活性炭、硅胶、分子筛等。

(6) 元件的激活特性。工作一段时间的元件，遇到较高浓度(5.5%～6.0%)CH_4 数分钟后，元件的活性升高，高浓度 CH_4 消失后，元件在几十小时内活性又逐渐下降到初始值附近。元件的激活特性是元件的一个缺点，被激活的元件在一段时间内输出不稳定，使用中需要经常调整。元件的激活特性是由元件本身特性引起的，目前国内外都在研究解决，解决的方法基本上是从元件本身以外的电路上采取措施：一种方法是采用两套元件，遇到低浓度 CH_4 时使用催化元件，遇到高浓度 CH_4 时使用热导元件，即采用切换的方法解决；另一种方法是使电路在遇到高浓度 CH_4 时能自动切断电源供电，使其停止工作，当浓度降到 5%

以下后再自动恢复工作。我国有些厂家生产的高低浓度 CH_4 传感器就是采用前一种方法。

(7) 元件的反应速度。指仪器从接触到被测气体开始，到传感器元件能正确地指示数据为止所经历的时间。显然，传感器元件对环境中 CH_4 浓度的变化应具有较高的反应速度。反应速度太慢，则仪器失去检测的意义。

反应速度取决于传感器元件本身的时间常数(即其本身的反应速度)和待测气体向传感器元件扩散的速度(即仪器的气室结构)。量热单元的时间常数与升温和散热过程有关，是一个系统参量，决定容器升温和散热的速率。

由于时间常数与元件热容量成正比，而元件热容量又与元件表面积的 3/2 次方成正比，因此，时间常数是随元件表面积的增大而增大。为了获得较快的反应速度，应当使元件具有较小的表面积。如果元件表面积大，辐射散热和热传导散热增大，则元件温度较难升高，因而反应速度慢。时间常数随元件温度的升高而减小，说明反应速度随温度的升高而加快。CH_4 浓度由 2%增加到 4%时，其反应速度比由 0 增至 2%时的反应速度快，正说明了这一点。元件的电流对时间常数的影响比较复杂，因为在电流增大的同时温度是升高的，二者对时间常数的影响相反，综合作用的结果是时间常数有所减小而反应速度有所加快。

在载体热催化元件的使用中，为了安全和防护的要求，通常将元件置于气室中，待测气体通过隔爆网及防尘网之后才能进入检测气室。气室结构基本上可分为扩散型气室和对流型气室，扩散型气室和对流型气室的反应时间对比如表 3-2 所列。

表 3-2 扩散型与对流型气室反应时间对比表 单位：s

CH_4 浓度	扩散型气室				对流型气室			
	320 mA	330 mA	340 mA	350 mA	320 mA	330 mA	340 mA	350 mA
0～1%	49	47	44	42	21	18	17	17
0～4%	54	56	56	57	24	23	23	24

从表 3-2 可以看出，对流型气室比扩散型气室反应速度要快得多，对流型气室存在气体对流流动的通道，气体运动速度快，元件的反应速度大大加快。

(8) 高浓度 CH_4 的影响。载体热催化元件适应检测爆炸下限以下浓度范围的 CH_4，如 CH_4 浓度在 0～4%浓度范围。当元件接触高浓度 CH_4 时，可能会出现两种不同的情况：

① 当 CH_4 浓度在爆炸范围内时，CH_4 燃烧效果最好，产生的热量最高，元件在 1 300 ℃左右的高温下，催化剂可能会迅速挥发和烧结，其晶格发生变化，因而载体可能被烧裂。

② 当 CH_4 浓度在爆炸范围以上时，O_2 缺少，可能导致 CH_4 过剩，形成不完全燃烧的状况。燃烧生成物不是 CO_2 和 H_2O，而是 $CO+C+H_2O$，不完全燃烧产生的炭粒沉积在多孔的载体和催化剂上，改变了催化剂的组分，因此，灵敏度下降。

第四节 电化学气体检测

电化学气体检测是把测量对象气体在电极处氧化或还原而测电流，得出对象气体浓度的气体检测技术。

电化学气体检测传感器通常有二或三个和电解液接触的电极，偶尔也有四个或更多电极。典型电极由大表面积贵金属和多孔厌水膜组成。电极和电解液与周围空气接触，并由多孔厌水膜监测。一般用矿物酸作电解液，但有些传感器也用有机电解液。电极一般放在有气体进孔和电接触的塑料盒内。气体通过多孔厌水膜背面扩散进入传感器的工作电极，在此处气体被氧化或还原，这种电化学反应引起流经外部线路的电流发生变化，测量该电流即可确定气体浓度。而在反向电极产生一个相反的反应，即如果工作电极发生氧化反应，则相反电极发生还原反应。

一、二电极电化学传感器

以 O_2 传感器（图 3-7）为例，该传感器包括两个电极，即阳极和阴极，它们被一层电解质薄膜分离开来，又由一个低阻抗负载电阻外部电路连通，扩散进入传感器的 O_2 在阴极表面发生还原反应，在两电极间产生内部电流，电流值对应于 O_2 浓度，测量负载电阻电压即可获得 O_2 浓度。

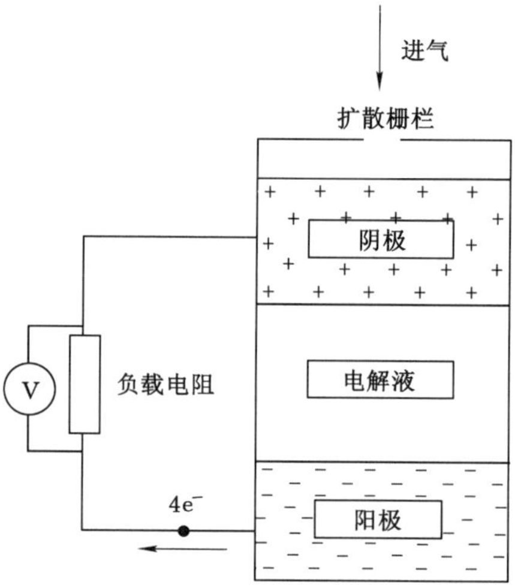

图 3-7　O_2 传感器示意图

在阴极，O_2 与 H_2O 发生还原反应释放出 OH^-，如下：

$$O_2+2H_2O+4e^-\longrightarrow 4OH^-$$

OH^- 在阳极与金属发生氧化反应，如下：

$$2Pb+4OH^-\longrightarrow 2PbO+2H_2O+4e^-$$

总反应方程式如下：

$$2Pb+O_2\longrightarrow 2PbO$$

O_2 传感器是一种电流源，电流大小相应地取决于 O_2 反应速度（法拉第定律）。可通过外接一只已知电阻来测量反应电压。如果通过传感器的 O_2 流量是完全有限扩散的，这个电信号就可反映出 O_2 浓度。O_2 传感器的寿命是两年，可以直接测量浓度范围在 0～25％的 O_2。

二、三电极电化学传感器

二电极电化学传感器的负电极极化作用使测量受到了一定的限制，加入一个参比电极就相当于接入一个外部稳压电路，可以稳定感应电极电动势，且参比电极上无电流通过，保持了各自电压的稳定，这样即使负电极持续极化也不会对感应电极有任何影响，所以三电极传感器具有更广的测量范围。

CO 传感器(图 3-8)是典型的三电极电化学传感器，是在原有的 O_2 传感器的基础上发展而来，因其功耗低、选择性好、灵敏度高和成本低而获得了成功的发展。CO 传感器由多孔贵金属催化剂、非金属材料以及液态电解液制备而成，包括工作电极、对电极和参比电极。CO 传感器依靠毛细作用来吸附电解液，通过透气孔来限制气体扩散，并由内嵌过滤器来减少交叉气体干扰。

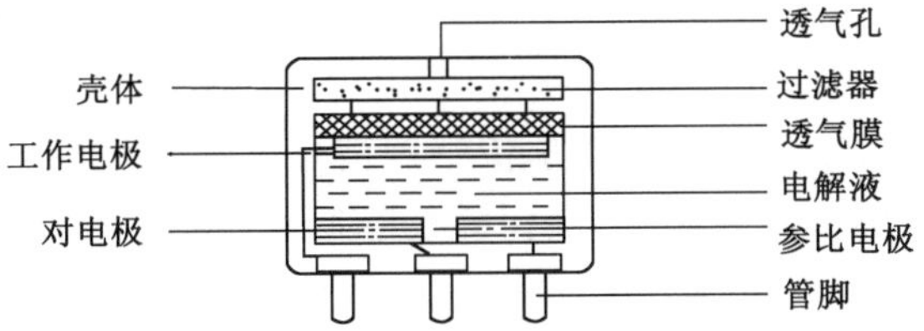

图 3-8　CO 传感器结构图

当 CO 通过外壳上的气孔经透气膜扩散到工作电极表面上时，在工作电极的催化作用下，CO 在工作电极上发生氧化反应，其化学反应式为：

$$CO + H_2O \longrightarrow CO_2 + 2H^+ + 2e^-$$

在工作电极上发生氧化反应产生的 H^+ 和电子，通过电解液转移到与工作电极保持一定间隔的对电极上，与水中的 O_2 发生还原反应，其化学反应式为：

$$1/2O_2 + 2H^+ + 2e^- \longrightarrow H_2O$$

因此，传感器内部就发生了氧化-还原反应的可逆反应，其化学反应式为：

$$2CO + O_2 \longrightarrow 2CO_2$$

这个氧化-还原反应的可逆反应在工作电极与对电极之间始终发生着，并在电极间产生电位差。但是由于在两个电极上发生的反应都会使电极极化，这使得极间电位难以维持恒定，因而也限制了对 CO 浓度可检测的范围。

为了维持极间电位的恒定，加入一个参比电极。在 CO 传感器中，其输出端所反映出的是参比电极和工作电极之间的电位变化，由于参比电极不参与氧化或还原反应，因此它可以使极间的电位维持恒定(即恒电位)，此时电位的变化就同 CO 浓度的变化直接有关。当 CO 传感器产生输出电流时，其大小与 CO 的浓度成正比。通过电极引出线用外部电路测量传感器输出电流的大小，便可检测出 CO 的浓度，并且有很宽的线性测量范围。多数三电极气体传感器如同 CO 传感器一样，其感应输出电流信号能在 10^{-6} 级别内与被测气体浓度成正比关系。

三、电化学传感器特点

电化学传感器是一种成本较低的高精度传感器，是目前常规气体传感器中少数精度能达到 10^{-6} 级别的传感器。同时，电化学传感器由于电解液和电极的选择不同，能检测诸如 H_2S、SO_2、NO、NO_2、H_2、Cl_2、HCN(氰化氢)以及 NH_3 等许多气体，能广泛应用于各种工况场所，其优缺点如下：

(1) 优点：

① 电化学传感器具有极好的线性；

② 电化学传感器具有良好的重复性；

③ 电化学传感器具有良好的选择性；

④ 电化学传感器具有极低的功耗，因为其相当于一个电池，所以基本不消耗外界电源；

⑤ 电化学传感器分辨率高，多数用于检测 10^{-6} 级别的气体。

(2) 缺点：

① 电化学传感器受温度影响较大，温度上升 10 ℃，其灵敏度增加 1 倍；

② 电化学传感器寿命较短；

③ 电解液产生的问题：

a. 电解液的蒸发或污染常导致电化学传感器信号衰降，使用寿命短。

b. 催化剂长期与电解液直接接触，催化活性降低。

c. 在通气条件下，电解液常失去水分而干涸，致使电化学传感器失效。

d. 电解液易发生漏液现象，腐蚀电子线路。

第五节 红外光谱吸收气体检测

自然界中，当光穿过气体时，不同分子结构的气体会吸收光源的光谱中一定波长的光能，从而造成了光能损失，这种现象叫作光谱吸收。红外光源光谱吸收效果图如图 3-9 所示。

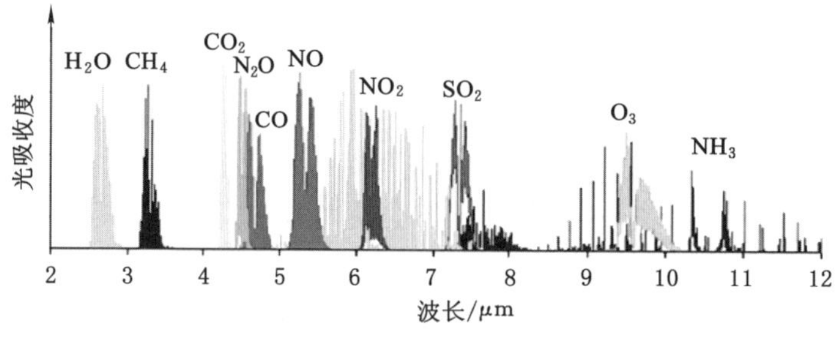

图 3-9 红外光源光谱吸收效果图

目前多数的红外气体传感器均采用红外光谱吸收技术进行气体检测。除惰性气体及 O_2、N_2、H_2 双原子气体外，大多数气体和蒸气都具有吸收一定波长范围的红外光的性质。当红外光透过气体试样时，某一波长范围内的光强度因气体吸收而减小，光强度减小与气体浓度成正比，浓度越大，光强度减小越大，测量被气体吸收前后的光强度变化即可获得气体浓度。

根据朗伯-比尔辐射衰减定律，各种气体吸收强度与气体浓度关系：

$$I_v = I_{v0}\ e^{-cK_xL} \tag{3-8}$$

式中 I_{v0}，I_v——被气体吸收前后的光强度；

c——气体浓度；

L——辐射穿透气体的厚度(气室长度)；

K_x——气体介质对入射光的吸收系数。

一、光谱选择技术

由于光谱具有普适性，在检测时为了避免其他波长的光谱干扰光强度的衰减程度，需要构成被测气体所需波长的专用光谱以提高检测精度和气体选择性。特定波长的光谱选择通常采用分光法(色散法)和滤光法(非色散法)。

分光法(色散法)即光学棱镜分光法，将光源经过棱镜形成光谱，并采用狭缝选择特定波长光谱，如图 3-10 所示。该技术由于棱镜体积问题，通常用于体积较大的红外气体传感器(如矿井束管监测系统中的瓦斯预检传感器)。

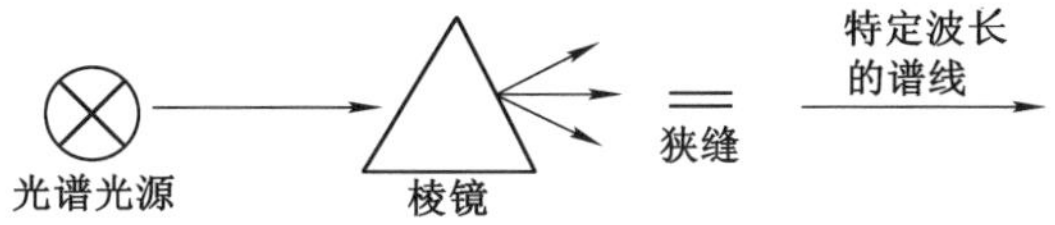

图 3-10　分光法光谱选择技术

滤光法(非色散法)采用技术含量较高的晶体光学材料过滤技术直接将不需要波长的光谱过滤掉，仅留下指定波长的光谱，如图 3-11 所示。该技术对光学过滤要求较高，通常用于体积小巧的红外传感器(如矿用多参数无线监测系统)上，价格比较昂贵。

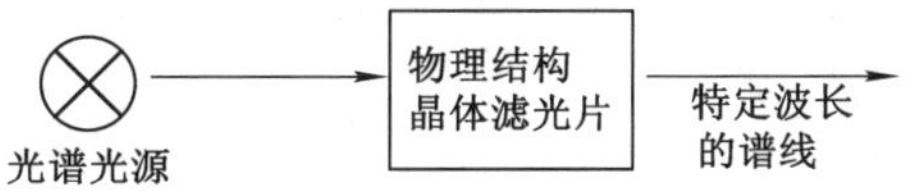

图 3-11　滤光法光谱选择技术

二、红外气体传感器

红外气体传感器是采用红外光谱吸收技术构成的传感器，主要有红外 CH_4、CO_2、C_2H_6 以及多种碳氢化合物传感器。

滤光法和分光法红外气体传感器除光谱选择技术有所不同之外，其工作原理基本一致，下面仅以滤光法为例介绍红外气体传感器工作原理(图 3-12)。红外气体传感器内进入被测气体时，红外光源通过一定长度的气室，光源内光强度发生衰减，通过滤光片后光强度检测器只能检测出被测气体所在波长的光强度衰减，根据朗伯-比尔辐射衰减定律便可测得被测气体浓度。

在实际气体检测中，通常采用参考气室法解决外部检测电路干扰问题，采用反射法提高气室长度，从而提高红外气体传感器的稳定性和精度。红外气体传感器结构和光学原理如图 3-13 所示。

三、红外气体传感器特点

红外气体传感器是一种成本较高的常规精度传感器，是采用光学技术进行检测的传感器，因此其不受化学反应及爆炸和燃烧限制，可进行全量程安全检测，常用于高浓度危险气体检测。同时，红外气体传感器由于滤光片和光强度检测器的选择不同，能检测吸收光谱特

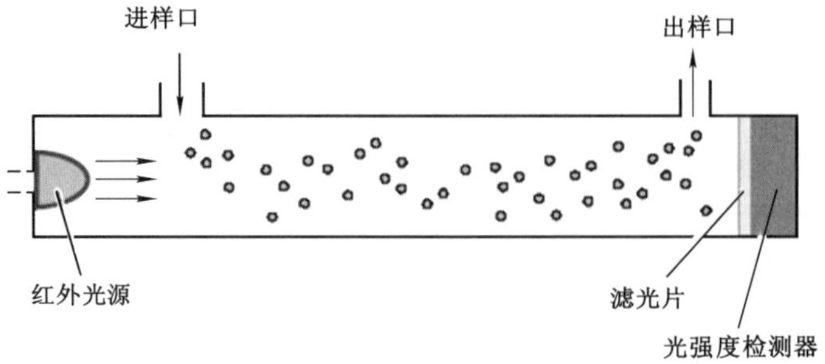

图 3-12　滤光法红外气体传感器工作原理示意图

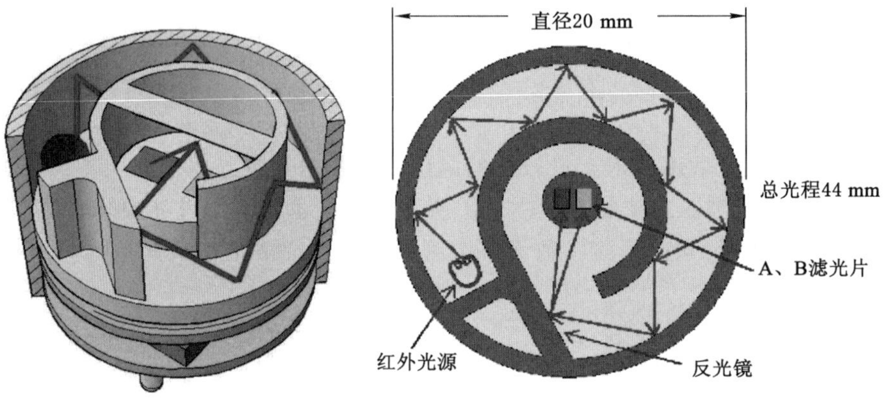

(a) 结构　(b) 光学原理

图 3-13　红外气体传感器结构和光学原理示意图

征明显且无交叉干扰影响的大多数气体，其优缺点如下：

(1) 优点：

① 红外气体传感器具有较好的安全性，能用于危险气体检测；

② 红外气体传感器具有全量程，能测量高浓度可燃气体；

③ 红外气体传感器采用复合过滤片和检测器，能同时检测多种气体。

(2) 缺点：

① 由于采用光强度方式测量光能衰减，其精度一般保持在 0.01%～0.1%之间；

② 测量结果受温度、湿度和压强影响较大，需要对应修正；

③ 被测气体要具有良好的光谱吸收特性，且环境中无光谱交叉干扰气体。

第六节　混合气体检测

前文介绍的气体检测技术主要为混合气体中单一气体检测技术，但实际应用中需要检测混合气体中大部分气体成分，这就需要采用气相色谱仪。

虽然气相色谱仪的型号繁多，功能技术指标相差很大，但构成仪器的基本部分是相同的。气相色谱仪主要由主机、电气部分和数据处理三大部分组成，如储气瓶、压力指示与流量控制装置、色谱柱、检测器、电气设备（电信号放大器、恒温控制器）等，如图 3-14 所示。

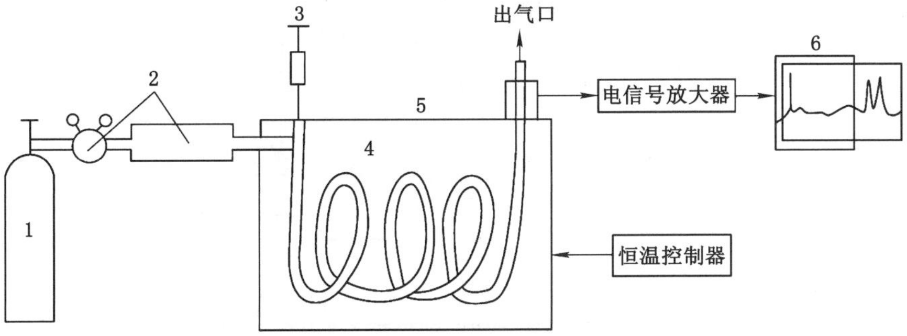

1—气瓶；2—压力指示与流量控制装置；3—样品注入；4—色谱柱；
5—检测器；6—色谱工作站或记录仪。

图 3-14 气相色谱仪结构示意图

气相色谱仪检测原理是混合气体在载气（流动相）带动下，经色谱柱完成混合气体的分离，然后送给检测器，而检测器将分离的每种待测气体转化为电信号，由记录仪记录出色谱峰或计算机采样进行数据处理。根据色谱峰位置和峰面积（峰高）或计算机采集信息先后顺序和大小进行定性和定量分析。

一、混合气体自动分离技术

气相色谱仪虽然能检测出被测混合气体中的大部分气体，并且其有多个气体检测器，但是对于每一个检测器而言却仍然每次只能检测一种成分。那么如何检测混合气体中的多种气体成分呢？

气相色谱仪通常采用物理的气体统一吸附和分步脱附技术来实现不同气体分离。为了保证充分吸附，通常采用 0.4 MPa 压力的载气推动少量气样进入色谱柱；为了让气体脱附完全和稳定，需要保持恒温箱在 200～400 ℃；在恒温箱的恒定温度下，不同气体由于其物理特性脱附能力不同，从而在不同时间内脱离色谱柱，最终实现混合气体自动分离。

以最简单的两种气体成分的 AB 混合气体为例，其自动分离技术如图 3-15 所示，最终将 AB 混合气体分离成气体 A 和 B，且这两种气体在不同时间内从色谱柱分离出来，从而形成色谱峰 A 和色谱峰 B。

二、色谱检测器

目前应用较多的色谱检测器主要有：一是热导型检测器，它用于常量分析，如分析大气中 O_2、N_2 和 CH_4 等；二是氢火焰离子化检测器，它主要用于对可燃气体进行微量分析，如分析井下的 CO、CO_2、碳氢类气体等，其中 CO 和 CO_2 必须通过 Ni（镍）触媒作催化剂，在 350～380 ℃温度条件下转化为 CH_4，才能用氢火焰离子化检测器检测；三是电子捕获检测器，它主要是用于分析电负性物质，如 O_2 和含卤族元素的化合物。

热导型检测器原理如图 3-16 所示。当有样品进入时，纯载气变成了混合气体，其热导

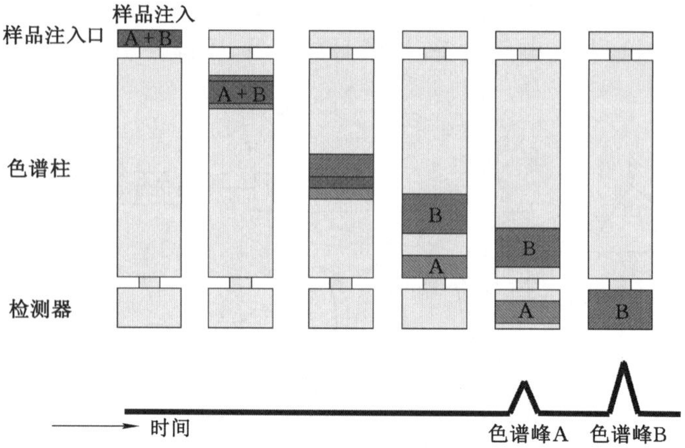

图 3-15　AB 混合气体自动分离技术示意图

系数发生变化，通过池室时，破坏原有电桥平衡，使热丝的温度发生变化，其阻值也随之变化，阻值变化可以通过电桥测量出来，所得信号大小反映了组分的含量。

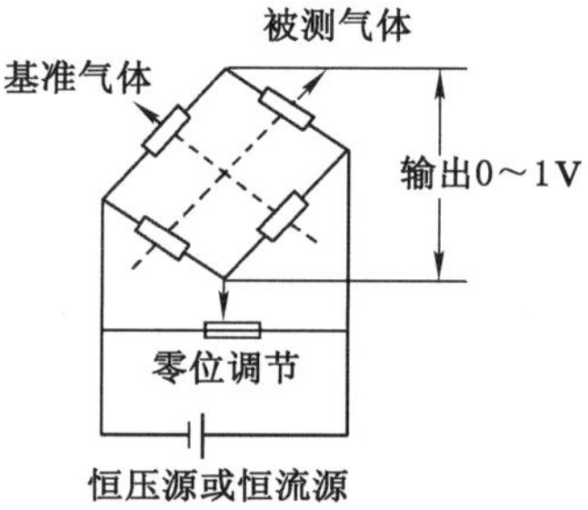

图 3-16　热导型检测器原理

氢火焰离子化检测器原理如图 3-17 所示。它是基于电极间隙的气体的导电性变化，气体的导电性与气体中粒子浓度成正比。当气体样品从柱子流经电极间隙时，气体中的一些分子被氢火焰电离成带电粒子（正离子、负离子、电子），在电场作用下产生电流 I，电流流过测量电极和测量电阻 R_2，在 R_2 两端产生压降，通过微电流放大器，输出至记录仪或色谱工作站进行数据处理。

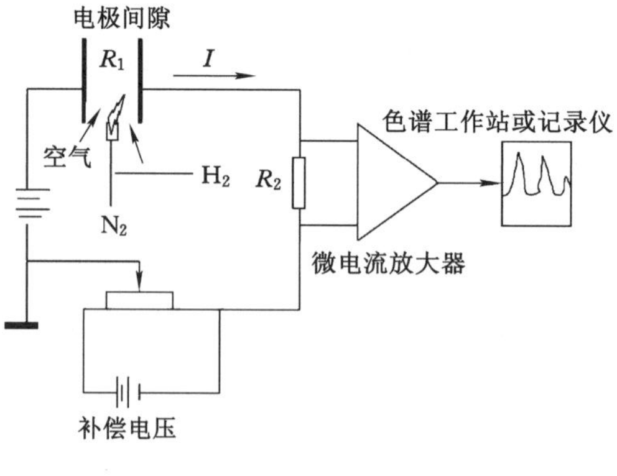

图 3-17　氢火焰离子化检测器原理

三、色谱检测的定性

在进行定性分析时，混合气体分离出的不同气体形成了不同的信号峰，但是无法确认每一个峰对应的气体名称，这就需要色谱峰定性。

气相色谱仪采用出峰时序对比法进行定性分析，如图 3-18 所示。在气相色谱仪中先进入只含有待测气体的标准样气，根据色谱柱厂家配套色谱柱出峰顺序可获得如图 3-18 下部的出峰顺序图，并确定各峰成分。第二次进入待测的未知样气，其出峰顺序如图 3-18 上部的出峰顺序图。对比上下出峰顺序图，可以获知未知样气中待测气体成分。

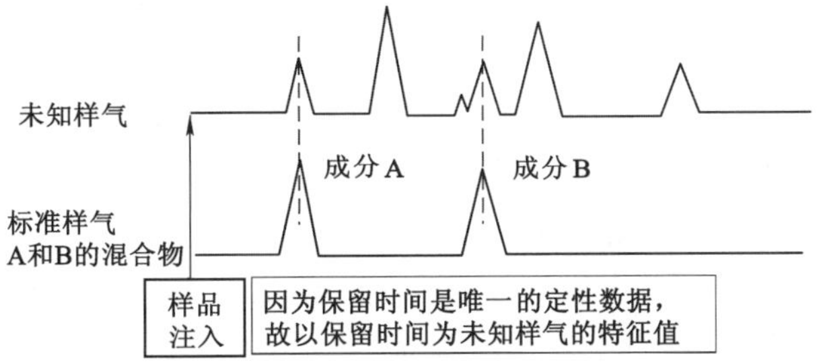

图 3-18　出峰时序对比法定性分析

通过此出峰时序对比法可对不同色谱波峰定性，确定其成分。但在实际使用过程中，一般要求标准样气二次进样验证，如果两次以上标准样气出峰时序完全一致且峰面积相当才可进入未知样气。

四、色谱检测的定量

通过出峰时序对比法，可以获知波峰对应气体。下一步需要确定每个波峰对应气体的实际含量，这就需要色谱峰定量。

气相色谱仪采用峰面积对比法进行气体含量定量分析，如图 3-19 所示。在进入标准样气前，可从标准样气配置上获知该标准样气中成分 A 的实际含量为 100 μL/L；在进入标准样气后，可从出峰图上获知成分 A 的峰面积为 1 000。然后进入未知样气，在相同成分 A 处，可获知其峰面积为 700。采用峰面积对比可知未知样气中成分 A 含量为 700×(100/1 000)=70 μL/L，其中通常把(100/1 000)叫作成分 A 的校正因子。

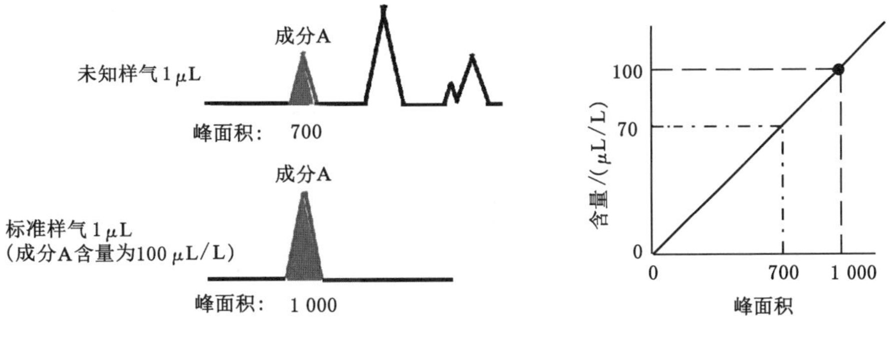

图 3-19　峰面积对比法定量分析

综上所述，气相色谱仪分析未知样气时，根据出现“峰”的先后顺序进行定性分析，根据“峰”的高或面积大小进行定量分析。

气相色谱仪是一种通用型气体分析仪器，它可以一次性完成多种气体的定性和定量分析。色谱分析操作条件对仪器的工作性能影响较大，操作也较复杂，技术要求较高。因此，气相色谱仪多用在实验室。它的特点是分析精度高、定性准确、分析速度快、一次进样可以同时完成数种气体的分析(即所谓"全分析"),也是目前矿井气体分析的理想设备。

第七节　检知管气体检测

除以上气体检测方法外,还有一些特殊的气体检测方法,如检知管气体检测。该检测方法中检知管无法构成电子传感器,需要采用肉眼观察获取结果。下面以比长式CO检知管为例,简单介绍检知管结构和检测原理。

比长式CO检知管是一支($\phi4\sim\phi6$) mm×150 mm(长)的玻璃管,内装活性硅胶,载体吸附化学试剂,管口溶封,其结构如图3-20所示。

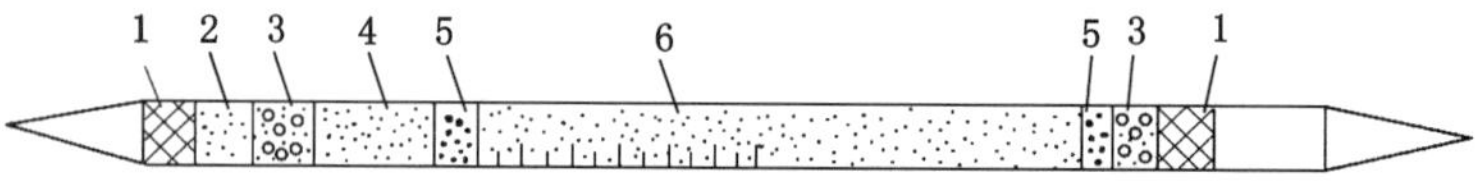

1—堵塞物;2—活性炭;3—活性硅胶;4—消除剂;5—玻璃粉;6—指示剂。

图3-20　比长式CO检知管

当CO通过时,与活性硅胶吸附的发烟 H_2SO_4 和 I_2O_5(五氧化二碘)发生如下反应:

$$5CO+I_2O_5 \xrightarrow{H_2SO_4} 5CO_2+I_2(\text{棕色})$$

反应后形成棕色变色圈,变色圈的长度与通过的CO浓度成正比,由检知管上的刻度可直接读出CO的浓度。

我国用于矿井的检知管有CO、CO_2、H_2S 检知管等,它们的性能如表3-3所列。

表3-3　几种检知管性能表

检知管类型	载体	吸附化学试剂	变色
CO	活性硅胶	发烟 H_2SO_4 和 I_2O_5	由白色变成棕色
CO_2	活性氧化铝	NaOH	蓝色变为白色
H_2S	活性硅胶	$Pb(COO)_2$	由白色变成褐色

复习思考题

1. 矿井气体检测仪器,按其检测原理不同,有哪些原理气体检测仪器?
2. 对矿井气体检测仪器有哪些要求?
3. 简述热导型气体检测仪器原理。为什么热导型瓦斯检测仪器测量高浓度气体时,精度相对载体热催化型仪器高?
4. 热导型气体检测仪器检测元件有哪些?各有何特点?
5. 简述载体热催化型元件的组成和各部分的作用。
6. 简述载体热催化型元件检测可燃气体的原理。
7. 载体热催化型元件有哪些特点?

8. 为什么载体热催化型元件只能测量低浓度可燃气体？
9. 什么是载体热催化型元件中毒？如何减小元件中毒？
10. 什么是载体热催化型元件的工作点和工作区间？
11. CO 传感器是利用什么原理检测的？
12. 红外气体传感器容易受到哪些因素影响？
13. 红外 CH_4 传感器、热催化 CH_4 传感器有什么区别？
14. 简述气相色谱仪分离混合气体时定性和定量的步骤。

第四章

矿井环境状态参数检测

本章主要介绍矿井环境状态参数检测，主要是温度、风速、压力、压强、湿度、液位检测等。

第一节　温度检测

一、热电偶

两种不同的导体 A、B[图 4-1(a)]，组成闭合回路，当 A、B 相接的两个接点温度不同时($T \neq T_0$)，则在回路中产生热电势。A、B 组件为热电偶，导体 A 或 B 为热电极。一端为工作端，称为测量端或热端；另一端为自由端，称为参比端或冷端。

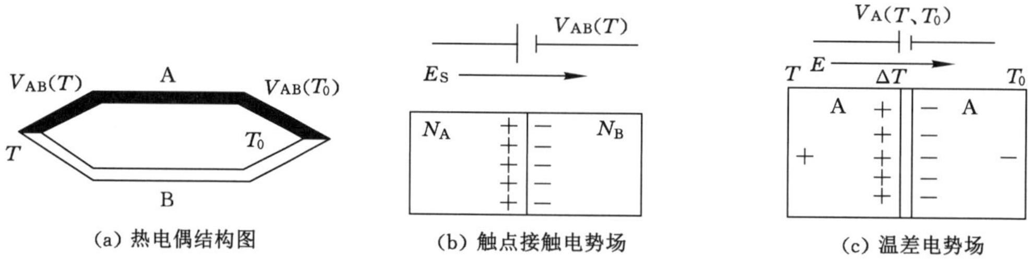

图 4-1　热电偶

热电偶的热电势是由接触电势[图 4-1(b)]和温差电势[图 4-1(c)]两部分组成的。接触电势就是两种不同性质的导体 A、B 相互接触时产生的电势。接触电势的大小取决于两种不同导体的性质和接触点的温度，与材料的几何形状和尺寸无关。而温差电势是同一导体的两端因其温度不同而产生的一种热电势。接触电势如下式所示：

$$V_{AB}(T) = \frac{KT}{q}\ln\frac{N_A}{N_B};\ V_{AB}(T_0) = \frac{KT_0}{q}\ln\frac{N_A}{N_B} \tag{4-1}$$

式中　$V_{AB}(T)$，$V_{AB}(T_0)$——A、B 两种材料在温度 T、T_0 时的接触电势；

K——玻尔兹曼常数；

q——电子电荷；

N_A，N_B——A、B 两种材料的自由电子密度。

回路中两节点的电势差 V 为：

$$V = V_{AB}(T) - V_{AB}(T_0) = \frac{K(T - T_0)}{q}\ln\frac{N_A}{N_B} \tag{4-2}$$

根据以上分析：

（1）如果热电偶两极材料相同，虽然温度不同，其总电势仍为 0。

（2）如果两节点温度相同，则回路电势为 0。

（3）热电势的大小只与材料和节点温度有关，与尺寸、形状及沿电极温度分布无关。

（4）由导体 A、B 组成的热电偶，当引入第三导体时，只要第三导体两端温度相同，接入第三导体后对回路总电势无影响。

在测量时，热电偶与毫伏表或电位差计连接，组成热电温度计，通过标定可得温度 T 为：

$$T = KV_{AB} + T_L \tag{4-3}$$

式中　K——标定系数，不同温度段的 K 不一样，℃/mV；

T_L——冷端温度，℃；

V_{AB}——热电势，mV。

如果把热电偶的冷端放在装满冰水混合物的保温容器中，使冷端保持恒定的 0 ℃，即 $T_L = 0$ ℃，也可以利用不平衡电桥产生的电动势来补偿热电偶因冷端温度变化所引起的热电势的变化值。

热电偶按材料不同分为贵金属热电偶——铂铑-铂，廉金属热电偶——铜-康铜，非金属热电偶——石墨-碳化硅；按测温范围分为高温热电偶——铂铑-铂，中温热电偶——镍铬-镍，低温热电偶——铜-康铜。

利用热电偶测温时，热电势大小与热冷端温度差有关，当测点环境温度较高时，其灵敏度也较高。矿井主要用热电偶测量煤岩体或工作面采空区的温度。

二、热电阻温度计

热电阻是利用金属等材料的电阻率随温度升高而变化的原理进行测温的。采用金属材料制成的温度敏感元件称为热电阻，利用半导体材料制成的温度敏感元件称为热敏电阻。

1. 热电阻

铂电阻由铂丝绕制而成，铂电阻因其物理、化学性质稳定被作为复现温标的基准器。国际实用温标规定，在 −259.34～630.74 ℃温度范围内以铂电阻作为标准仪器。

铂电阻的电阻与温度之间的关系，在 0～650 ℃范围内用下式表示：

$$R_T = R_0(1 + \alpha_1 T + \alpha_2 T^2) \tag{4-4}$$

式中　R_T——温度为 T 时的电阻，Ω；

R_0——温度为 0 ℃时的电阻，Ω；

α_1，α_2——常数，由实验得出。

在 −190～650 ℃范围内，$\alpha_1 = 3.968\ 47 \times 10^{-3}$，$\alpha_2 = 3.968\ 47 \times 10^{-7}$，忽略 α_2 可以认为：

$$R_T = R_0(1 + \alpha_1 T) \tag{4-5}$$

即铂电阻的电阻与温度之间的关系近似于线性。

国家统一生产的工业用标准铂电阻，$R_{Pt}50$ 分度号取 $R_0=50\ \Omega$，$R_{Pt}100$ 分度号取 $R_0=100\ \Omega$。

铂是贵金属，铂电阻常常用在对测温精度要求较高的设备上，例如作为控温采样电阻。在测量精度要求不高，温度范围在 $-50\sim150$ ℃内，普遍采用铜电阻，铜电阻价格便宜，电阻与温度特性线性好，但其稳定性、复现性等不如铂电阻。铜电阻的温度特性为：

$$R_T = R_0(1+\alpha_1 T+\alpha_2 T^2+\alpha_3 T^3) \tag{4-6}$$

在 $-50\sim150$ ℃范围内，$\alpha_1=4.28\times10^{-3}$，$\alpha_2=-2.133\times10^{-7}$，$\alpha_3=1.233\times10^{-9}$，可以忽略 α_2、α_3，因此，可以认为：

$$R_T = R_0(1+\alpha_1 T) \tag{4-7}$$

即铜电阻的电阻与温度之间的关系近似于线性。铜电阻 $R_{Cu}50$ 分度号取 $R_0=50\ \Omega$，$R_{Cu}100$ 分度号取 $R_0=100\ \Omega$。铜电阻在 $-50\sim50$ ℃范围内，测量精度为 ±0.5 ℃；在 $50\sim150$ ℃范围内，测量精度为 $\pm1\%T$。

2. 半导体热敏电阻

半导体热敏元件，电阻温度系数比较大，其绝对值是热电阻的 10～100 倍，主要原因是半导体中载流子的数目是原子数目的几千分之一到几万分之一。相邻自由电子间距是原子间距的几十倍，使得自由电子运动像气体分子热运动一样。

一般半导体热敏电阻具有负的温度系数，也就是温度升高，电阻值是减小的，如图 4-2 所示。半导体热敏电阻的电阻与温度的关系为指数关系：

$$R_T = A\exp(B/T) \tag{4-8}$$

式中　A，B——热敏材料常数。

半导体热敏电阻灵敏度高，分辨率高，可制成测量温度、温差、温场或表面温度等各种用途的温度计，应用十分广泛。

图 4-3 是热电阻测温的原理图，其基本原理是热量的变化引起电阻阻值的改变，测量电桥输出差值信号，差值信号的大小反映了待测温度的大小。通过对温度值与输出值大小之间关系的标定，即可测得温度的大小。使用热电阻测温，应注意因引线较长带来的误差，常采用的方法如图 4-4 所示，测温电阻和三根导线同时接到测温点，因引线 2 和引线 3 分别在两个相对应的电桥臂上，从而可以抵消环境的影响。故采用这种方法时可以使用较长的测量导线进行测温，这种消除误差的方法通常称为“三线法”。

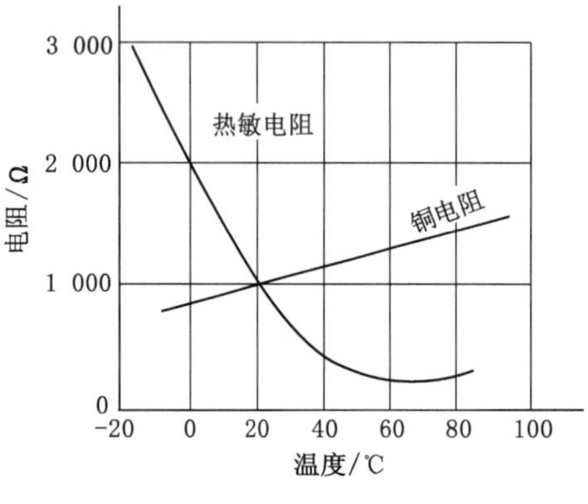

图 4-2　热敏电阻和铜电阻比较

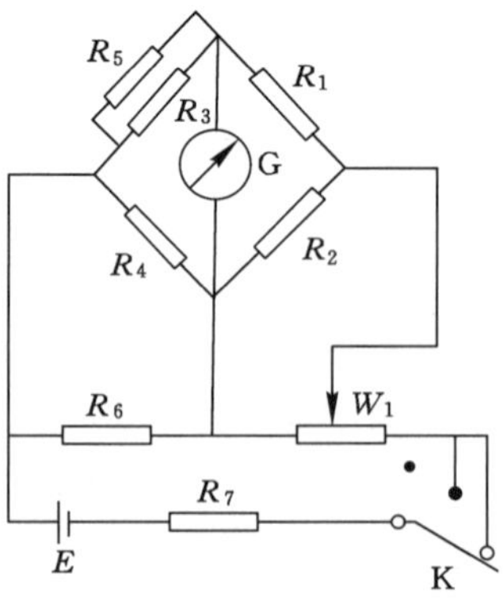

图 4-3　热电阻测温原理

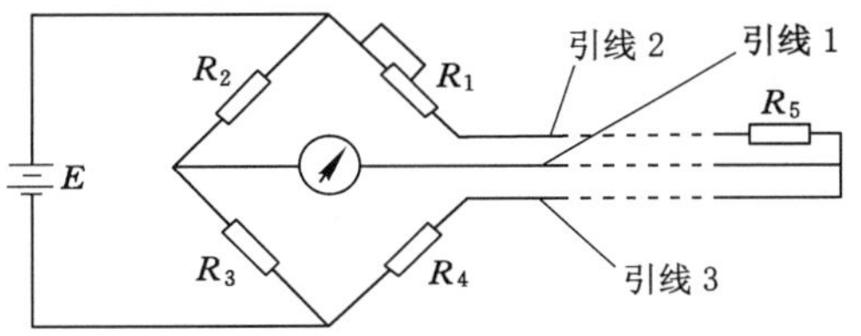

图 4-4 三线法消除误差

三、半导体 PN 结温度传感器

利用半导体材料制成的 PN 结温度传感器称为半导体温度传感器。它的感温部分是利用二极管或晶体管的 PN 结正向电压相对于温度关系特性。

对于 PN 结正向电流与正向电压之间的关系为:

$$I = I_S(T)e^{V/V_T} \tag{4-9}$$

式中 I——PN 结正向电流,mA;

$I_S(T)$——与温度有关的反向饱和电流,mA;

V——PN 结正向电压,mV;

V_T——温度电压当量,mV。

$$V_T = KT/q \tag{4-10}$$

式中 K——玻尔兹曼常数;

q——电子电荷;

T——阻挡层温度,即 PN 结温度。

将式(4-10)代入式(4-9),并两边取对数得:

$$V = \frac{KT}{q}\ln\frac{I}{I_S(T)} \tag{4-11}$$

由此可见,PN 结导通方向的电压随其温度增加而增加,同时 V 还与 $I_S(T)$ 有关,不是温度 T 的单值函数。为此,假定有电流 I_2 和 I_1 分别流过两个 PN 结,并且 $I_2 = NI_1$,两个同一材料 PN 结 $I_S(T)$ 相同,则有:

$$\begin{cases} V_2 = \dfrac{KT}{q}\ln\dfrac{I_2}{I_S(T)} \\ V_1 = \dfrac{KT}{q}\ln\dfrac{I_1}{I_S(T)} \\ \Delta V = V_2 - V_1 = \dfrac{KT}{q}\ln\dfrac{I_2}{I_1} \end{cases} \tag{4-12}$$

即:

$$V_{ab} = V_2 - V_1 = \frac{KT}{q}\ln N \tag{4-13}$$

这样 PN 结的正向电压差是温度 T 的单值函数,可以作为测温元件。而在实际应用中,利用两个晶体管的基极-发射极代替以上两个 PN 结,如图 4-5 所示。

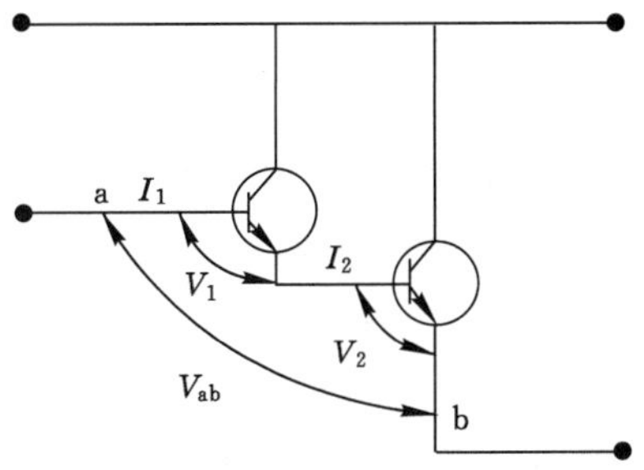

图 4-5 晶体管 PN 结测温原理

利用晶体管特性和外接电路条件能获得较好的线性关系。将晶体管电路与恒流源电路、放大电路等组合在一起集成于芯片上，就成为集成电路温度传感器，如 AD590、AN6701 测温元件等。

半导体 PN 结温度传感器具有体积小，响应时间快，在一定范围内线性度较好，功耗低，抗干扰能力强等优点。因而在矿井井下比较恶劣的环境中，得到了较好的推广应用。

KG3004 系列温度传感器的温度与电信号转换是靠 PN 结实现的，当测量时硅 PN 结感温，输出一个与温度相对应的电信号，经各级电路处理，最后由数码管显示被测温度值，同时输出模拟信号，可实现远距离检测。整机电路由稳压、恒流、测量放大、信号转换、模数转换、驱动及显示等单元组成。整机电路框图如图 4-6 所示，整机电路采用中、大规模集成电路，外接元件少，稳定可靠。

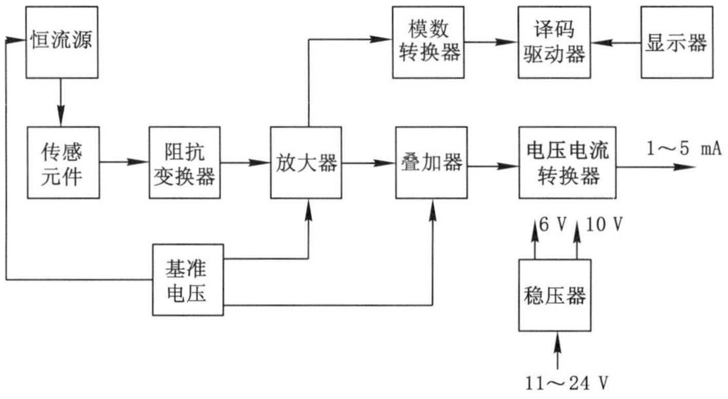

图 4-6　KG3004 系列温度传感器整机电路框图

例如与监控系统配套使用的 KG3004 系列温度传感器和 KG9301 型温湿度组合式传感器，都是采用半导体 PN 结为敏感元件的矿用温度传感器。

四、红外测温原理

任何物体只要温度高于绝对零度，就会不断产生红外辐射，温度越高，辐射功率越大。只要知道物体的温度 T 和比辐射率 ε，就能计算出它所发射的辐射功率密度 P；若知道物体所发射的辐射功率密度，则可求出它的温度。即：

$$P = \varepsilon \sigma T^4 \tag{4-14}$$

式中　σ——斯特藩-玻尔兹曼常数；

ε——比辐射率，绝对黑体 $\varepsilon=1.0$，非绝对黑体 $0<\varepsilon<1.0$；

T——物体的热力学温度。

红外测温用检测元件有热敏电阻和光敏电阻两种，它是一种非接触式测温仪表，其原理如图 4-7 所示。图中 R_b 是红外敏感元件，接收红外辐射能；R_c 是补偿元件，被罩壳隐蔽起来，不吸收红外辐射能；E_b 和 E_c 组成偏压电源。R_b 接收红外辐射能，其阻值下降，电桥失去平衡，输出电压信号耦合到前置放大器放大，

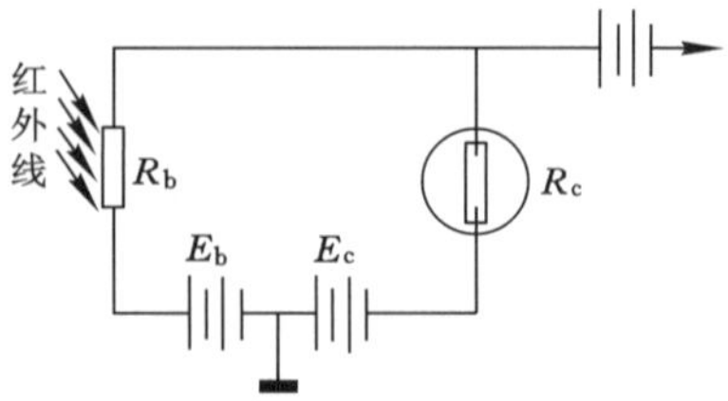

图 4-7　红外温度探测器原理

经处理和转换环节，由显示器显示，或送到报警电路进行报警。R_b 阻值下降或输出电压信号的强弱由红外辐射能量决定，而接收的红外能量多少则与被测点温度高低有关，仪器显示的数据直接反映被测点温度值及其变化状态。

红外测温具有测量灵敏度高、反应速度快、测温范围广、属于非接触式测温、不影响被测介质的温度场分布的优点，是发展测量技术、遥感技术及空间科学的重要手段，在矿井火灾监测与预报、设备温升测量等方面，具有很好的应用前景。如 ST80-IS 本安型红外测温仪等。

另外，还有热噪声测温和光纤测温。电阻体所产生的约翰逊噪声与该电阻体的热力学温度密切相关，热噪声功率与温度呈线性关系。由于与温度相关的噪声电压很小，故检测比较困难。日本和英国已有用于矿井井下的该类产品，主要用于火灾温度的监测。

接触式光纤温度传感器是基于各种不同的光学现象或光学性质实现温度测量的，如光强度变化、干涉现象、折射率变化、透光率变化、荧光辐射等。半导体感温元件的透射光强度随被测温度的增加而减小。在光导纤维的一端输入一个恒定光强度的光源，因半导体的透射能力随被测温度的变化而变化，故在光纤维的另一端接收元件所接收的光强度，也将随温度变化而变化。通过测量接收元件的输出电压，便可遥测传感器所在位置的温度。这是一种很有发展前景的新的测温方法。

第二节　风速测量

目前常用的风速测量仪器有机械式风表、数字风表和超声波风速传感器。能够应用到监测监控系统中的风速测量仪器是数字风表和超声波风速传感器。

一、机械式风表

机械式风表也叫机械式风速计，按其结构有杯式和叶轮式两种，如图 4-8 所示。两者内部结构相似。叶轮式风表主要由叶轮、传动涡轮、蜗杆、计数器、指针及回零杆、离合闸板、护壳底座等构成。离合闸板能使计数器与叶轮轴连接和分离，用来开关计数器。回零杆的作用是能够使风表指针回零。叶轮由铝合金叶片组成，叶片与旋转轴的垂直平面成一定角度。

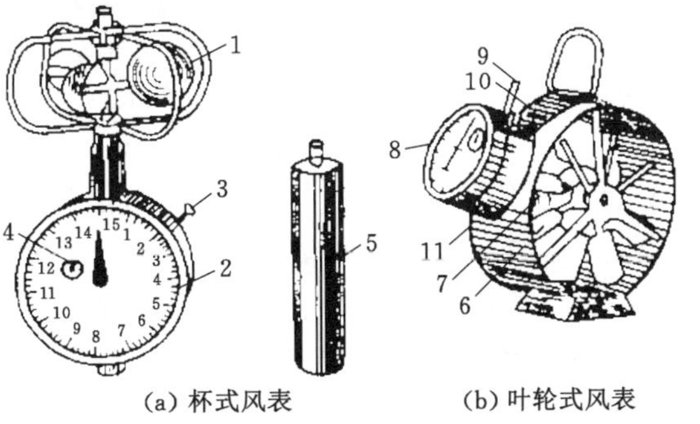

1—旋杯；2—计数器；3—启动杆；4—计时指针；5—表把；6—叶轮；7—蜗杆轴；
8—计数器；9—开关；10—回零杆；11—外壳。

图 4-8　机械式风表

当风流吹动叶轮时，通过传动涡轮将运动传给计数器，指示出叶轮的转速，称为表速 v_a。再按风表校正曲线查得真实风速 v_t，即为测风断面上的风速。图 4-9 为风表的校正曲线，图中 1 部分为非线性区，2 部分为线性区。在线性区内 v_t 与 v_a 的关系可用式(4-15)表示：

$$v_t = a + bv_a \tag{4-15}$$

式中 a——常数，取决于风表转动部件的惯性和摩擦力；

b——校正系数，取决于风表的构造和尺寸；

v_a——风表的指示风速。

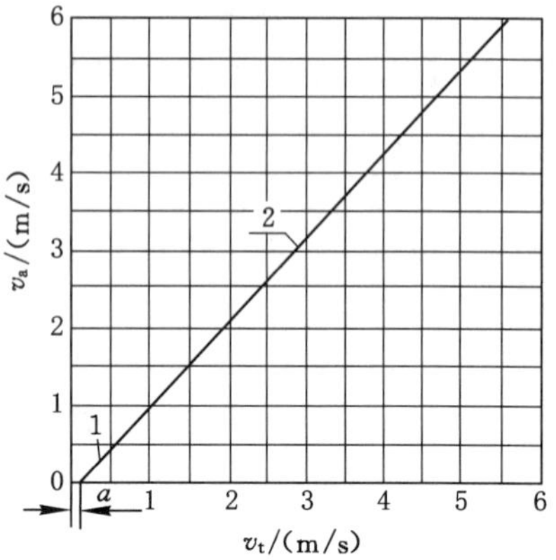

图 4-9　风表校正曲线

风表又分为高速风表(1～30 m/s)、中速风表(1～10 m/s)、低速风表(0.1～0.5 m/s)。不同井巷中风速大小不等，有时要携带几种风表，比较麻烦。为此，在原中速风表上加一个扩速装置(即高速风罩)，如图 4-10 所示。其原理是在风表的进风侧套上一个开若干小孔的圆形罩，使通过叶轮的流速下降，从而使中速风表能在高速气流中使用。使用时将测得的风表读数乘以系数后，即为表速 v_a，再查扩速后的校正曲线(图 4-11)即得实际风速。

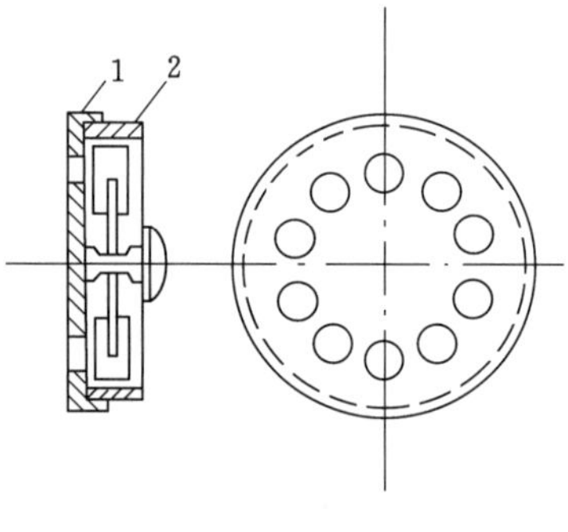

1—扩速装置；2—风表。

图 4-10　扩速装置示意图

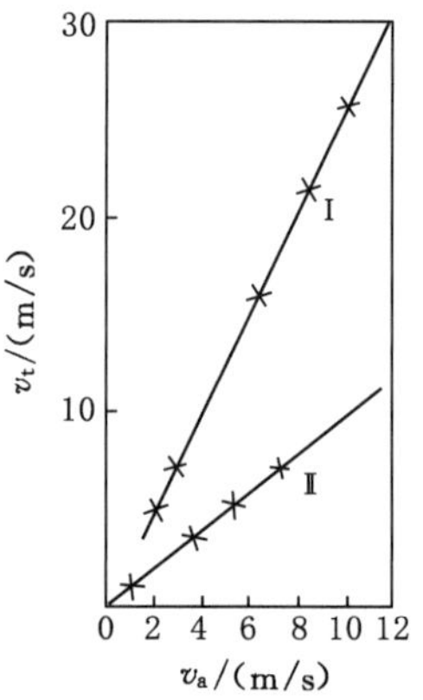

Ⅰ—安有扩速装置的校正曲线；

Ⅱ—未安扩速装置的校正曲线。

图 4-11　风表校正曲线对比

风表操作方法：① 测定前先打开离合闸板，风表转动而指针不动；然后按一下回零杆，使大小指针回零；同时准备好一块秒表，并使秒表回零。② 为了克服风表的运转部件的惯性抵抗力，让风表空转 20～30 s，风表的叶轮面尽量与风流方向垂直。③ 测风时，风表和秒表同时动作，并按一定的测定路线均匀地移动风表。当到达测定时间后，同时制动风表和秒表，从风表的表盘上读取表速 v_a。

使用风表注意如下几个问题：① 风表要远离人体；② 所用风表的测量范围要与所测风速相适应；③ 风轮平面要与风流垂直，风表度盘一侧背向风流，按线路法测风时，移动风表速度要均匀；④ 秒表和风表的开关要同步；⑤ 同一断面测定三次，三次测值相差不应超过

5%，然后取其平均值。

二、超声波风速传感器

超声波风速传感器是应用卡门涡街理论来实现风速检测的。所谓卡门涡街理论，就是在无限流场中，垂直流体流向插入一根无限长的非流线型阻挡体（旋涡发生体），在雷诺数为200～50 000范围内，阻挡体的下游将产生内旋的、互相交替的旋涡列，其旋涡频率 f 与流体流速 v 成正比，与阻挡体直径 d 成反比，即：

$$f = Sr\frac{v}{d} \tag{4-16}$$

式中　Sr——施特鲁哈尔数，在雷诺数 Re=200～200 000范围内，对于圆柱体 Sr=0.21；

f——旋涡频率，次/s；

v——流体流速，m/s；

d——阻挡体直径，m。

由式(4-16)可知，只要准确测出旋涡频率 f，就可以确定出流体流速的大小，即风速的大小。

图4-12为超声波风速传感器结构和工作原理示意图，探头为矩形的塑料筒，其内有旋涡发生杆(d)，两侧分别有超声波发射换能器(F)和接收换能器(S)，主机为一防爆外壳体，内有电子信号接收处理线路。图中超声波发生器产生连续等幅振荡信号，经放大后加到发射换能器上，转换成等幅连续的超声波信号并发射到流体中。接收换能器接收到的是经旋涡调制的超声波信号，并转换成电信号，送到选频放大器，选频放大器把经旋涡调制的微弱信号放大送到检波器，检出旋涡信号。经低频放大和电路整形，输出脉冲计数信号。其中一部分由显示电路显示风速；另一部分送给频率/电压转换电路，转换成模拟信号，与各种监测系统配套使用，也可以配上专用电源单独使用。

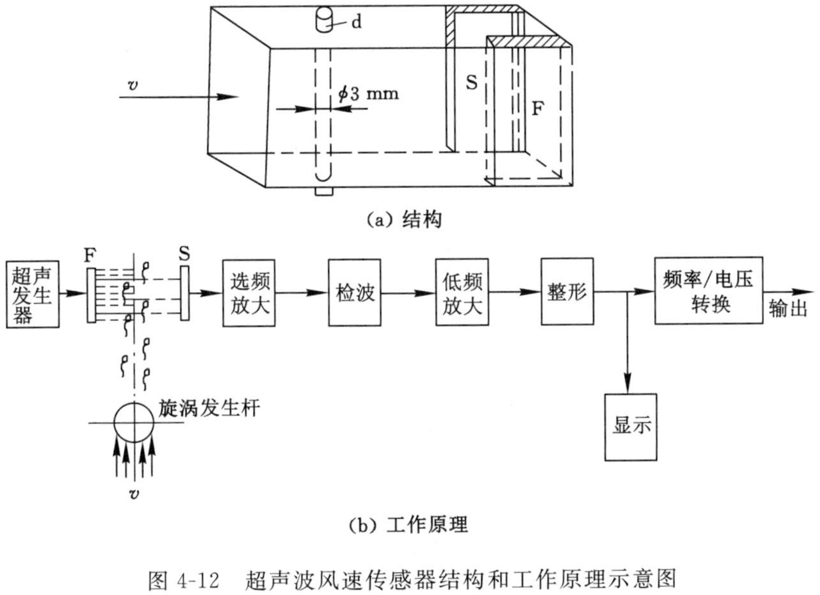

图4-12　超声波风速传感器结构和工作原理示意图

对同一发生杆，风速越大，形成的卡门旋涡就越强，对超声波束调制幅度就越大。在低风速时，受雷诺数的限制，形成不了旋涡，不能检测风速。从式(4-16)可知，对于给定的雷诺数，流速和发生杆尺寸之间有明确关系。为了测量低风速，可以增加发生杆尺寸。解决低风速测量的另一个途径是选用高灵敏度超声波换能器。换能器的形状、断面尺寸、相对位置、紧固程度、发射与接收换能器的偏移角度等都对灵敏度产生影响。此外，发生杆的形状也会对灵敏度产生影响。超声波换能器的振荡器频率一般为 140～150 kHz。频率过高，在空气中将严重衰减，但振荡频率必须高于风速旋涡频率两个数量级。发射与接收换能器轴线至发生杆间的距离 H 为发生杆直径 d 的 6 倍($H=6d$)时，在测速范围内线性最好。

超声波风速传感器与其他风速传感器相比，具有如下明显的优点：结构中无运动部件，无使用磨损问题，适于连续运行，使用寿命长，性能稳定；线性输出范围宽，原理上没有零位漂移，测量精度高；响应迅速，而且能辨别风向。

目前，超声波风速传感器的型号有：FC-1 型、FC-2 型、KG5002 型、KGF3 型、CW-1 型、KG3088 型等。CW-1 型主要技术指标：本安电源为 12～24 V(＜300 mA)；输出信号为 0～150(200～1 000)Hz，1～5 mA；测量范围为 0.3～15.0 m/s；测量误差在 1%F.S 内。KG3088 型主要技术指标：本安电源为 12～18 V(＜80 mA)；输出信号为0～150(200～1 000)Hz，1～5 mA；测量范围为 0.3～15.0 m/s；测量误差在 1%F.S 内。

三、数字风表

叶轮式数字风表感受元件仍是叶轮，只是在叶轮上安装一些附件，根据光电、电感和干簧管等原理把物理量转变为电量，利用电子线路实现自动记录和检测数字化。如 XSF-1 型数字风表，叶轮在风流作用下，连续不断转动，带动同轴上的光轮做同步转动。当光轮上的孔正对红外光电管时，发射管发出的脉冲信号被接收管接收，光轮每转动一次，接收管接收到 2 个脉冲。由于风轮的转动与风速呈线性关系，接收管接收到的脉冲与风速呈线性关系。脉冲信号经整形、分频和 1 min 计数后，驱动 LED 数码管显示 1 min 的平均风速值。

KDF9403 型矿用电子计算式风速计也是采用机械光电原理，以单片微机为核心的矿用智能测风仪表，使用时不必查对校正曲线，通过预置表头修正系数和常数，可测量 1 s、1 min、2 min 时间内的平均风速，并具有风量计算、数据储存、保护和调用等功能。XSF-1 型和 KDF9403 型数字风表主要技术参数如表 4-1 所列。

表 4-1 XSF-1 型和 KDF9403 型数字风表主要技术参数

型号	测量范围/(m/s)	测量误差/(m/s)	显示方式	启动风速/(m/s)	防爆形式	外形尺寸/(mm×mm×mm)
XSF-1	0.4～15	＜0.3	3 位 LED	0.4	IbI(＋150 ℃)	140×40×25
KDF9403	0.4～20	＜0.2	8 位 LED	0.4	IbI(＋150 ℃)	50×150×40

另外，常用的测量微风速的仪表有热球风速仪、热线风速仪。热球风速仪的测风原理是，一个被加热的物体置于风流中，其温度随风速大小和散热多少而变化，因此，测量物体在风流中的温度便可测量风速。如 QDF-2A 型和 QDF-2B 型，前者测量范围为 0.05～10.00 m/s，后者测量范围为 0.05～5.00 m/s，误差不大于测量值的 0.5%。

第三节　压力压强测量

日常工况中，有众多的场合需要测量压力或压强，其中很多的压强传感器和压力传感器工作原理和结构类似。压力和压强检测方法有半导体法、弹性形变法、压电法以及应变效应法，其中应变效应法又分为金属应变效应和半导体应变效应，其原理一致。

一、应变效应

金属导体或半导体的阻值随着它受力所产生机械变形（拉伸或压缩）的大小而发生变化的现象称之为金属的电阻应变效应。再简单点说，将阻值发生变化的现象称为应变效应。应变效应应用范围十分广泛，可测量应变、应力、力矩、位移、加速度、扭矩等物理参量。

图 4-13 为应变片结构示意图，将金属导体或半导体细丝构成的电阻丝安装在绝缘基片上，再覆上保护层构成应变片，其在受力时电阻值会发生变化。

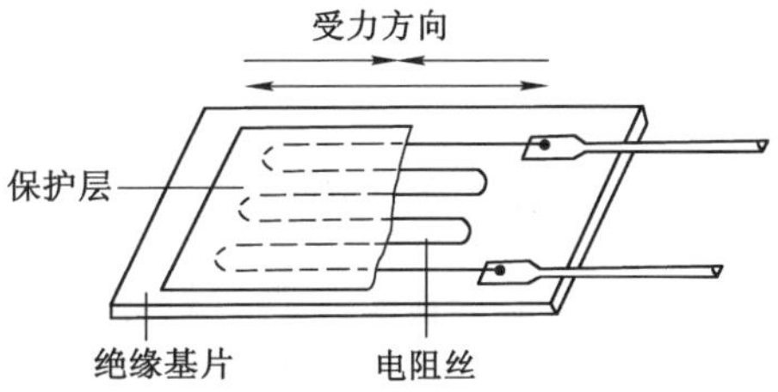

图 4-13　应变片结构示意图

除了采用金属导体或半导体电阻丝制作应变片外，通常也可以利用光刻、腐蚀等工艺制成一种很薄的金属箔栅，厚度一般在 0.003～0.010 mm，粘贴在基片上，上面再覆盖一层保护膜而制成应变片。这种方式构成的应变片的表面积和截面积之比大，散热条件好，允许通过的电流较大，可制成各种需要的形状，便于批量生产。

二、应变式力（荷重）传感器

被测物理量为荷重或力的应变式传感器，统称为应变式力传感器。应变式力传感器需要将应变片粘贴在试件或弹性元件上才能工作，在试件或弹性元件受外力而发生弹性形变时，应变片阻值将会随之变化，因此黏合剂和黏合技术对测量结果有直接影响。

图 4-14 为应变式力传感器结构示意图，当圆柱试件在受外力 F 而发生微小弹性形变时，粘贴在试件外部的纵向和横向应变片将受到纵向和横向形变而发生阻值改变，通过测量其阻值变化可获知外力 F 的大小。

应变式力传感器要求有较高的灵敏度和稳定性，在受到侧向作用力或力的作用点少量变化时，不应对输出有明显的影响。

应变式力传感器根据试件或弹性元件的不同主要分为：

(1) 柱(筒)式力传感器；

(2) 环式力传感器；

(3) 悬臂梁式力传感器。

应变式力传感器可广泛用于各种电子秤与材料试验机的测力元件、发动机的推力测试、水坝坝体承载状况监测等。在一些特殊场合如扭矩测量中，更具有不可替代的作用。

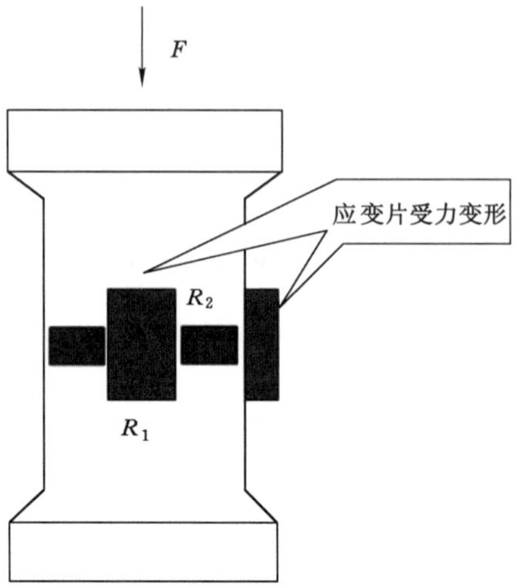

图 4-14　应变式力传感器结构示意图

三、应变式压强传感器

金属材质的应变片具有较好的灵敏度和韧性，但是在一些微力、压强或压差监测时，其反应速度和精度受限，同时成本较高。

因此，通常采用半导体硅膜片作为电阻丝，弹性橡胶作为基片构成应变片，具有极佳的微力、压强或压差检测性能。半导体硅应变片和电子血压计结构如图 4-15 所示。

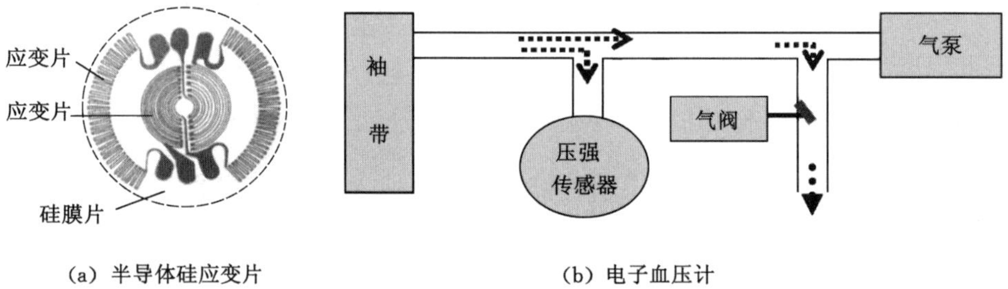

图 4-15　半导体硅应变片和电子血压计结构示意图

较小的体积、极低的成本和高可靠性，是应变式力传感器和应变式压强传感器的主要优势，广泛应用在各种电子秤、重力衡以及力、力矩、微力、压差和压强测量领域。

第四节　湿度检测

一、干湿球温度仪表

矿井空气湿度的测定通常采用风扇湿度计，又称通风干湿表，主要由两支相同的水银温度计和一个通风器组成。其中一支水银温度计为干球温度计，另外一支水银温度计的水银球上裹有一层湿的棉纱布，为湿球温度计；水银温度计的外面均罩着内外表面光亮的双层金属保护管，以防热辐射的影响；通风器顶部有发条和风扇，风扇在发条作用下产生稳定的气流，使温度计的水银球处于同一风速下，测定流动状态下的空气温度。使用时，先湿润纱布，然后上紧发条，小风扇转动，空气由双层金属保护管吸入，经中间管从上部排出。由于湿球表面的水分蒸发要吸热，因而湿球温度计的温度低于干球温度计的示数，空气的相对湿度越小，蒸发吸热作用越显著，干、湿温度差也就越大。根据干、湿温度计读数的差值（ΔT）和湿球温度计读数（T），由空气湿度表即可查出空气的相对湿度（φ）。

例题 4-1 在井下某巷道用风扇式湿度计测得风流的干球温度计读数为 25.6 ℃，湿球温度计读数为 23.5 ℃。求风流的相对湿度。

解 $\Delta T = T - T' = 25.6\ ℃ - 23.5\ ℃ = 2.1\ ℃$

根据 T、T' 和空气湿度表，并利用内插法求得相对湿度 $\varphi = 84\%$。

二、电解质湿敏传感器

不挥发性的盐溶解于水的结果是降低了水的蒸气压，盐的浓度越高，则水的蒸气压降低越多。利用这一现象，可在有一对电极的绝缘基板上，涂上潮解性盐的水溶液。这种电解质溶液薄膜，能随空气中水蒸气的变化而吸湿或脱湿，从而使两电极间的电阻值随空气湿度的变化而变化。

在电解质湿敏元件中，有广泛实用价值的是氯化锂湿敏元件，其结构如图 4-16 所示。图 4-16(a)为圆筒形结构，中间的绝缘柱可以用有机玻璃制成。在绝缘柱外表面绕的两根平行电极为钯丝（或金、银、铂）。在电极间涂的感湿膜是一定浓度的氯化锂盐与多孔塑料聚醋酸乙烯酯混合液。图 4-16(b)为片状结构，它是在一个绝缘基片（聚碳酸酯）上制成一对梳状金属电极，浸涂氯化锂混合液，然后再涂一层多孔性保护膜。

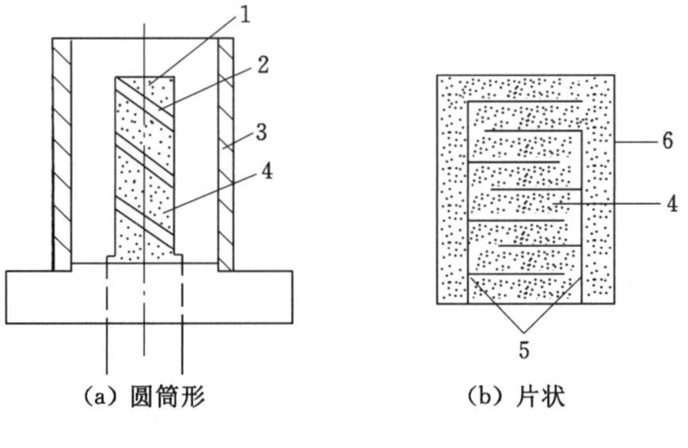

1—绝缘柱；2—平等电极；3—保护装置；4—氯化锂混合液；5—电极；6—基底。

图 4-16 氯化锂湿敏元件结构示意图

氯化锂的吸湿能力很强，当外界湿度升高时，它就吸湿，湿度下降时，它就脱湿。氯化锂吸湿和脱湿，导致氯化锂盐浓度发生变化，从而使元件的电阻也随湿度变化，导致电桥不平衡。

氯化锂湿敏元件的电阻-湿度特性如图 4-17 所示。该元件利用物质吸收水分子而导电率变化检测湿度。在氯化锂溶液中，锂离子对水分子的吸收力强，离子水合成度高，溶液中的离子导电率与溶液浓度成正比，溶液浓度升高，导电率增大。当溶液置于一定湿度场中，若环境相对湿度增大，溶液吸收水分子使浓度降低，电阻率 ρ 增大；反之相对湿度减小，溶液吸收水分子使浓度升高，电阻率 ρ 减小。通过测量溶液电阻值 R 实现对相对湿度的测量。

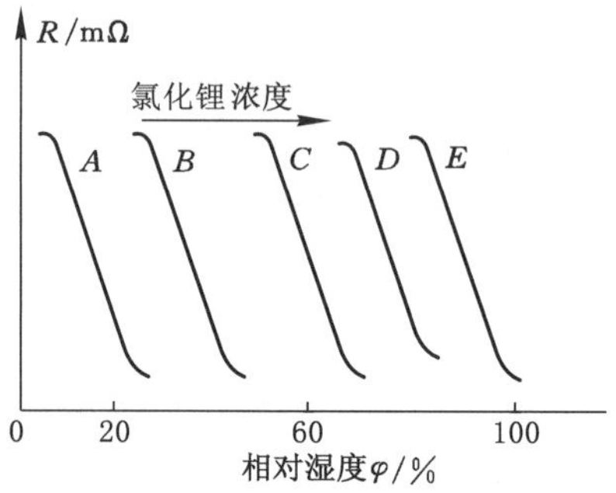

图 4-17　氯化锂湿敏元件特性

另外，还有羟乙基纤维素-碳湿敏元件和金属氧化物陶瓷湿敏元件制作的传感器。羟乙基纤维素-碳湿敏元件如图 4-18(a)所示。以聚苯乙烯塑料作基体，基体上面两侧敷以两金属电极，中间敷以湿度感应薄膜。湿度感应薄膜由羟乙基纤维素、炭粉、山梨醇和三硝基甲苯等混合而成。炭粉颗粒在胶膜内处于悬浮状态，在正常情况下，纤维素不导电，但炭粉是导电体，由于悬浮炭粉颗粒的互相接触，在两电极间构成一个具有一定电阻的导体，电阻的大小与炭粉颗粒接触情况有关。由于纤维素具有吸湿膨胀作用，当空气中湿度增大时，纤维素膨胀，炭粉颗粒在空间互相分离，接触的炭粉颗粒数目减少，元件的电阻 R 增大，反之，空气湿度减小，纤维素收缩，炭粉颗粒在空间互相结合，接触的炭粉颗粒数目增多，元件的电阻 R 减小，如图 4-18(b)所示。由图可见，在高相对湿度和低相对湿度范围，元件的灵敏度降低，在相对湿度为 30%～90%范围内灵敏度较高。碳湿敏电阻的测试范围宽，一个湿敏电阻就能完成 0～100%相对湿度的测量。

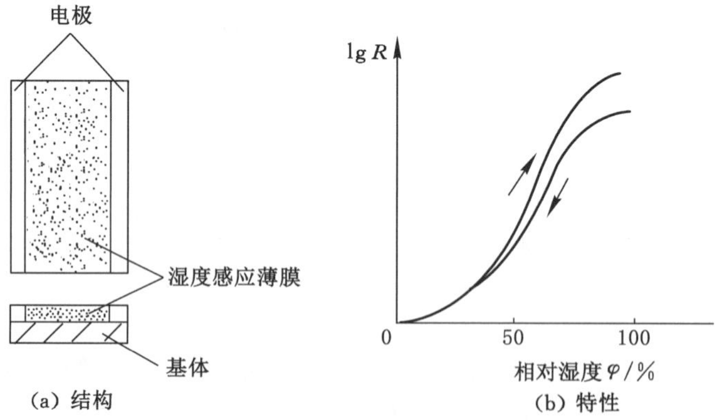

图 4-18　羟乙基纤维素-碳湿敏元件结构及特性

金属氧化物陶瓷湿敏元件是由金属氧化物（NiO，MgO，TiO_2-V_2O_5）经1 200～1 450 ℃的高温烧结 2 h 等工艺制成有固熔体多微细孔的陶瓷湿敏元件，水蒸气很容易吸附在整个多孔结构的陶瓷颗粒表面，其表面电阻在很宽范围内随湿度的变化而变化。金属氧化物陶瓷湿敏元件具有不同的结构，如烧结体、厚膜及薄膜型。

第五节　液位检测

一、电容式传感器

电容式传感器是利用电容的原理实现作为敏感元件的传感器，实质上就是生成一个电容，或一个具有可变参数的电容器。

采用生成电容的方式构成的传感器，被检测物体可以是导电体、含水的物体(例如饲料、人体等)，同时，可以是接地的，也可以是不接地的，主要应用在电容触摸屏、触摸式电子开关以及固体粉料物位仪等。

可变参数电容式传感器，根据其改变电容值大小的方式，主要分为：改变电容极板的极距[图 4-19(a)]、改变电容极板对应面积[图 4-19(b)]和改变电容极板之间有效介质[图 4-19(c)]。

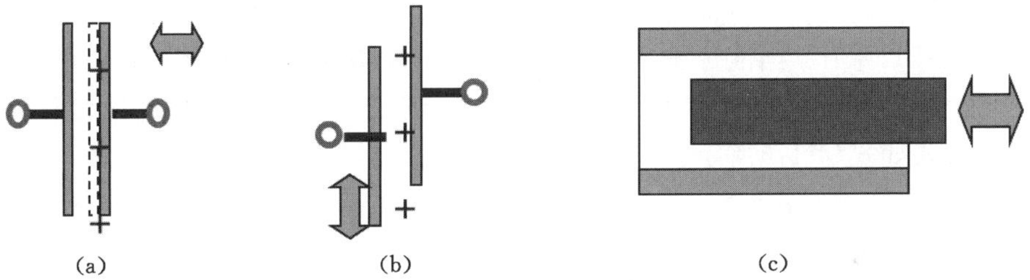

图 4-19　可变参数电容式传感器

二、导电液体液位检测

液位传感器主要有浮球传感器、干簧管传感器、压差式液位传感器等，但是具有稳定性差、测量不连续和易受干扰等缺点，同时成本较高、维护困难。随着电容式检测技术的发展，完美解决了以上问题。

导电液体液位传感器采用直径为 d 的金属棒表面作为电容的一个极板，绝缘材料(通常为聚四氟乙烯)作为电容介质，用导电的液体作为电容的另外一个极板且该极板接大地或接传感器地，如图 4-20 所示。当液位发生改变时，液体极板和金属板极板之间的对应面积成线性改变，根据电容特性，其电容值也成线性变化，测量电容值可获知液位高度。

在一些场合，如果液位不发生改变，也可以用此原理来检测液体存在。这种电容液位传感器在家用电器、工业自动化生产都有广泛的应用，如加湿器、拖地机、净水器、咖啡机、饮水机、热水器、自动送料生产线等。

三、绝缘液体液位检测

针对一些绝缘液体，尤其是在震动、黏滞或运动等恶劣情况下，浮球传感器、干簧管传感

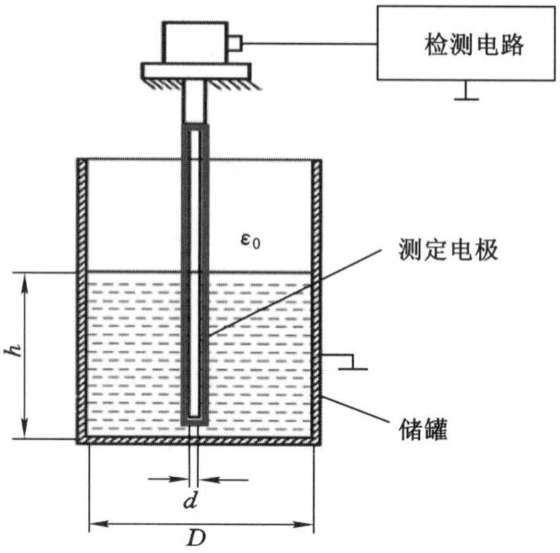

图 4-20　导电液体液位传感器

器、压差式液位传感器无法使用,电容式绝缘液体液位传感器是最佳选择。

绝缘液体液位传感器(如汽车油料液位传感器)采用直径为 d 的金属桶表面作为电容的一个极板,采用直径为 D 的金属桶表面作为电容的另外一个极板,而将绝缘液体作为电容介质,如图 4-21 所示。当液位发生改变时,两个金属板极板之间含有介质的有效面积成线性改变,根据电容特性,其电容值也会发生改变,测量电容值可获知绝缘液体液位高度。电容值计算公式如式(4-17)所示。

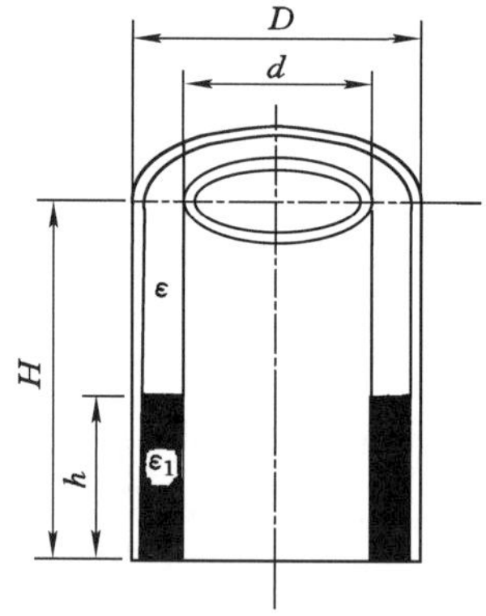

图 4-21　绝缘液体液位传感器

$$C=\frac{2\pi\varepsilon_1 h}{\ln\dfrac{D}{d}}+\frac{2\pi\varepsilon(H-h)}{\ln\dfrac{D}{d}}=\frac{2\pi\varepsilon H}{\ln\dfrac{D}{d}}+\frac{2\pi h(\varepsilon_1-\varepsilon)}{\ln\dfrac{D}{d}}=C_0+\frac{2\pi(\varepsilon_1-\varepsilon)h}{\ln\dfrac{D}{d}} \tag{4-17}$$

式中　ε_1——被测绝缘液体中的介电常数,F/m;

ε——空气中的介电常数,F/m;

D——外金属桶直径,m;

d——内金属桶直径,m;

H——金属桶高度,m;

h——被测绝缘液体的液位高度,m。

由上式可知，电容变化值($C-C_0$)与液位高度 h 成线性变化。

采用电容式检测液体液位的传感器种类繁多，其最具代表性的传感器主要为导电液体液位传感器和绝缘液体液位传感器。根据其检测技术，采用不同结构巧妙构成不同电容，可检测绝大部分的流体和粉料，可探测介质为：水，油漆，污水，泥浆，饮料等流体；小麦，稻谷，沙子，水泥，金刚砂，玻璃，金属粉等粉料。

复习思考题

1. 简述热电偶测温原理。
2. 热电偶有哪些特点？
3. 热电偶冷端如何处理？
4. 热电偶有哪些种类？
5. 简述热电阻测温原理。如何消除或减少引线带来的误差？
6. 简述半导体 PN 结测温原理。
7. 简述红外测温仪的原理。
8. 什么是叶轮式风表的表速？什么是真实风速？
9. 简述叶轮式风表操作步骤和注意问题。
10. 简述超声波风速计测风原理。
11. 简述应变片原理。
12. 应变式力传感器试件种类有哪些？
13. 简述电子血压计中压强传感器应变片的构成。
14. 简述干湿球温度仪表测量湿度原理。
15. 简述电解质湿敏元件、羟乙基纤维素-碳湿敏元件和金属氧化物陶瓷湿敏元件测量湿度原理。
16. 简述导电液体液位传感器工作原理。
17. 简述绝缘液体液位传感器工作原理。

第五章

矿井生产系统工况参数检测

第一节　风门开停状态检测

KGE12 系列矿用风门开关传感器(图 5-1)是磁性驱动的位置开关传感器,系矿用本质安全型产品。该产品适用于矿井井下有 CH_4 及煤尘爆炸危险的环境,可安装在井下巷道的各级风门上,用来检测风门的开闭状态,为通风管理提供风门状态信息;可与各种矿井安全监测监控系统配套使用,其无源开关触点信号或电流信号可直接被矿井安全监测监控系统采集、处理。

图 5-1　KGE12 系列矿用风门开关传感器产品示意图

一、工作原理

KGE12 系列矿用风门开关传感器是一种磁性驱动的接近开关,它将触发磁钢装在风门上,而把开关组件安装在对应的门框上。

当风门关闭时,触发磁钢紧靠开关组件,由磁力产生的磁场使开关组件维持闭合(或断开)状态,这时由舌簧开关输出一个闭合(或断开)信号给测控分站或向地面传输信号的载波设备,经数据线在地面中心站模拟盘显示风门“关”状态。

当风门打开时,触发磁钢离开了舌簧开关,开关组件即输出一个断开(或闭合)信号给监测系统分站或向地面传输信号的载波设备,经数据线在地面中心站模拟盘显示风门“开”状态。

二、产品性能

防爆形式:矿用本质安全型;

防爆标志:Ex ibⅠ(150 ℃);

使用环境温度:−5～+40 ℃;

输入电源:DC 10～24 V;

动作距离:不小于 30 mm,不大于 70 mm;

防护等级:IP54;

信号输出形式:Ⅰ型为一组转换接点,Ⅱ型为恒流 −5 mA/+5 mA,Ⅲ型为恒流 0 mA/5 mA;

输出信号传输距离:不大于 2 km;

外形尺寸:开关组件为 138 mm×52 mm×31 mm,触发磁钢为 138 mm×52 mm×31 mm;

触发磁钢材质:氧化物磁钢;

触发磁钢特点:抗老化、抗杂散磁场、全密封;

开关组件及触发磁钢两侧各有 2 个安装孔,用来精确调整开关组件和触发磁钢的距离。

第二节 机电设备开停状态检测

一、KGT9 型开/停传感器

KGT9 型开/停传感器(图 5-2)主要用于检测矿井主要机电设备的运转状态,实现矿井主要机电设备的集中自动监测,随时全面了解全矿的生产、工作状况。

该传感器把检测到的开/停信号以±5 mA 的恒流或以继电器触点信号的形式传输给测控分站,可以为了解矿井主要机电设备的运行状态、运转时间长短,以及统计设备利用率提供依据。该传感器适用各种类型交流驱动的用电设备,在供电电流不小于 10 A 的情况下,均可检测出设备的开/停状态。

二、KGT9 型开/停传感器主要技术指标

供电电源:本质安全型(DC 15 V);

最大工作电流:30 mA;

使用环境:温度为 −20～40 ℃,相对湿度不大于 95%;

输出信号:恒流±5 mA,继电器触点信号;

防爆标志:Ex ib。

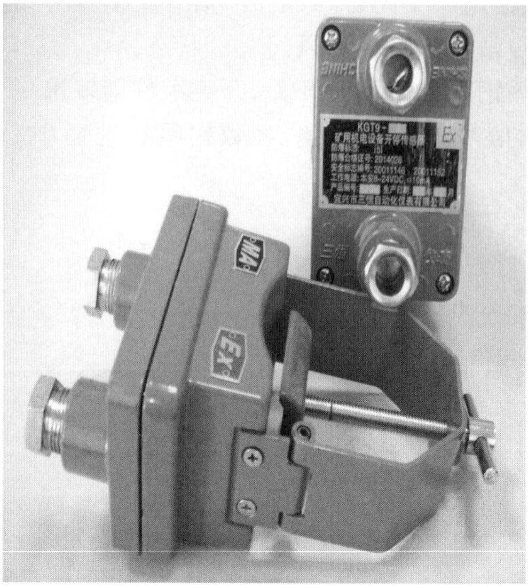

图 5-2　KGT9 型开/停传感器

三、KGT9 型开/停传感器的组成

KGT9 型开/停传感器由检测线圈、放大检波、信号变换及信号输出等环节组成，如图 5-3 所示。

图 5-3　KGT9 型开/停传感器的组成

该传感器使用时固定在用电设备供电电缆外皮上，检测出电缆内有无电流通过，即可鉴别设备开/停状态。一般机电设备系三相供电，利用传感器的电感线圈贴近电缆中一相芯线，即可测得微弱的磁感应信号，该信号经放大检波、信号变换及信号输出等环节，将设备开/停信息传给测控分站，再由测控分站传至地面。

四、KGKT-C10 型开/停传感器电路原理

KGKT-C10 型开/停传感器电路如图 5-4 所示，图中 L 为检测线圈。当机电设备工作时，有电流流过供电电缆，在其周围产生磁场，通过电磁感应，在 L 上感应出电压信号。

电压信号经电子电路 IC 放大，放大倍数 $A_V = R_{P1}/R_1 = 470/0.51 \approx 920$。放大的电压信号，再经 V_1、V_2 及 C_2 构成的整流滤波电路，将交流信号变为直流信号。直流信号加在 V_5 的基极，使之导通，中间继电器 KA 吸合。V_6 为恒流电路，其基极电位由电位器调整决定。当无磁场时，继电器断开，使输出电流换向。

输出信号取自 A、B 两端即为恒流信号，若取自继电器的另一个触点，即为触点信号。

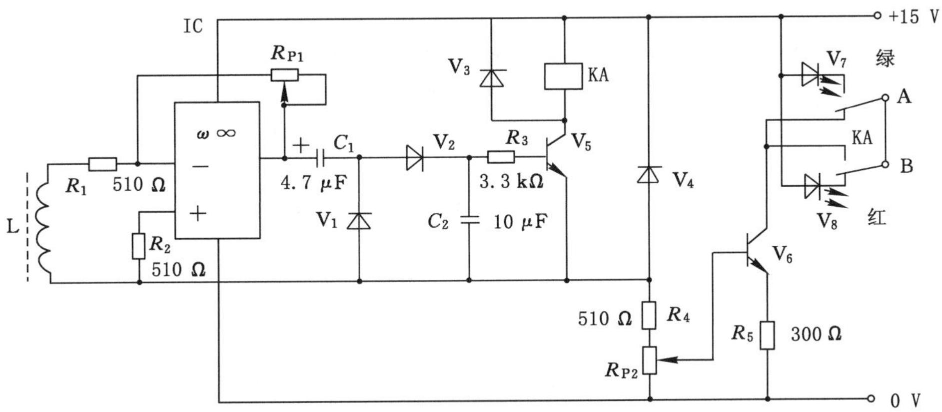

图 5-4　KGKT-C10 型开/停传感器电路

第三节　煤仓储煤位置检测

煤仓储煤位置检测，采用超声波料位传感器(图 5-5)。超声波料位传感器测量原理与回声测距原理相同，装在料仓顶部的探测器不断发射固定频率的超声波，经被测物料表面的反射，其反射回波部分由探测器接收，根据超声波往返时间即可换算出反射物料表面与探测器发射之间的距离，即可得知料仓料位。

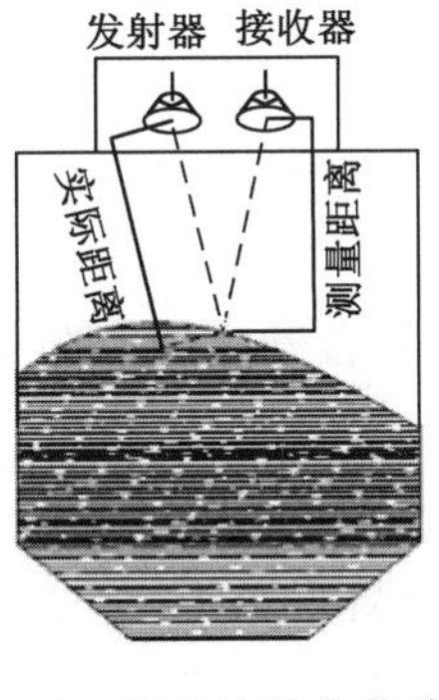

图 5-5　超声波料位传感器

例如，KG1003 型矿用超声波料位计由 KG1003.1 控制箱、KG1003.2 探测器和 KG1003.3 显示箱组成，适用于连续检测井下各种物料料仓的料位，同时也可适用于地面易爆环境场合料仓的料位检测。

KG1003 型矿用超声波料位计主要技术指标：

探测器工作频率：18 kHz；

探测器重复频率：2.5 Hz；

测量距离：不大于 125 m；

控制箱输入电压：AC 127 V；

显示箱显示：11 个发光二极管显示料位百分数；

显示箱输出：1～5 mA。

安装时，显示箱可置于司机操纵台，供司机随时观察料位，控制箱就近安装。探测器安装时应将发射面正对料面，发射的声柱要避开物料流和料仓里的固定构件，安装时不可靠近仓库。

第四节　煤炭运量检测

一、电子胶带秤

电子胶带秤由称量框架、荷重传感器、测速器、仪表四部分组成。带式输送机有效称量段 L 的物料重 P 通至荷重传感器上，传感器中弹性元件产生应变，其应变量 ε 与 P 成正比。弹性元件上贴有四片电阻应变片，组成等臂电桥，如图 5-6 所示。

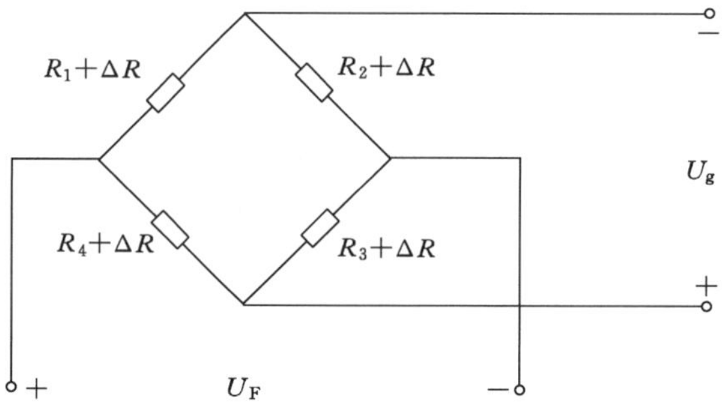

图 5-6　应变片组成的测量电路

应变量 ε 的变化线性地转换为电桥各臂应变片阻值的变化，在有桥电压 U_F 的情况下，电桥输出信号 U_g 为：

$$U_g = \Delta R U_F / R \tag{5-1}$$

电子胶带秤有效称量段 L 上的物料重为 P，单位长度上的物料重 $P_e = P/L$，若胶带速度为 v，那么在单位时间内通过的物料重 $Q_x = Pv/L = P_e v$。由于用 $\Delta R/R$ 表示 P_e 的变化，即 $\Delta R/R \propto P_e$，再将胶带速度 v 线性转换为电压 U_F 作为电桥的电源，即 $U_F \propto v$，则 $U_g \propto Pv$，那么它就可以线性模拟瞬时输送量 Q_x，即：

$$U_g \propto Q_x \tag{5-2}$$

物料的总累计量为：

$$Q_g = \int U_g \mathrm{d}t \tag{5-3}$$

通过积分将 U_g 转换为计数脉冲，最终通过计数器累计，实现物料的总累计量的计量。

K-GGP-85 型微机电子胶带秤的主要技术指标：

称重范围：100～2 000 t/h；

胶带速度：0.5～3 m/s；

最大胶带宽度：2 000 mm；

系统动态误差：3%；
输出特性：瞬时值为 DC 1～5 mA，恒流特性小于 1%/500 Ω；
显示：9 位累计量显示；
使用环境：温度为 0～40 ℃，湿度不大于 95%。

二、核子胶带秤

电子胶带秤部分机械机构复杂，维护不方便，因此，人们研制出利用放射性原理的核子胶带秤。核子胶带秤如图 5-7 所示，只需将检测框架套在胶带外即可使用。

由于采用这种非接触测量，不需对原输送机改造，因而安装使用方便。

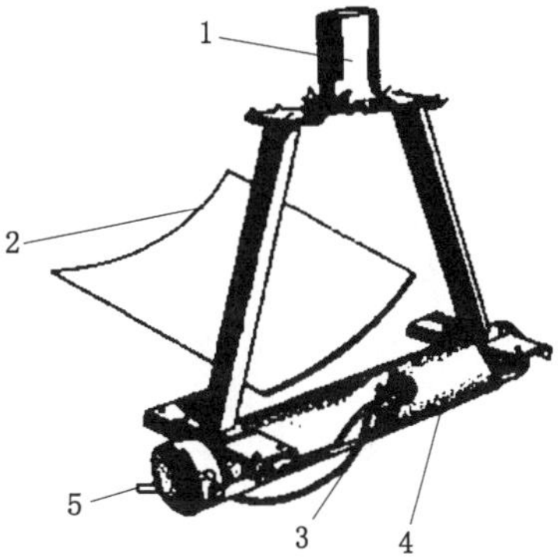

1—放射源；2—胶带；
3—测速器；4—电离室；
5—信号电缆。
图 5-7 核子胶带秤

在放射箱内，铯 137 放射源释放出强度稳定的 X 射线，通过出口照射在胶带物料上。物料对射线有吸收作用，因而穿透物料射线的强度随物料厚度多少而变化，该射线被装在胶带下的电离室吸收。电离室产生的电离电流随射线强度而变，这样就完成了物料的称量。测速系统采用光电测速仪，内部有一个精密光栅，每转输出 1 000 个脉冲。乘法和积分运算则都由单片机完成。单片机系统具有数码显示、打印等功能。

FBC-1391 系列微机核子胶带秤的主要技术指标：
放射器：铯 137；
源强：$1.85\times10^{9}\sim3.70\times10^{9}$ Bq；
射线泄漏量：1 m 处低于国际居民安全标准 5 mSv/a；
精度：1%；
胶带宽度：300～1 500 mm；
输出：1～5 mA；
显示：6 位累计量显示，最大 99 999.9 t。

第五节 采煤机机组位置检测

采煤机是综采工作面的主要机械，它的运行情况基本上可以反映整个综采工作面的生产进程。采煤机机组位置、速度传感器可以将采煤机在工作面的位置变动情况连续地采集并报告给地面中心站。这样在地面中心站可以用屏幕或模拟盘显示采煤机开停状态和位置，从而使调度人员掌握工作面生产情况。链式牵引采煤机在工作面的布置如图 5-8 所示。

在工作面上、下平巷之间敷设一根拉紧的牵引链，并使采煤机链轮与牵引链咬合。当链轮转动时，采煤机就在链板上移动。通过检测链轮的转动可以采集采煤机位置变动的信息，这是由安装在链轮附近的接近开关来完成的，如图 5-9 所示。

当链轮转动时，两个接近开关就按运行方向顺序输出脉冲。根据两路输出脉冲的相位关系可以鉴别采煤机的运行方向，同时根据脉冲的个数可以推算出采煤机的运行位置，并根

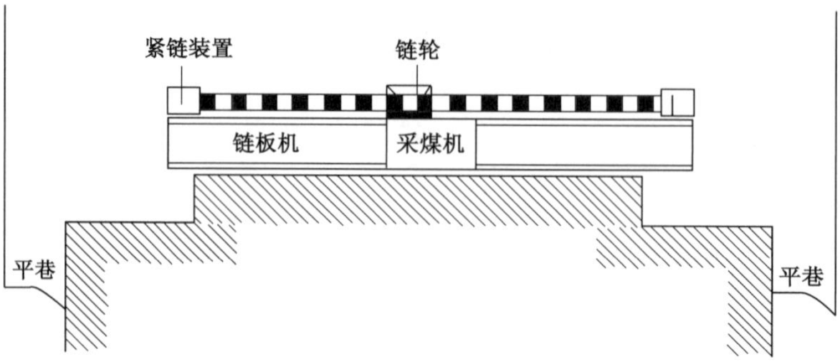

图 5-8　链式牵引采煤机在工作面的布置图

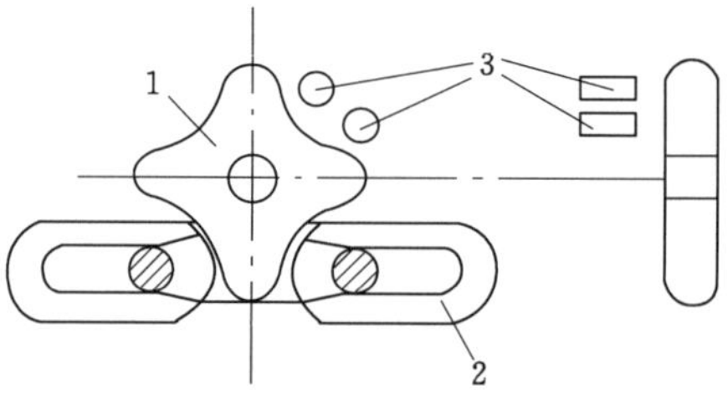

1—链轮；2—牵引链；3—接近开关。

图 5-9　接近开关位置示意图

据单位时间内的脉冲数计算出机组牵引速度。

接收装置安装在平巷的控制站，它从动力电缆接收载波信号进行调制与处理，就地显示采煤机位置速度和工作状况。它输出 1～5 mA 电流信号代表机组位置，输出±5 mA 开关量信号代表机组运行方向。这些信号可进入测控分站，最终传至地面中心站。接收装置由电源、输入电路、计算机、输出电路组成。输入电路将脉冲调制的载波信号还原为脉冲信号，再经过双稳态电路整形，最后经光电耦合器进入计算机接口。

KG1001 型采煤机机组位置、速度检测仪的主要技术指标：

传感器工作电压：9～15 V；

传感器工作电流：16 mA；

发送装置：载波频率为 100 kHz，输出功率为 150 mW，失真度不大于 15%；

接收装置：载波频率为 100 kHz；

接收灵敏度：载波信号电压大于 30 mV 时动作，小于 10 mV 时不动作；

输出信号：电流为 1～5 mA，误差小于 0.03 mA，频率为 200～1 000 Hz，误差小于 0.03 Hz，开关量为±5 mA，误差小于 0.5 mA；

使用环境：海拔高度小于 1 000 m，工作面长度不大于 255 m，温度为 5～40 ℃，湿度不大于 95%。

第六节　矿 尘 检 测

矿尘是矿井在生产建设过程中产生的各种煤岩微粒的总称，又称粉尘。矿井井下粉尘主要是煤尘和岩尘。粉尘按存在状态可分为浮尘和落尘，悬浮状的称浮尘，落地的称落尘。粉尘不仅危害人体健康，加大机械设备磨损，降低能见度，而且粉尘在一定条件下还会引起爆炸事故。粉尘粒度越小，单位体积空气粉尘浓度越大，其危害程度越大。检测粉尘浓度的方法分质量法和计数法。质量法是检测每 1 m^3 空气所含粉尘的质量，单位是 mg/m^3；计数法是检测每 1 m^3 空气所含粉尘的颗粒数，单位是粒/m^3。我国规定用质量法检测粉尘浓度。

一、滤膜采样测尘仪器

1. 测尘原理

测定时，抽取一定体积的含尘空气，将粉尘阻留在已知质量的滤膜上，由采样器采样后滤膜质量的增量来求出单位体积空气中粉尘的质量，则粉尘质量浓度为：

$$C=\frac{m_2-m_1}{Qt}\times 1\ 000 \qquad (5\text{-}4)$$

式中　C——粉尘质量浓度；

m_1——采样前的滤膜质量；

m_2——采样后的滤膜质量；

Q——采样器采样流量；

t——采样器采样时间。

2. 粉尘采样器

粉尘采样器由采样头（内装滤膜）、流量计（稳流电路）、抽气泵、计时器（或可编制自动计时控制电路）和电源等组成。粉尘采样器可分为呼吸性粉尘采样器和全（总）尘采样器。呼吸性粉尘采样器与全尘采样器的差别在于，呼吸性粉尘采样器增设了一个前置预捕集器。前置预捕集器用以捕集非呼吸性粉尘，能对危害人体的呼吸粉尘和非呼吸性粉尘进行分离，分离效果达到国际公布的 BMRC（英国医学研究委员会）曲线标准。预捕集器主要有：水平淘析器、旋风分离器（旋风器）和惯性冲击器。水平淘析器、旋风分离器和惯性冲击器截留某一区段粒度的能力与它的采样流量有关，因此，在采样过程中，应严格恒定所要求的采样流量，其原理如图 5-10 所示。

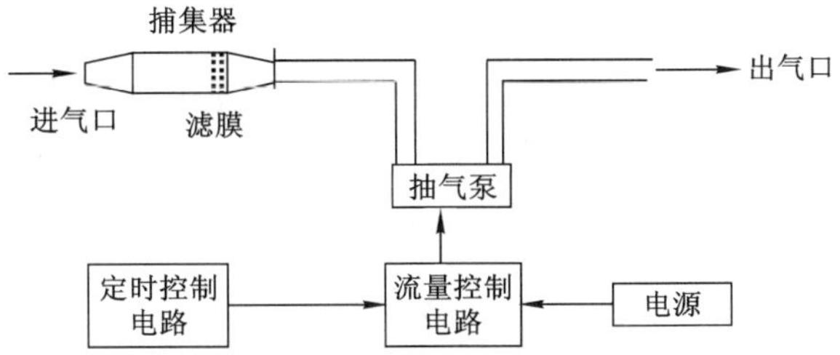

图 5-10　粉尘采样器工作原理图

滤膜的作用是捕获粉尘，有 $\phi40$ mm 和 $\phi75$ mm 两种规格，分别适用于采集小于和大于 200 mg/m^3 的粉尘。国内粉尘采样器的型号非常多，有 AFQ-20A 型、AKFC-92 型矿用粉尘采样器和 HFC-3BT 型、TH-30 型、FC-25S 型呼吸性粉尘采样器等。

3. 使用方法

(1) 采样前的准备

① 滤膜安装。先用镊子取下滤膜两面的夹衬纸，用万分之一的分析天平称取滤膜的初重 m_1，然后按滤膜的安装方法（$\phi40$ mm 的滤膜用平铺安装法，$\phi75$ mm 的滤膜用漏斗状安装法）安装好滤膜，放入采样头或滤膜盒内，同时对采样头或滤膜盒进行编号。

② 选择采样头。用惯性冲击器时，需在玻璃片上涂上硅油；用旋风分离器时，需在下部盒中放上滤膜。

③ 对采样器充电。

(2) 采样

① 采样前应选择所用的采样头，装上已称初重的滤膜夹，然后安装到仪器上，并将顶盖拧紧，防止漏气。

② 采样。对于有定时器的采样器，应根据需要，通过键盘可在 0～99 min 任意预置采样时间。采样时间预置后，打开电源，显示为 00，再启动工作按钮，开始采样。同时调节采样流量，使采样流量在 20 L/min，只要时间到，仪器就自动停止。对于没有定时器的采样器，打开电源要同时计时，并调节采样流量到所需的流量。采样时间一到，立即停止计时，取下采样头中的滤膜夹放入原滤膜盒内，要注意样品的保存。

③ 记录。每次采样结束，用记录簿记下采样日期、采样地点、滤膜盒的编号、采样流量、采样时间、工序、工具类型与数量、采样地点的风速和风量、干湿温度、防尘措施等。

(3) 采样后称重

称重前，打开滤膜盒，置于干燥器中，2 h 后用镊子小心地将滤膜从滤膜盒中取出称重；称重后，放入干燥器中再干燥 30 min，再称重。当相邻两次的质量差不超过 0.1 mg 时，取其最小值。但要注意，采样前后滤膜的称重应使用同一天平和砝码。

二、快速测尘仪（直读式测尘仪）

随着煤炭工业的发展，对测尘仪器提出了更高的要求。快速测尘仪能快速测出粉尘浓度，有的仪器还能连续检测。快速测尘常用光电测尘、β 射线测尘、压电晶体测尘等方式。

光电快速测尘仪是根据滤膜集尘消光原理和光电效应来实现粉尘浓度测定，其原理如图 5-11 所示。合上电源开关，微电动机启动，带动气泵抽气，含尘气体经过采样孔，透过滤膜，粉尘被吸附在滤膜上。当采样达到规定时间时，延时开关自动关断，采样结束。进行直接测尘时，小电珠光束透过透镜变为近似平行光束，穿透滤膜，射向硅光电池上，使硅光电池产生光电流通过微安表，指示光敏电流值。通过采样前后干净滤膜与含尘滤膜的光电流、采样流量、时间，由式(5-5)计算出被测粉尘的质量浓度。

$$c' = \frac{\ln I_0 - \ln I}{K_x' Q t} \times 10^3 \tag{5-5}$$

式中 c' ——粉尘质量浓度；

I_0 ——采样前的光电流；

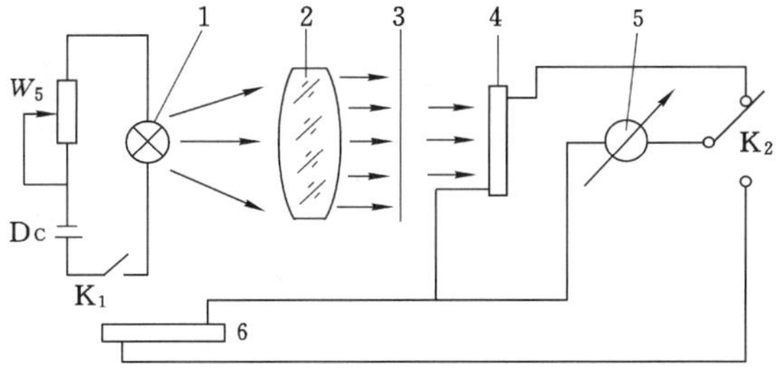

1—小电珠；2—透镜；3—滤纸；4—检测硅光电池；5—指示电表；6—校正硅光电池；
K_1—电源开关；K_2—校正开关；W_5—调整电位器；D_C—电池组。

图 5-11　光电快速测尘仪原理图

I——采样后的光电流；

K_x'——粉尘的消光系数(由试验确定)；

Q——采样流量；

t——采样时间。

可根据式(5-5)专门制造出直接读取粉尘浓度的刻度盘。校正硅光电池是用来对小电珠光强度的检测，并通过调整电位器 W_5 的阻值，使采样前后的小电珠光强度保持一致。

快速测尘仪已有多家工厂生产，使用较多的是 BFC-1 型、ACG-1 型和 ACH 系列呼吸性粉尘测定仪。而 ACH 系列呼吸性粉尘测定仪又分为 1 型和 2 型，1 型的测尘种类为石灰岩粉尘、砂岩粉尘、页岩粉尘和煤尘四大类粉尘，2 型主要是测水泥粉尘。

β 射线快速测尘仪是利用核辐射原理工作的，它是利用粉尘对 β 射线的吸收作用，当放射源产生的 β 射线穿过含有粉尘的空气时，一部分射线被粉尘吸收掉，粉尘含量越大，被吸收掉的 β 射线量越大，β 射线的减少量与粉尘浓度成正比。

β 射线快速测尘仪主要由放射源、探测器、电信号转换放大电路和显示器四个部分构成。放射源产生 β 射线，它是由放射性同位素制成的，不同仪器采用不同的放射源，有的用 ^{14}C 放射源，源强不大于 3.7×10^4 Bq，半衰期为 5 730 a。探测器的作用是检测 β 射线，将穿过被测物质的射线接收并转换成电信号输出，探测器以电信号的大小变化将射线强弱的变化反映出来。常用的探测器是盖革-米勒计数管等。探测器输出的电信号再经放大和一些特殊电路处理后，由显示部分指示出测值。

CCHZ-1000 型、AZFC-1A 型等直读式测尘仪和 CCHG-1000 型矿用智能测尘仪等，均是采用 β 射线原理研制的快速测尘仪。

第七节　矿井井下人员定位系统

矿井井下普遍存在入井人员管理困难，管理人员难以及时掌握井下人员的动态分布及作业情况，一旦事故发生，对井下人员的抢救缺乏可靠信息，抢险救灾、安全救护的效率低。引入和运用矿井井下人员定位系统，工作人员佩戴的电子标签通过井下监控节点向监控中心传送他们的位置信息，实时掌握每个人在井下的位置及活动轨迹，对矿井的安全生产将有积极作用，在一定程度上减少人员伤亡。平时，上传的位置信息也可以用作工作人员的考勤记录。

定位系统由井上与井下两部分设备组成。井上设备主要由监控中心(包括服务器)及共享网络终端等组成;井下设备以CAN总线作为主传输途径,开发相应的矿井井下人员监控节点,配合天线、电子标签、传输介质、中继器R等与监控中心挂接,从而实现井下作业人员的定位和安全管理。

定位系统网络结构如图5-12所示。

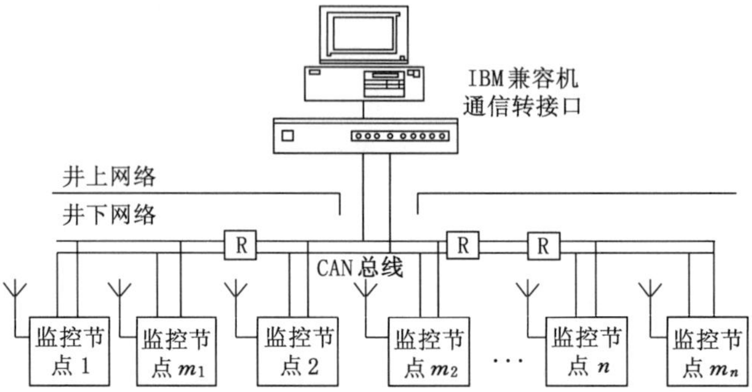

图5-12 定位系统网络结构图

定位系统主要实现井下人员及设备安全监测监控工作。在巷道、作业面的交叉道口安装监控节点,入井工作人员按照要求佩戴安装电子标签的腰带或安全帽。RFID读写器通过固定频率的射频载波向电子标签传送信号,电子标签(工作人员随身佩戴)进入读写器的天线工作区域后被激活,并将载有个人信息的射频信号经卡内收发模块发射出去;读写器天线接收到电子标签发来的射频信号,经过处理后,提取出个人信息,通过现场总线送至井上监控中心,记录井下工作人员经过地点、时间、活动轨迹等实时信息,还可自动生成考勤作业的统计与管理等方面的报表资料,提高管理效益。

监控节点由读写器、微控制器(MCU)、CAN节点组成,如图5-13所示。设计中RFID读写器使用的射频芯片是RI-STU-650A,它具有抗干扰能力强、通信速率高、功耗低、性能稳定等优点。考虑到成本等方面的问题,设计时RFID读写器采用的工作频率为915 MHz,

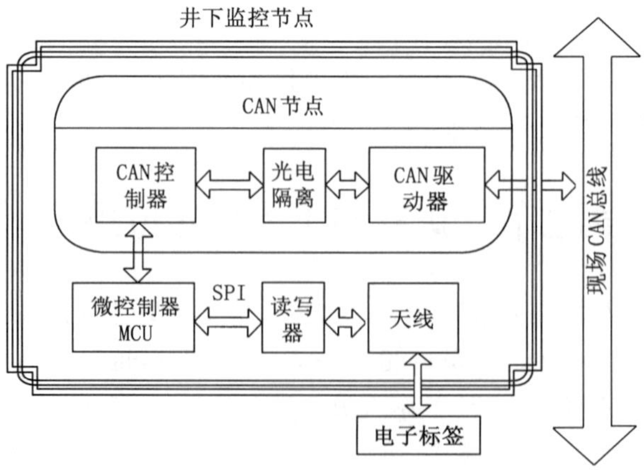

图5-13 监控节点内部功能模块图

经过试验测试，证明在传输距离及数据可靠性等方面可以达到本系统的功能要求。RFID读写器与微控制器89C51间利用SPI串行接口进行通信。CAN节点由独立CAN控制器SJA1000、CAN驱动器82C250和高速光电耦合器6N137三部分构成。为了增强CAN节点的抗干扰能力，SJA1000并不是直接与82C250相连，而是通过6N137与82C250相连，这样就很好地实现了总线上各CAN节点间的电气隔离。

定位系统的主要功能为：

(1) 考勤管理功能。通过操作平台专用管理软件对下井人员进行下井次数、井下停留时间等信息分类统计，便于考核，实现工作人员的考勤统计管理功能和有关报表的打印。

(2) 安全保障功能。系统根据数据库中储存下来的历史数据信息，可迅速知道井下人员及重要设备的分布情况，一旦出现矿井灾难，可对现场被困人员进行定位和搜寻，便于有效救护。

复习思考题

1. 简述风门开关传感器的组成和工作原理。
2. 简述机电设备开/停传感器的组成和工作原理。
3. 煤仓储煤位置检测的方法是什么？
4. 煤炭运量检测的方法有哪些？简述其原理。
5. 简述工作面采煤机机组位置检测的方法。
6. 简述滤膜采样测尘仪器的原理。
7. 简述滤膜采样测尘仪器的测尘步骤。
8. 简述光电快速测尘仪的测尘原理。
9. 简述矿井井下人员定位方法原理。
10. 简述矿井井下人员定位系统组成。

第六章

数据采集技术

数据采集技术是信息科学的一个重要分支，它研究数据的采集、存储、处理以及控制等问题。在监控系统中，监控分站的主要工作任务之一就是采集它所连接的传感器送来的模拟量和开关量信息并转换为数字信号，再收集到计算机并进一步予以显示、处理、传输与记录，这一过程即称为“数据采集”。用于数据采集的成套设备称为数据采集系统(DAS)。

数据采集系统是计算机与外部世界联系的桥梁，是获取信息的重要途径。数据采集技术已广泛应用于国民经济和国防建设的各个领域，并且随着科学技术的发展，尤其是计算机技术的发展与普及，数据采集技术有着广阔的发展前景。

数据采集系统追求的最主要目标有两个：一是精度；二是速度。对任何量的测试都要有一定的精度要求，否则将失去测试的意义；提高数据采集的速度不仅提高了工作效率，更主要的是扩大了数据采集系统的适用范围，便于实现动态测试。

现代数据采集系统具有如下主要特点：

(1) 现代数据采集系统一般都由计算机控制，使得数据采集的质量和效率等大为提高，也节省了硬件投资。

(2) 软件在数据采集系统的作用越来越大，增加了系统设计的灵活性。

(3) 数据采集与数据处理相互结合得日益紧密，形成数据采集与处理系统，可实现从数据采集、处理到控制的全部工作。

(4) 数据采集过程一般都具有“实时”特性，实时的基本标准是能满足实际需要。对于通用数据采集系统一般希望有尽可能高的速度，以满足更多的应用环境。

(5) 随着微电子技术的发展，电路集成度的提高，数据采集系统的体积越来越小，可靠性越来越高，甚至出现了单片数据采集系统。

(6) 总线在数据采集系统中有着广泛的应用，总线技术对数据采集系统结构的发展起着重要作用。

第一节　数据采集系统的基本构成

一、数据采集系统的基本构成

图 6-1 是数据采集系统的典型结构。从功能上看，数据采集系统既能完成采集，也能实

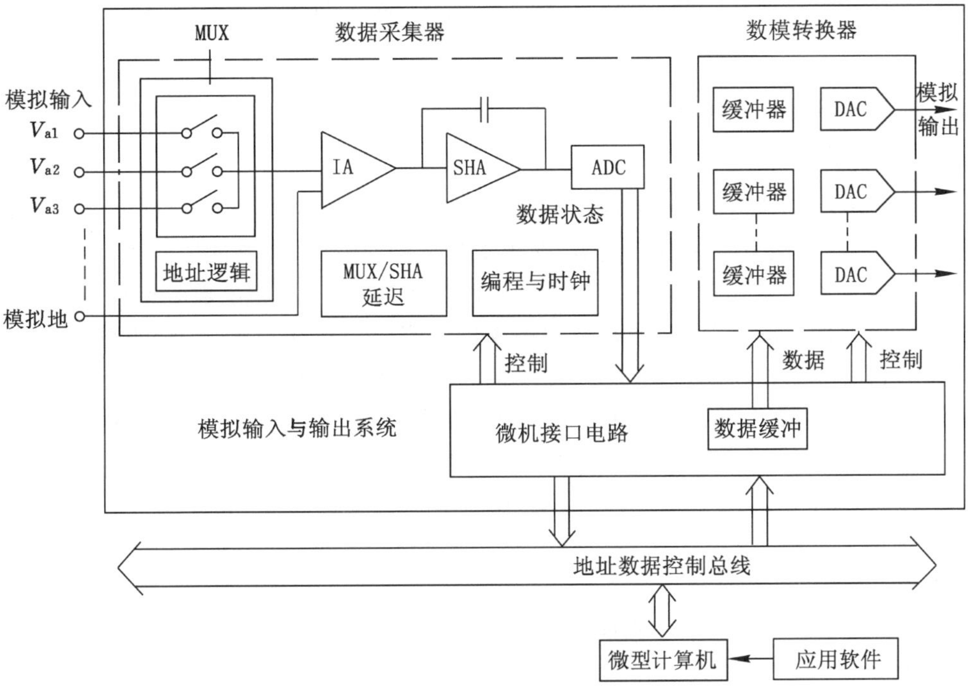

图 6-1　数据采集系统的典型结构

现处理。它主要由四部分组成：

(1) 数据采集器：包括多路开关(MUX)、测量放大器(IA)、采样保持放大器(SHA)、模数转换器(ADC)等，将多个现场模拟信号逐个采样再量化成数字信号后送往微型计算机。

(2) 微机接口电路：用来传送数据采集系统运行所需要的数据、状态信息以及控制信号。

(3) 数模转换器：将微型计算机输出的数字信号再转换为模拟信号，以实现系统要求的显示、记录与控制任务。有时人们也将包含数模转换器(DAC)的数据采集系统称为模拟输入与输出系统。

(4) 应用软件。

在许多应用场合，多路开关(MUX)之前或之后还要配置滤波、前放等信号调理电路。

数据采集系统的采集信息有模拟量信号、频率量信号、数字信号和开关量信号等。

二、数据采集系统的主要性能指标

数据采集系统的主要性能指标有：① 系统分辨率；② 系统精度；③ 采集速率；④ 动态范围；⑤ 非线性失真。

第二节　数据采集基本电路

一、运算放大器和测量放大器

1. 运算放大器

在众多的模拟集成电路中，运算放大器是最基本又是用途最广的一种电路。集成运算放大器是高增益、多级直接耦合放大器，在模拟计算中，这种放大器能够实现各种数学运算，故称为运算放大器。实际上，运算放大器的应用面相当宽广，远超出数学运算的范围。随着大规模集成电路的不断发展，高增益单片集成化运算放大器在自动控制、测量仪表、计算技术等许多方面都有着极其广泛的应用，是模拟电子领域中最重要的有源器件。

对于集成运算放大器而言，使用中最重要的是外部特征。大多数集成运算放大器都是双端输入、单端输出。另外，还有正、负电源和调零端，有时还会有相位补偿端及其他一些特殊用途的输入、输出端。运算放大器常用符号如图 6-2 所示。

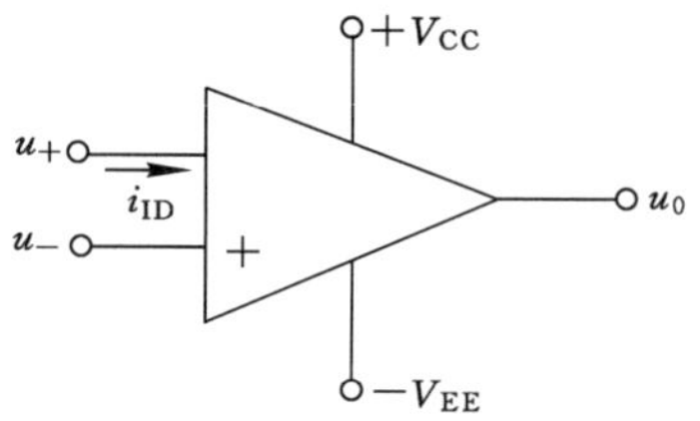

图 6-2　运算放大器常用符号

在分析运算放大器应用电路时，往往忽略运算放大器各项指标的影响，视运算放大器为理想特性。理想运算放大器应当具备下列条件：

① 差模开环电压增益无限大，$A_{VD}=\infty$；

② 差模输入电阻无限大，$R_{ID}=\infty$；

③ 输出阻抗为零，$R_0=0$；

④ 共模抑制比无限大，$CMRR=\infty$；

⑤ −3 dB 带宽无限大，$f_H=\infty$；

⑥ 转换速率无限大，$S_R=\infty$。

另外，理想运算放大器不考虑任何失调、漂移、干扰、噪声等，即认为失调电压、失调电流、温度系数、干扰和噪声等均为零。理想运算放大器总是以工作在线性放大区为前提，当运算放大器工作电源为定值时，输出电压为有限值。

根据以上条件，理想运算放大器有如下基本关系：

由于
$$u_+-u_-=u_0/A_{VD}$$
且
$$A_{VD}=\infty$$
则
$$\Delta u=u_+-u_-\approx 0,u_+\approx u_-$$
可见，理想运算放大器两输入端电位近似相等，由于运算放大器本身输入电阻 $R_{ID}=\infty$，流入放大器输入端电流 $i_{ID}\approx 0$。因此，这并不是真正的短路，不存在短路电流，而称之为“虚短”。若同相输入端接地，则反相输入端近似为地电位，称之为“虚地”。虽为地电位，却又不是真正接地。

$u_+\approx u_-$ 和 $i_{ID}\approx 0$ 是理想集成运算放大器的重要原则。在分析由各种运算放大器构成的电路时，就可以遵循这一重要原则。当然，实际运算放大器开环电压增益和输入电阻都不可能是无穷大，应当认为上述关系是近似的，但这种近似关系对结果不会产生明显的误差。

2. 测量放大器

传感器将被测参数(如压力、温度、转速和流量等)的非电量转换成电量参数,只有在最简单的应用场合,才可将传感器的信号直接连至数据采集系统。一方面,因为传感器一般均不具有零输出阻抗,也不一定能直接提供公用的输出信号量值;另一方面,因为传感器的工作环境往往比较复杂和恶劣,在传感器的输出端经常产生较大的干扰噪声,有时这种噪声以同样的方式影响到传感器的两个输出端——这通常称为共模噪声。虽然运算放大器对直接接到两个差动端的共模信号均有较高的抑制能力,但由于这种电路的低输出阻抗、不平衡的输入阻抗以及运算放大器共模抑制能力与电阻比相匹配等缺陷,使得运算放大器不适合于一些要求较高的数据采集任务。

测量放大器(IA)是一种在不利于精密测量的环境下却可以良好工作的、精密的差动电压增益部件,它已在数据采集工作中得到了广泛的使用。测量放大器一般提供以下主要功能:

(1) 输入缓冲:提供一个高阻抗给传感器信号源,当不采用信号滤波时,测量放大器直接接收信号源;

(2) 信号放大:用户可选外接电阻或软件编程来改变测量放大器增益;

(3) 共模抑制能力:测量放大器采用差动输入方式时,可提供很高的共模噪声抑制能力;

(4) 单端输出。

应该指出的是:在不良环境中采取提高增益手段以进行精确测量时,在不需要隔离以及共模噪声电压不太大的场合,往往使用测量放大器,而在使用环境需要隔离的场合,就应使用隔离放大器。

测量放大器(IA)又常称为可变增益放大器、数据放大器或桥路放大器等。它的一般结构如图 6-3 所示。它的两个差动输入端+IN、-IN 直接与信号源相连,故有较高的共模抑制能力。外接电阻 R_G 用于调整测量放大器增益,有些放大器还用电阻 R_S 进行增益微调。负载的电压信号是测量端 S 与参考端 R 间的电位差。通常 S 端与 V_{OUT} 端在放大器外连接且参考电位取地电位。理想的测量放大器仅对输入端的差值放大。若放大器工作在共模方式,且 $V_{IN+}=V_{IN-}$(其中 V_{IN+}、V_{IN-} 为放大器两个差动输入端电压),则放大器输出为零。

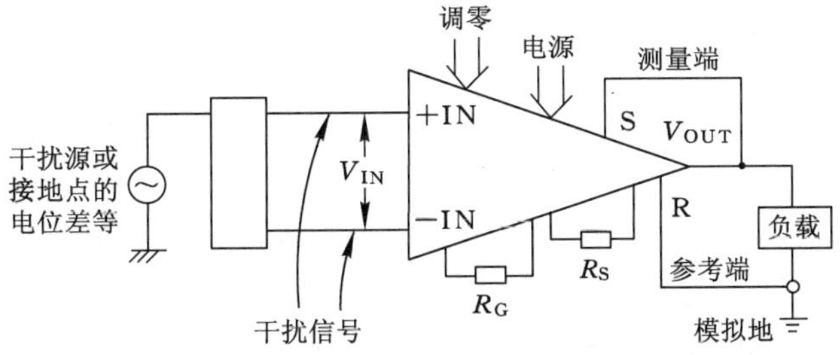

图 6-3　测量放大器的结构

通用测量放大器由 3 个高性能集成运算放大器 A_1、A_2、A_3 构成(图 6-4),差动输入/输

出级放大器 A_1、A_2 对差动信号输入的增益为 $1+2R_1/R_W$。由于结构对称，且允许被放大信号直接加到输入端，因而保证了很强的共模抑制能力。A_1、A_2 的共模增益仅为 1，与 R_1 及 R_W 的数值无关。A_3 将 A_1、A_2 的差动输出信号转换为一个对地输出的参考信号，A_3 的共模抑制主要由 4 个 R_2 相匹配的精度确定。图 6-4 所示运算放大器的传递作用为：

$$V_{OUT}=(V_{I2}-V_{I1})(1+2R_1/R_W)$$

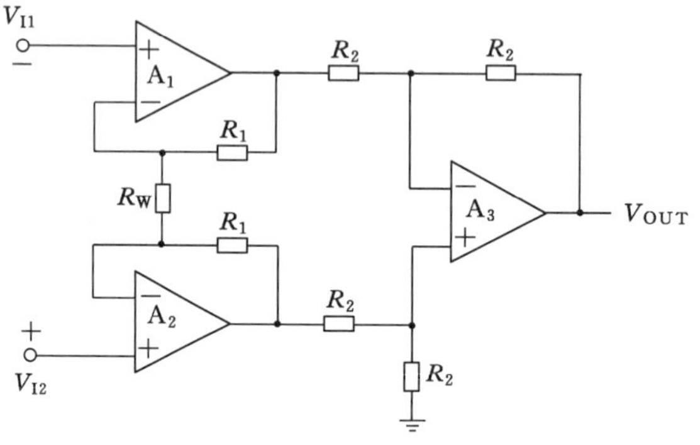

图 6-4　通用测量放大器

在测量放大器输出的限度内，用户可以按自己的愿望将前端的增益取得很大（由电位器 R_W 决定，调节 R_W 就可调节放大倍数），而不会增加共模误差信号。因此，测量放大器在理论上将直接与增益呈正比关系，不管前端的增益是多少，它的共模信号的放大倍数只是 1（在 R_W 上不出现共模电压，因此没有共模电流流经它，因为运放在正常工作时，输入端之间没有多大电位差），这意味着，大的共模信号（在运放的限度内）与增益无关。

通常我们将系统模数转换器（ADC）之前的电路统称为信号调理电路。它是数据采集系统的组成部分之一，是一个具有广泛含义的器件，是利用电路对总信号进行调整和处理的总称。这里的“利用电路”不是指“利用计算机”进行数字处理，而是利用模拟器件进行处理。

信号调理器的基本功能是调零和放大，即进行标度变换以使采集信号与模数转换器的输入量程相匹配。

信号调理器根据信号源的不同有不同的组成，一般包括传感器的直流供电、信号调零电路、信号放大器和信号滤波器等。

二、多路开关（MUX）

在数据采集系统中，经常需要对多参数进行多路采集，如果每一路都单独采用各自的输入回路，即每一路都采用放大、采样/保持和模数转换等环节，不仅使系统成本成倍增加，而且会导致系统体积庞大，给系统的校准也带来很大困难。通常采用公共的采样/保持及模数转换电路（有时甚至可将某些放大电路共用），而要实现这种设计，需要有多路开关的支持。

多路开关有机械式、电磁式和电子式三大类。纯机械式多路开关在现代数据采集系统中已很少使用。电磁式多路开关主要是指各种继电器、干簧管等，其中干簧管继电器体积小、切换速度快、噪声小、寿命长，最适合在模拟量输入通道中使用。与电磁式多路开关相比，电子式多路开关具有切换速度高、无抖动、易于集成等特点，但其导通电阻一般较大，输入电压、电流容量较小，动态范围很有限，常用于高速且要求系统体积小的场合。

多路开关的主要用途是把多个模拟量参数分时地接通送入 ADC，即完成多到一的转换。或者把计算机处理，且由 DAC 转换成的模拟信号按一定的顺序输出到不同的控制回路（或外设），即完成一到多的转换。前者称为多路开关，后者称为多路分配器。这两种器件有的只有一种用途，称为单向多路开关，如 AD7501（8 路）、AD7506（16 路），有的则既能作多路开关，又能作反多路开关，称为双向多路分配器，如 CD4051 等。从输入信号的连接方式来分，有的是单端输入，有的则是双端输入（或称差动输入），如 CD4051 是单端 8 通道多路开关，CD4052 是双端 4 通道多路开关。

多路开关的种类虽然很多，但原理是类似的，下面以典型的 CD4051 为例讲述多路开关的原理及功能。

CD4051 是单端 8 通道多路开关，它带有 3 个输入端 A、B、C 和 1 个选通脉冲输入端 INH。A、B、C 的信号用控制 8 路通道中的 1 路通道与公共输入/输出端相连。若 8 个输入信号加到通道 IN/OUT 端的 $X_0 \sim X_7$ 8 路通道，而从公共输入/输出端输出，则 CD4051 是 8 路到 1 路多路开关；如果 1 个输入信号加到公共输入/输出端，而从 $X_0 \sim X_7$ 8 路通道中某路通道输出，则 CD4051 是 1 路到 8 路模拟多路分配器。

INH 是 CD4051 禁止输入端，当 INH 端保持高电平，INH＝1 时，通道断开，禁止模拟量输入，即 $X_0 \sim X_7$ 8 路通道中任何 1 路通道均不与公共输入/输出端相连，8 路通道都关断。当 INH 端为低电平，INH＝0 时，通道接通，CD4051 正常工作，根据 A、B、C 选择输入端的不同组合，选择 8 路通道中的某路通道和公共输入/输出端接通。CD4051 原理电路图如图 6-5 所示。

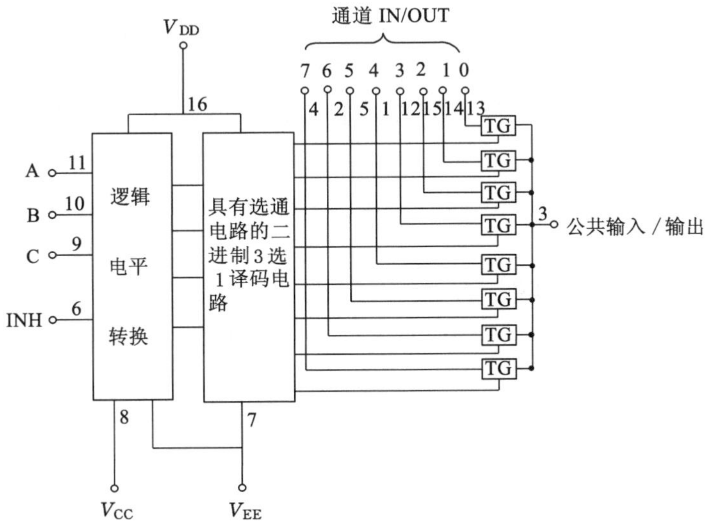

图 6-5　CD4051 原理电路图

在图 6-5 中，逻辑电平转换单元完成 CMOS 到 TTL 的电平转换；二进制 3 选 1 译码器用来选样输入端 C、B、A 的状态进行译码，以控制开关电路 TG，使某一通道开关接通，从而使输入和输出通道相连。

随着大规模集成电路的发展，各厂家已推出各种各样的多路开关。多路开关的通道数有4路、8路和36路等。从组成开关的电路来分，有TTL电路、CMOS电路、HMOS电路等。有的还能在其内部进行TTL与CMOS之间的电平转换，如CD4051。

半导体多路开关的特点是：采用标准双列宜插式结构，因此尺寸小，便于安排；直接与TTL（或CMOS）电平相兼容；内部带有通道选择译码器，所以使用非常方便；可采用正或负双极性输入；转换速度快，通常导通或关断时间在1 μs左右；寿命长，无机械磨损；接通电阻低，一般小于100 Ω；断开电阻高，一般在10^9 Ω以上。

正因为半导体集成多路开关具有以上的优点，所以近年来在数据采集系统中得到了广泛的应用。

三、采样保持放大器（SHA）

当传感器将非电物理量转换成电量，并经放大、滤波等一系列处理后，需经ADC转换成数字量，才能送入数据采集系统的计算机。

如果直接用ADC对模拟量进行转换，则应考虑到任何一种ADC都需要有一定的时间来完成量化及编码的操作。在转换过程中，如果模拟量变化，将直接影响转换精度。特别是在同步系统中，几个并联的量均需要取同一瞬时值，若仍直接送入ADC进行转换（共用一个ADC），所得到的几个量就不是同一时刻的值，无法进行计算和比较。所以要求输入ADC的模拟量在整个转换过程中保持不变，但转换之后，又要求ADC的输入信号能够跟随模拟量变化。能够完成上述任务的器件叫采样保持放大器（SHA）。

SHA就是在某瞬间内，通过模拟开关对一个变化的模拟信号V_{IN}进行采样，并将采样值存储（保持）下来，直到下一次重新采样前将存储的信息处理完毕。因此，为了克服转换信号变化带来的误差，必须在系统的ADC前加SHA，如图6-6所示。

SHA主要由模拟开关、存储介质和缓冲放大器A组成，它的一般形式如图6-7所示。

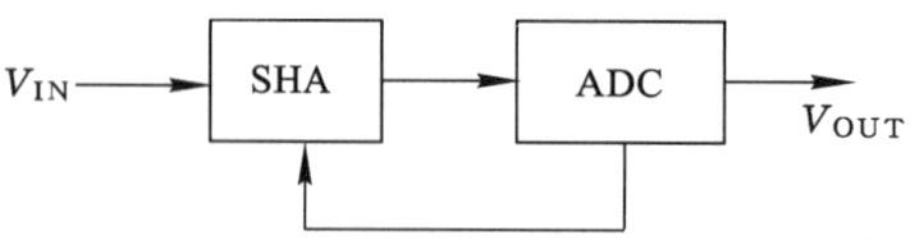

图6-6　SHA使用方法示意图

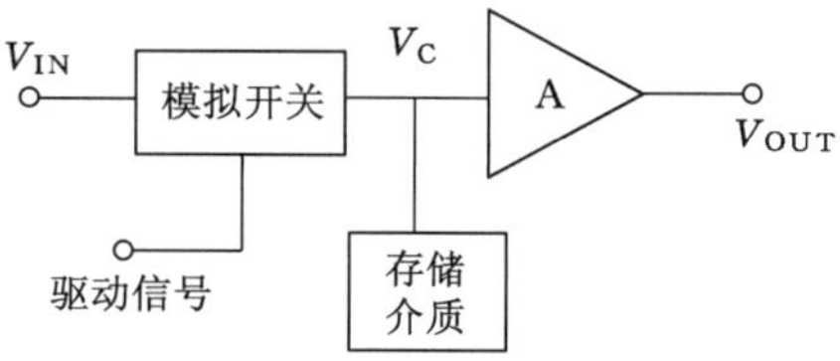

图6-7　SHA的一般形式

当控制电路的驱动信号为高电平时，模拟信号V_{IN}就通过模拟开关与存储介质相连，存储介质通常是一个电容器。因此，电容器两端的电压V_C将跟随模拟信号V_{IN}的变化而变化，这就是采样期。当驱动信号为低电平时，模拟开关截止，此时电容器上的电压V_C保持模拟开关截止瞬间的V_{IN}值不变，这就是保持期。

图6-8是一种实际SHA的电路图。它由两个缓冲器、场效应开关和保持电容组成，其原理也是依靠电容充电后保持其信号电压。缓冲器具有很高的输入阻抗，控制信号以控制开关，当控制信号为高电平时，开关导通，输出信号V_{OUT}随输入信号V_{IN}变化。当控制信号为低电平时，开关截止，呈很高的阻抗，输出信号V_{OUT}依靠电容将保持着开关截止时刻的输入电压。

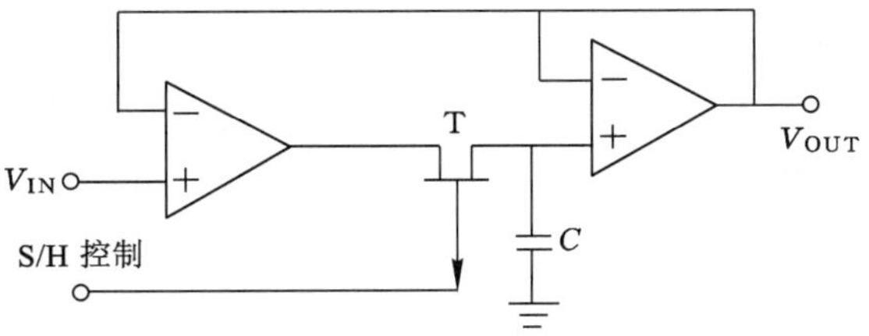

图 6-8　SHA 的电路图

实际上，SHA 的工作过程可以分为四个阶段，即：由保持瞬变到采样、采样、由采样瞬变到保持、保持，如图 6-9 所示。SHA 的控制信号由采样周期和保持周期组成。

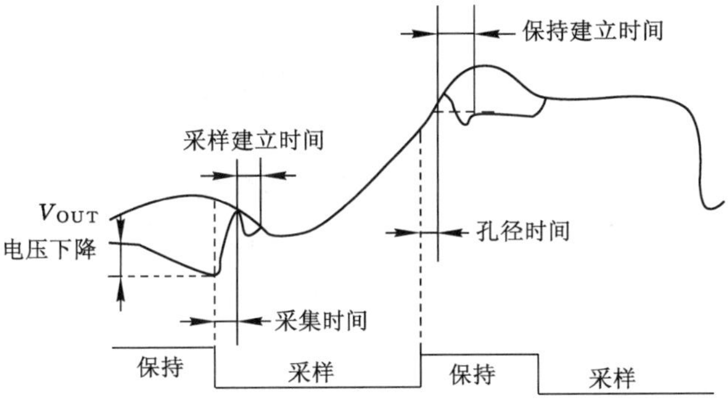

图 6-9　SHA 的工作过程

在由保持瞬变到采样周期时，SHA 的输出信号电压 V_{OUT} 从原来保持电压很快跟随输入信号电压 V_{IN} 变化。自采样周期开始到 SHA 输入端建立起转换电压所需要的时间称为采集时间，即存储电容器充电到采样模拟电压 V_{IN} 时所需的时间。实际上，只有 SHA 输出电压稳定为转换电压 V_{IN} 时才能开始转换，所以有的资料中采集时间(也称为捕捉时间)包括 SHA 的信号建立时间，如图 6-9 所示。

在采样周期，SHA 输入和输出电压之间有差别，主要是失调偏移误差造成的，此误差称为采样偏移误差。

自采样瞬变到保持周期时，输出信号不是立即保持下来而是继续变化，这就造成了误差，如图 6-9 所示。这样，在保持控制信号发出后直到逻辑输入控制开关完全断开所需要的时间称为孔径时间。当然这里也有建立时间。

在保持周期中，输出电压有某些下降。SHA 的电压下降率是其输出电压变化的速率，可用下式表示：

$$\Delta V/\Delta t = I/C_H \tag{6-1}$$

式中　I——下降电流；

　　C_H——保持电容。

SHA 在转换时间内的下降量不应大于 0.1 个最低位置。

采集时间是 SHA 的一个关键动态指标，它主要取决于电容量和输入 SHA 的最大供电流，采集时间范围是 15 ps～10 μs。任何 SHA 所具有的最高采样速率，由采样与保持状态所需要的时间之和来决定。用于保持方式的时间(此时瞬态已建立)主要由采用 SHA 的系统来决定。然而，用于采样方式的最小时间则由满足给定精度的采集时间来确定。

孔径时间一般在 5 ps～200 μs 之间，它也是 SHA 最重要的一项动态性能指标。

随着大规模集成电路技术的发展，目前已生产出多种集成 SHA，如：可用于一般场合的有 AD582、AD583 和 LF198 系列等；用于高速场合的有 HTS-0025、HTS-0010 和 HTC-0300 等；用于高分辨率场合的有 SHA1144 等。为了使用方便，有些 SHA 的内部还设有保持电容，如 AD389 和 AD585 等。

集成 SHA 的特点是：采样速度快，精度高，下降速率慢，一般在 2～2.5 μs 即可达到 ±0.01%～±0.03%的精度。

第三节　信号变换电路

根据数字信号处理的基本准则，可以将数据采集系统的框图画成图 6-10 的形式。模拟输入信号，即在时间上与幅值上均连续变化的信号，首先经过一个预采样滤波器，然后由采样器每隔一个采样时间读出一次数据，再由模数转换器量化为二进制数码，即成为计算机可以接受的数字信号。

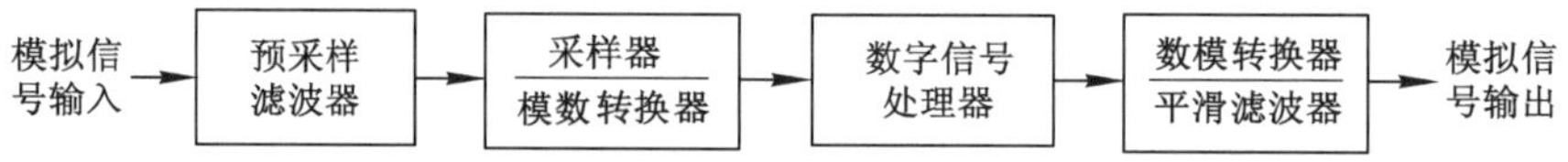

图 6-10　数字信号处理框图

模拟输入信号的采样脉冲应做得很窄，以便在采样脉冲空余时间可以进行多路复用。在计算机内进行数字信号处理后，再利用数模转换器将数字信号转换为模拟信号。在此转换过程中，二进制数码首先转换为连续时间脉冲，脉冲之间的空隙则经过“再建平滑滤波器”来填充平滑以恢复为模拟信号。

模拟信号的数字化过程如图 6-11 所示。

在监测仪表及监控系统中，往往有多种不同类型信号的输入、输出、运算和处理。测试对象的被采集参数中，只有少数数据传感器可以将待测的模拟量直接转换为数字信号，大部分由传感器将被测量转换为电压信号，或先变为电参数(如电阻、电容或电感)，再经过一定的线路(如桥式电路)转换为电压信号，然后通过模数转换器将电压信号转换成数字信号。输入电压信号低于 1 V 者称为低电平信号，高于 1 V 者称为高电平信号。

因此，需要相应的信号变换电路，以满足各种不同种类信号之间的耦合。常见的信号转换电路主要有数模转换、模数转换、电压/频率转换、频率/电压转换、电压/电流转换及电流/电压转换等几种类型。这里只介绍数模转换和模数转换。

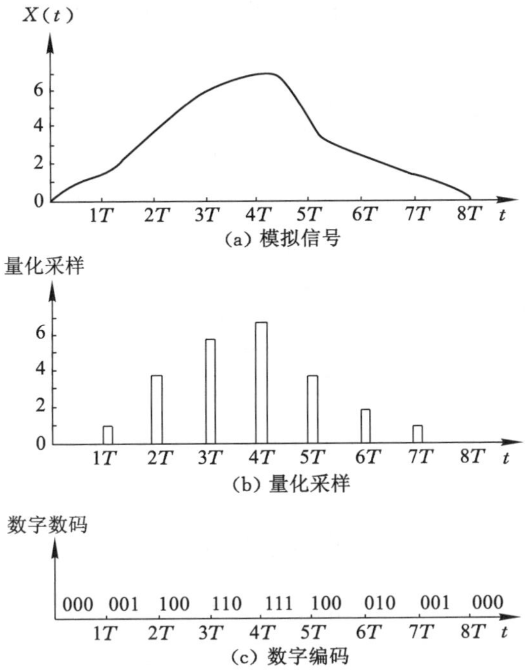

图 6-11　模拟信号的数字化过程

一、数模(D/A)转换

1. D/A 转换的基本原理

数模转换器(DAC)是将数字量转换成为相应模拟量的器件。将数字量的每一位代码通过电阻网络,按权大小形成相应的模拟输出,然后相加即可得到所需的模拟量。

DAC 的基本结构框图如图 6-12 所示,由输入寄存器、模拟开关、电阻网络、基准电源与求和放大器五个部分组成。将数字量输入数模转换器,先进入寄存器,每位寄存器控制相应位的模拟开关,根据输入寄存器的状态,模拟开关将电阻网络相应部分接至基准电源或地,经求和放大器将所有位相加,即可得出与数字量成正比的模拟量。

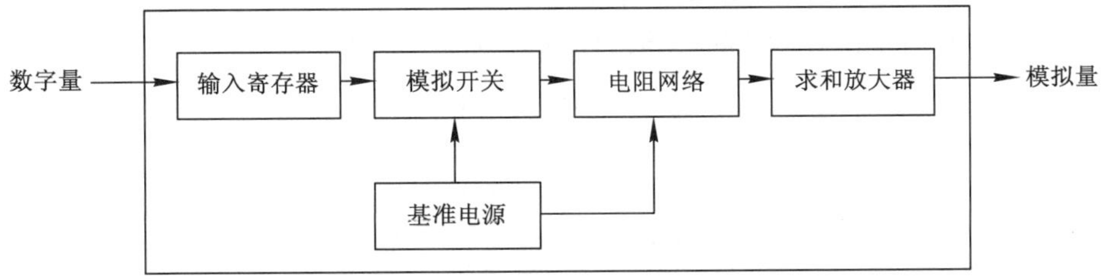

图 6-12　DAC 基本结构框图

下面以 T 形电阻网络为例简单介绍 D/A 转换的基本原理。图 6-13 为四位 T 形电阻网络 D/A 转换电路原理图。这种 T 形网络是由 R 和 $2R$ 为基本环节。A、B、C、D 任一节点向左或向右看,其等效电阻是相等的。例如,当输入一组数字量为 $d_3\,d_2\,d_1\,d_0=1\,0\,0\,0$ 时,

即只有开关 S_3 接 V_R，其余均接地，等效电路如图 6-14 所示。由图可见，任何一个节点向左或右看，其等效电阻均为 $2R$。

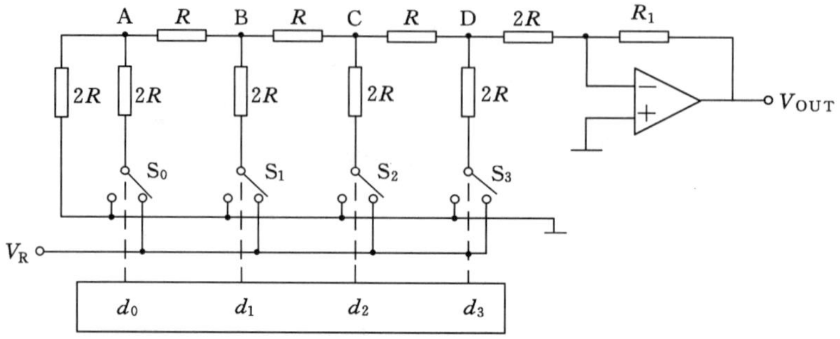

图 6-13　四位 T 形电阻网络 D/A 转换电路原理图

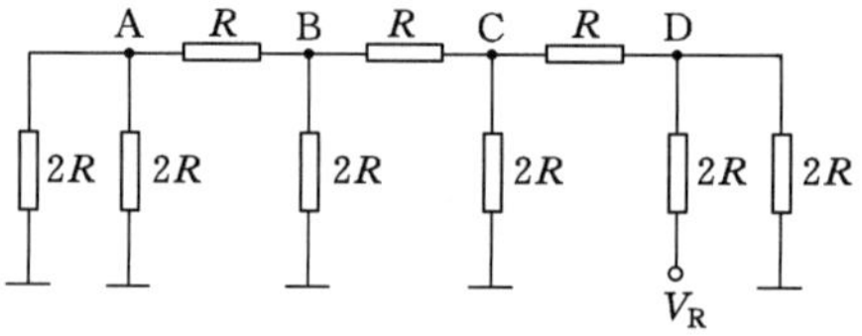

图 6-14　T 形电阻网络的等效电路

由于 S_3 接 V_R，则：

$$V_{D3} = \frac{R}{2R+R}V_R = \frac{1}{3}V_R$$

$$V_{C3} = \frac{R}{R+R}V_{D3} = \frac{1}{2}V_{D3} = \frac{1}{2} \times \frac{1}{3}V_R$$

$$V_{B3} = \frac{R}{R+R}V_{C3} = \frac{1}{2}V_{C3} = \frac{1}{2^2} \times \frac{1}{3}V_R$$

$$V_{A3} = \frac{R}{R+R}V_{B3} = \frac{1}{2}V_{B3} = \frac{1}{2^3} \times \frac{1}{3}V_R$$

因此，向左移一个节点，其电压就减小一半。

同理，当 V_R 分别接在 S_2、S_1 和 S_0 时，D 点的电压分别为：

$$V_{D2} = \frac{1}{2} \times \frac{1}{3}V_R$$

$$V_{D1} = \frac{1}{2^2} \times \frac{1}{3}V_R$$

$$V_{D0} = \frac{1}{2^3} \times \frac{1}{3}V_R$$

因此，根据以上分析，并运用叠加原理，即可得出当 d_3、d_2、d_1、d_0 任意时，D 点电压为：

$$V_D = V_{D0} + V_{D1} + V_{D2} + V_{D3} = \frac{1}{3}V_R\left(\frac{d_3}{2^0} + \frac{d_2}{2^1} + \frac{d_1}{2^2} + \frac{d_0}{2^3}\right)$$

$$= \frac{V_R}{3 \times 2^3}(d_3 2^3 + d_2 2^2 + d_1 2^1 + d_0 2^0) = \frac{V_R}{3 \times 2^3}\sum_{i=0}^{3} d_i 2^i$$

则输出电压 V_{OUT} 为：

$$V_{OUT}=\frac{R_1}{2R}V_D=\frac{R_1}{2R}\times\frac{V_R}{3\times 2^3}\sum_{i=0}^{3}d_i 2^i$$

对于 n 位数模转换有：

$$V_{OUT}=\frac{R_1}{2R}\times\frac{V_R}{3\times 2^3}\sum_{i=0}^{n-1}d_i 2^i$$

从上式可以看出，输出的模拟量与输入的数字量成正比，从而实现了 D/A 转换功能。

2. DAC 的主要技术指标

DAC 的技术指标是评价 D/A 转换器件性能的重要标准，也是合理使用与正确选择 D/A 转换芯片的重要依据。DAC 的技术指标有很多，下面介绍其主要技术指标。

(1) 分辨率

DAC 的分辨率是指当输入数字量发生单位数码变化时，所对应输出模拟量的变化量。因分辨率取决于 DAC 的位数，故在实际使用中，常用数字量的有效位数来表示，如 8 位、10 位、12 位等。

(2) 转换精度

DAC 的转换精度通常用其绝对误差来表示。它是指 DAC 实际输出值与理想输出值之间的差值，其值一般可用 ±1 LSB(LSB 为最低有效位值)或 ±1/2 LSB 为单位来表示。

(3) 非线性误差

DAC 的非线性误差是指在满量程范围内，实际转换特性曲线偏离理想转换特性曲线的最大值与满量程输出之比。一般非线性误差在 ±1/2 LSB 内。

(4) 建立时间

模拟电压建立时间是指输入数字量有变化时，到其输出模拟量稳定的时间。此时间与数字量变化大小有关。通常建立时间指满量程变化建立时间。

3. DAC0832 集成单片 DAC

DAC0832 是与微处理器完全兼容的、具有 8 位分辨率的集成 D/A 转换芯片，是目前广泛使用的一种 D/A 转换器件。

(1) DAC0832 基本结构

DAC0832 结构框图如图 6-15 所示，它主要由 8 位输入寄存器、8 位 DAC 寄存器、8 位 D/A转换电路寄存器及转换控制电路构成。

(2) DAC0832 引脚功能

DAC0832 引脚排列如图 6-16 所示。

$D_0 \sim D_7$：8 位数据输入端。

ILE：数据允许锁存信号，高电平有效。

$\overline{CS}$：输入寄存器选择信号，低电平有效。

$\overline{WR_1}$：输入寄存器选通信号，低电平有效。输入寄存器锁存信号 LE_1 由 ILE、$\overline{CS}$、$\overline{WR_1}$ 三个信号组合产生，LE_1 为高电平时，输入寄存器状态随输入数据而变化，LE_1 的下降沿将输入数据锁存。

$\overline{XFER}$：数据传送控制信号，低电平有效。

$\overline{WR_2}$：DAC 寄存器的写选通信号。DAC 寄存器的锁存信号 LE_2 由 $\overline{XFER}$ 和 $\overline{WR_2}$ 的逻

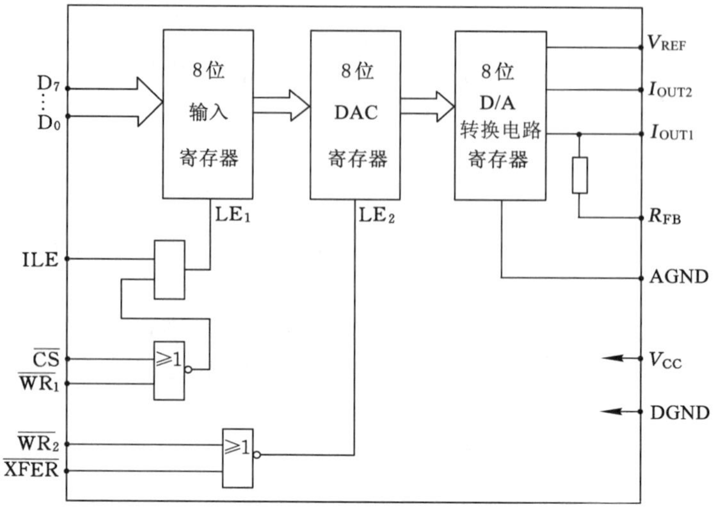

图 6-15　DAC0832 结构框图

辑组合产生，LE_2 为高电平时，DAC 寄存器的输出随寄存器的输入而变化，LE_2 的下降沿将输入寄存器的内容输入 DAC 寄存器，并开始 D/A 转换。

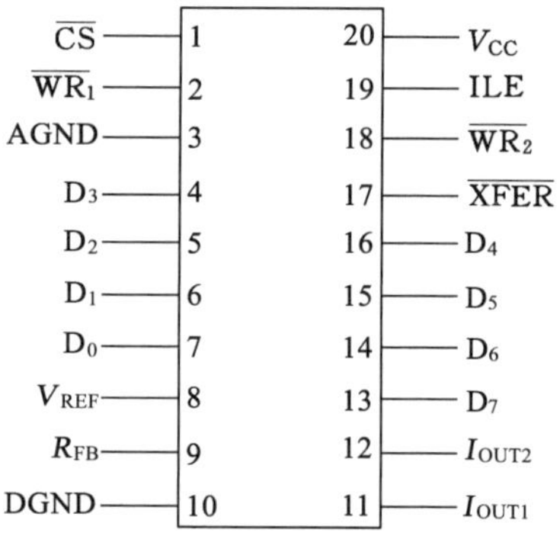

图 6-16　DAC0832 引脚排列

R_{FB}：反馈信号输入端，为外部运放提供一个输出电压。

I_{OUT1}：电流输出端 1，其值随 DAC 寄存器内容线性变化。

I_{OUT2}：电流输出端 2，$I_{OUT1}+I_{OUT2}=$常数。

V_{REF}：参考电源输入端，要求外接精密基准电源。

V_{CC}：正电源输入端。

AGND：模拟地。

DGND：数字地。

(3) DAC0832 输出方式

DAC0832 是电流输出型 DAC，要获得模拟电压输出，需在外部接运算放大器将电流信号转换成电压信号。输出方式有单极性和双极性两种。

① 单极性输出。单极性输出如图 6-17 所示，当 V_{REF} 端接 +5 V(或 −5 V)时，输出电压的范围是 0～+5 V(或 −5～0 V)；当 V_{REF} 端接 +10 V(或 −10 V)时，输出电压范围是 0～+10 V(或 −10～0 V)。

② 双极性输出。双极性输出如图 6-18 所示，是在图 6-17 的基础上再增加一个运算放大器。

当 $V_{REF}=+5$ V 时，V_{OUT1} 输出电压为 −5～0 V，即：$V_{OUT1}=0$ 时，$V_{OUT2}=-5$ V；$V_{OUT1}=-2.5$ V 时，$V_{OUT2}=0$；$V_{OUT1}=-5$ V 时，$V_{OUT2}=+5$ V。显而易见，在输出端 V_{OUT2} 就得到了 −5～+5 V 的双极性输出。

(4) DAC0832 与单片机接口

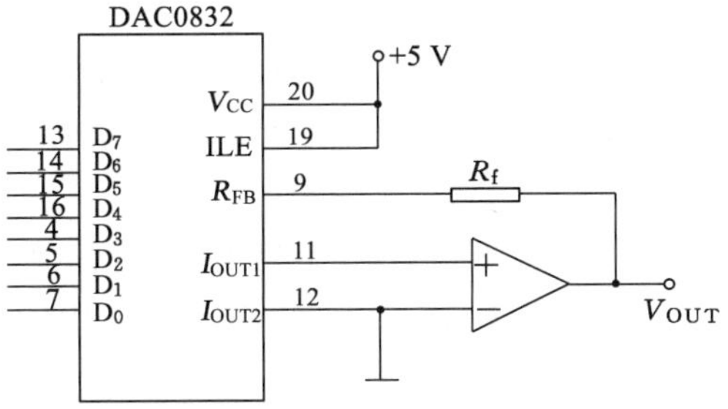

图 6-17　DAC0832 单极性输出

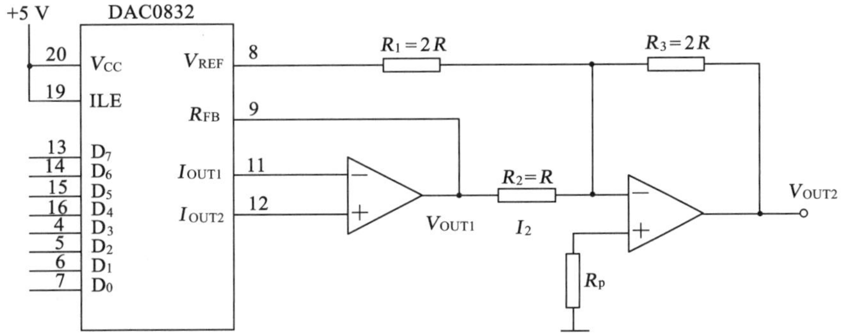

图 6-18　DAC0832 双极性输出

由于 DAC0832 是微处理器完全兼容的芯片，因而与单片机接口也较方便。图 6-19 为 DAC0832 与 8031 单片机接口方式。图中采用单缓冲形式，将 ILE 接＋5 V，输入寄存器选择线$\overline{CS}$及数据传送控制信号$\overline{XFER}$与 8031 单片机的地址线 $P_{2.7}$ 直接相连作为片选信号，两级寄存器的写信号均由 8031 单片机的$\overline{WR}$端控制。当 $P_{2.7}$ 为“0”选中 DAC0832 后，只要输出$\overline{WR}$控制信号，DAC0832 就能完成数字量的输入锁存和 D/A 转换输出。

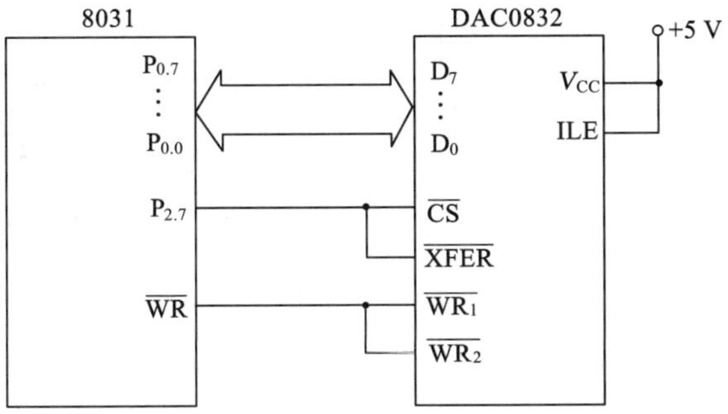

图 6-19　DAC0832 与 8031 单片机接口方式

二、模数(A/D)转换

A/D 转换的实现方法很多，但就其转换的基本原理来说，主要有逐次逼近式、双积分式和并行式等几种方式。

1. ADC 的主要技术指标

ADC 的技术指标是评价 A/D 转换器件性能的重要标准，也是合理使用与正确选择 A/D 转换芯片的主要依据。ADC 的技术指标很多，在此仅介绍其主要技术指标。

(1) 分辨率

ADC 的分辨率是指 ADC 对输入信号的分辨能力，常以输出二进制位数或 BCD 码位数倒数表示。例如，转换器 ADC0809，其分辨率为 8 位，用百分数来表示时，分辨率为$1/2^N \times 100\% = 1/2^8 \times 100\% \approx 0.4\%$。

(2) 转换精度

ADC 的转换精度是指 ADC 实际输出值和理想输出值之间的差值。

(3) 转换时间与转换速率

ADC 完成一次转换所需的时间称为转换时间。转换速率是转换时间的倒数。不同类型的 ADC 的转换时间差别很大，高速并行式 ADC 的转换时间在 20～50 ns 之间；逐次逼近式 ADC 的转换时间多在 10～100 μs 之间，目前也有可达到 0.4 μs 的芯片；而双积分式 ADC 的转换时间最长，大都在几十到几百毫秒之间。

2. MG14433 双积分式 ADC

MG14433 是 $3\frac{1}{2}$位双积分式 CMOS 集成 ADC，它的主要特点是具有自动校零、自动极性判别、单参考电压、动态字位扫描 BCD 码输出及自动量程控制信号输出等功能。转换速度为 1～10 次/s。

(1) MG14433 基本结构

MG14433 结构框图如图 6-20 所示，它主要由模拟电路及数字电路两大部分构成。模拟电路主要用于接收模拟量信号和基准电压，并进行积分。基准电压为 200 mV 或 2 V 时，模拟电压输入量程相应为 199.9 mV 或 1.999 V。

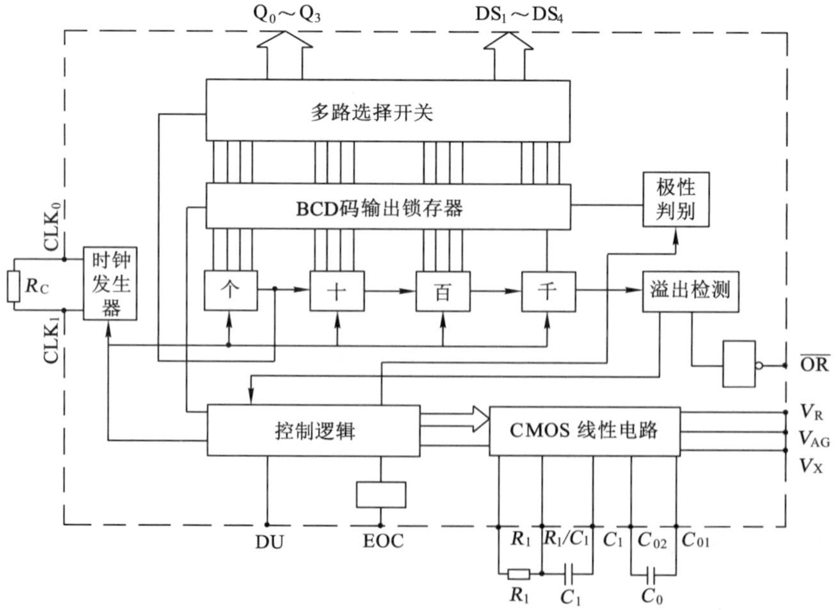

图 6-20　MC14433 结构框图

数字电路部分是将模拟电路送来的积分信号转换成时间间隔，编码后输出。它主要由下述几个环节组成：控制逻辑，用于 ADC 的节拍产生和控制，协调各部分工作；BCD 码输出锁存器，用于存放 A/D 转换后的 BCD 码结果；多路选择开关，用于字位动态扫描 BCD 码输出，即个、十、百、千各位 BCD 码轮流在 $Q_0 \sim Q_3$ 端输出，并在 $DS_1 \sim DS_4$ 端输出同步字位选通信号；时钟发生器，外接 R_C 产生计数时钟脉冲；极性判别，用于判别并显示输入电压的极性；溢出检测，当输入电压超出量程范围时，输出过量程指示信号。

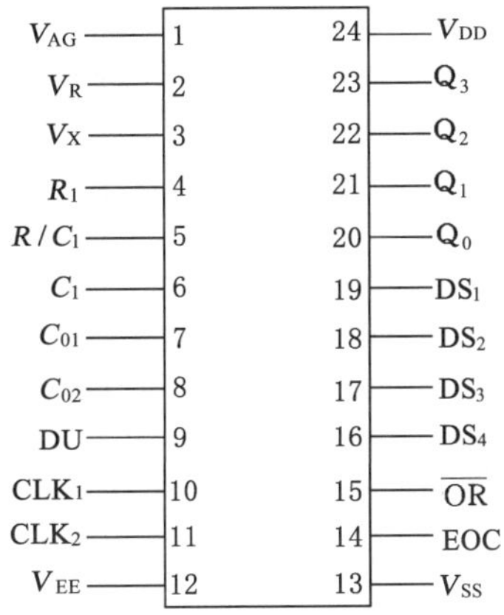

图 6-21　MC14433 引脚排列

(2) MC14433 应用

MC14433 引脚排列如图 6-21 所示。

① 电源接入。芯片工作电源为±5 V，为提高电源抗干扰能力，正、负电源端应分别通过去耦电容 0.047 μF，0.020 μF 与公共地 V_{SS} 端相接。

② 外接振荡器电阻 R_C。R_C 的典型值为 470 kΩ，时钟频率随 R_C 增加而下降。

③ 外接积分阻容元器。外接元件典型值为：量程为 2 V 时，$C_1=0.1$ μF，$R_1=470$ kΩ；量程为 200 mV 时，$C_1=0.1$ μF，$R_1=27$ kΩ。

④ 外接失调补偿电容 C_0。C_0 典型值为 0.1 μF。

⑤ 基准电压输入。可由 MC1403 通过分压提供+2 V 或+200 mV 的基准电压。接地端为模拟地 V_{AG}。

⑥ 转换周期结束标志。转换周期结束由 EOC 端输出。每当转换周期结束，EOC 端输出一个宽度为时钟周期 1/2 的正脉冲。

⑦ 过量程标志。过量程标志由 $\overline{OR}$ 端输出，当输入 $|V_X|>V_R$ 时，$\overline{OR}$ 端输出低电平。

⑧ 转换更新控制。更新转换结果输出控制端为 DU。当 DU 端与 EOC 端连接时，每次 A/D 转换结果的输出都被更新。

⑨ 转换结果输出。转换结果以 BCD 码形式按千、百、十、个位由 $Q_3 \sim Q_0$ 输出，相应的选通信号由 $DS_1 \sim DS_4$ 提供，每个选通脉冲宽度为 18 个时钟周期，相邻选通脉冲之间间隔为 2 个时钟脉冲。当 DS_2、DS_3、DS_4 选通期间，输出端 $Q_3 \sim Q_0$ 分时输出三位完整的 BCD 码；但在 DS_1 选通期间，输出端 $Q_3 \sim Q_0$ 除了表示千位数的 0 或 1 外，还表示转换结果的正负极性、输入信号是欠量程还是过量程。

(3) MC14433 与单片机接口

MC14433 的输出结果是动态分时轮流输出的 BCD 码，因而须通过 I/O 口与单片机相连。图 6-22 为 MC14433 与 8031 单片机接口方式。其方法是将 $Q_0 \sim Q_3$、$DS_1 \sim DS_4$ 接至 P_1 口，而 DU 端与 EOC 端相连，以选择连续转换方式，每次转换完毕后其结果都被送至输出寄存器，EOC 端同时也接至 8031 单片机的 $\overline{INT_1}$ 端。8031 单片机读取 A/D 转换结果时，既可以采用中断方式，也可以采用查询方式。

3. ADC0809 逐次逼近式 ADC

(1) ADC0809 基本结构

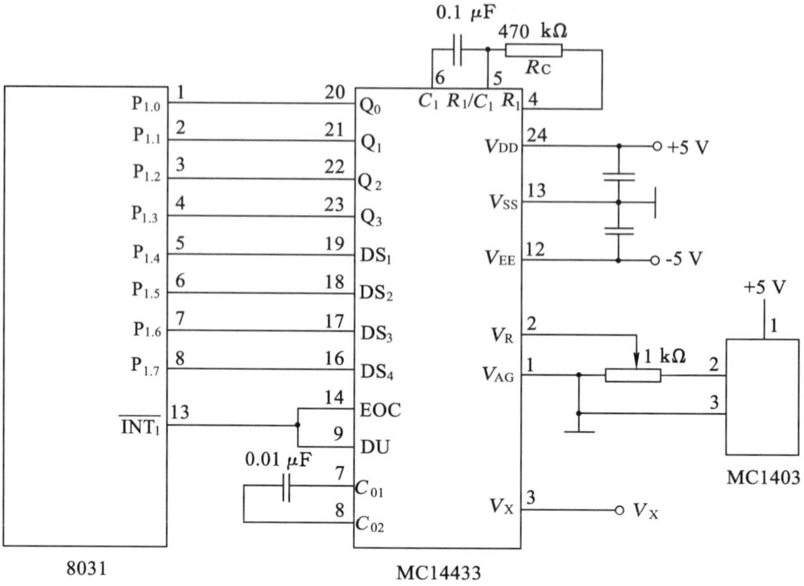

图 6-22　MC14433 与 8031 单片机接口方式

ADC0809 是 8 位 CMOS 集成 ADC,结构框图如图 6-23 所示。它主要由三大部分组成:8 位逐次逼近式寄存器、8 路模拟量选择开关及相应的通道地址锁存译码电路、三态输出数据锁存器。

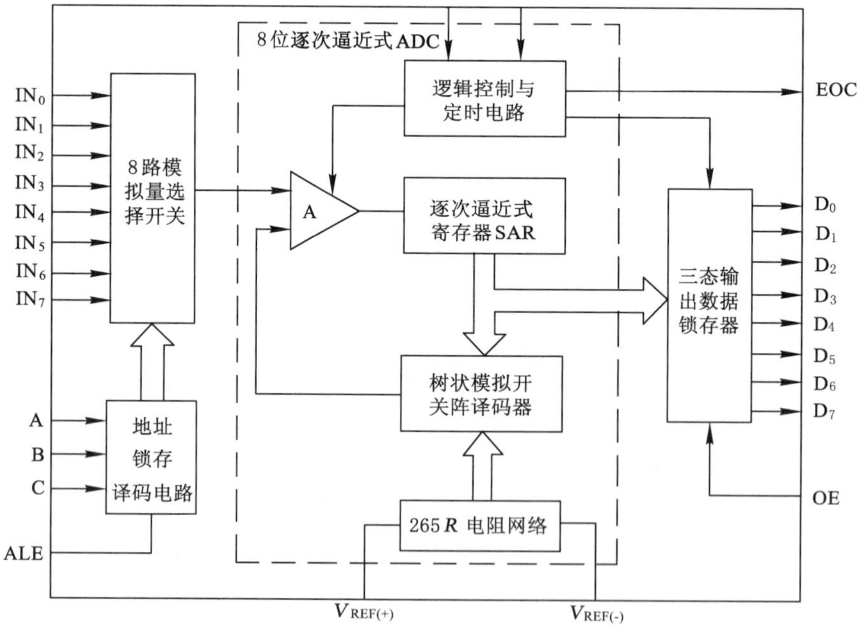

图 6-23　ADC0809 结构框图

(2) ADC0809 主要技术参数

分辨率:8 位;

单电源:+5 V;

线性误差:±1 LSB;

输入模拟电压:0～+5 V;

转换时间:约 100 μs;

时钟频率:典型值为 500 kHz,最大值为 640 kHz;

输出形式:三态输出与微处理器完全兼容;

输入通道:8 通道。

ADC0809 的转换速度及精度都较高,温度影响小,功耗低,且有 8 路模拟信号输入,因此在测量及控制系统中是较理想的 A/D 转换器件。

(3) ADC0809 应用特性及引脚功能

ADC0809 引脚排列如图 6-24 所示,引脚功能如下:

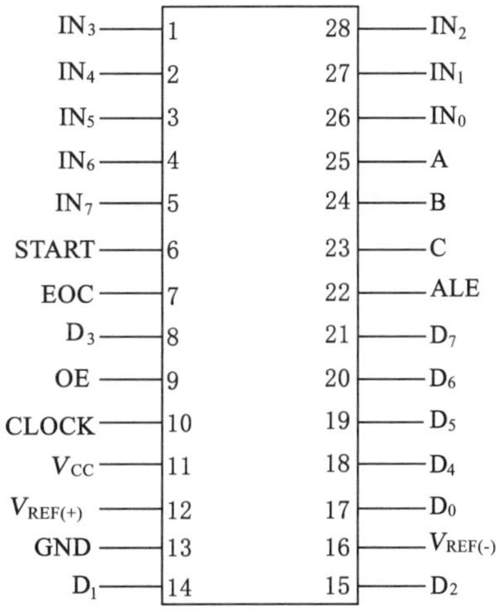

图 6-24　ADC0809 引脚排列

IN_0～IN_7:8 路模拟量输入端,输入模拟电压范围 0～+5 V。

D_0～D_7:转换器数字量输出端。

V_{CC}:电源正端+5 V。

GND:电源负端。

$V_{REF(+)}$:参考电源输入正端,一般接+5 V。

$V_{REF(-)}$:参考电源负端,通常与 GND 相连。

A、B、C:8 路模拟开关地址,其编码与输入通道之间的关系如表 6-1 所列。

表 6-1　编码与输入通道之间的关系

C	B	A	所选通道
0	0	0	IN_0
0	0	1	IN_1
0	1	0	IN_2
0	1	1	IN_3
1	0	0	IN_4
1	0	1	IN_5
1	1	0	IN_6
1	1	1	IN_7

CLOCK:时钟信号输入端,典型值为 500 kHz。

ALE:地址锁存控制输入端,高电平有效。

START:启动 ADC 控制端,输入一个正脉冲时,A/D 转换开始。在模拟通道地址锁存后，向 START 端加一正脉冲，即可启动转换过程，脉冲的上升沿使所有内部寄存器清零，下降沿使 A/D 转换开始。

EOC：A/D 转换结束输出标志。当 START 端输入一正脉冲使 A/D 转换开始后，EOC 端输出低电平，表示转换正在进行；当 A/D 转换结束，且数据已锁存在输出锁存器中后，EOC 端输出高电平，表示 A/D 转换结束，并已准备好有效数据。EOC 可作为被查询的状态信号，也可用来申请中断。

OE：输出允许控制端，当此端加一高电平时，可打开 ADC0809 的输出缓冲器，使数据放到数据总线上，供 CPU 读取。

ADC0809 转换时序如图 6-25 所示。

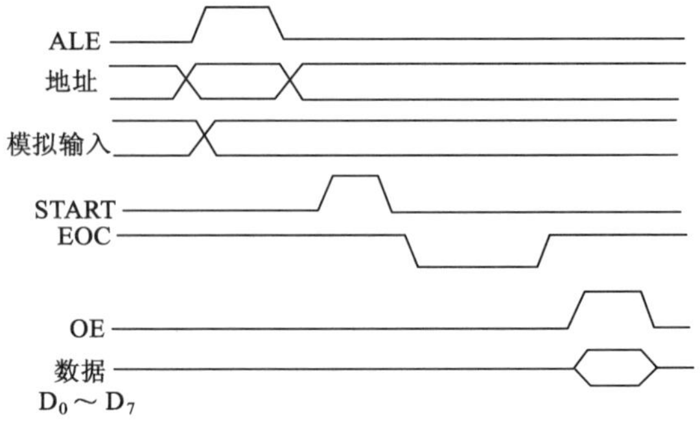

图 6-25 ADC0809 转换时序

(4) ADC0809 与单片机接口

ADC0809 与 8031 单片机接口方式如图 6-26 所示。

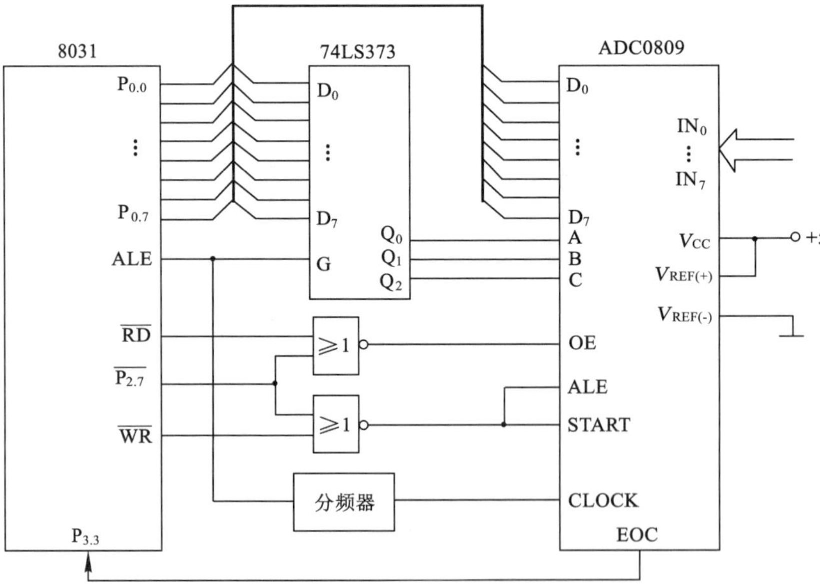

图 6-26 ADC0809 与 8031 单片机接口方式

第四节　数据采集方法

测控分站的主要工作任务之一是采集它所连接的传感器送来的模拟量和开关量信息，将它们输入到 CPU 进行处理。对于模拟量与给定位进行比较，遇有超限时，就地发出报警信号或进行设备断电控制。

模拟量采集后需要经过 ADC 把它变成计算机能接受的二进制量，然后再输入到 CPU 处理。ADC 每次只能处理一个模拟量，输入量多时，必须设置多路开关，使输入的多路模拟信号轮流经过 ADC 得到转换。

开关量的采集是通过计算机的位测量操作来实现的，每个开关量输入对应一位数据线，CPU 扫描位状态是否发生了变化，判断各路被测开关的“合”“分”状态或设备开停状态。当被检测的开关量多于 8 路时，可在输入接口电路设置多路开关进行扩展。

一、模拟量采集系统

ADC 的类型从原理上分，主要有以下四种：积分型、逐次逼近型、电压频率型、平行转换型。

矿井监控系统采集的模拟量参数大多变化缓慢，又由于矿井环境的干扰源很强，ADC 多选用积分型，有的采用逐次逼近型。为提高抗干扰能力，可采取滤波电路或者软件滤波(又称数字滤波)措施予以解决。

图 6-27 是模拟量采集系统结构框图，主要由输入接口电路、多路开关、采样保持器、ADC 及总线接口逻辑电路等组成。这里仅介绍 8 路模拟量采集系统的输入接口电路(其他电路前面已基本介绍)。

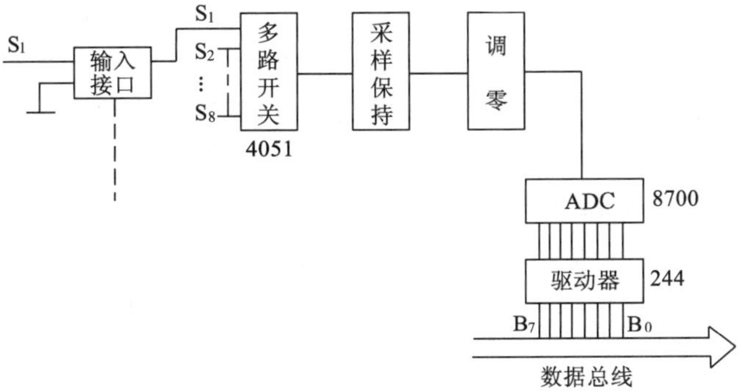

图 6-27　模拟量采集系统结构框图

模拟量传感器的输出标准制式有：电压型 0～1 V、0～5 V；电流型 1～5 mA、5～20 mA；频率型 5～15 Hz、200～1 000 Hz 等。其中，频率型以脉冲形式表示，这是因为在传感器的输出电路中设置了电压/频率转换器(VFC)，因此，只需进行脉冲计数，再乘以转换系数即可量测，不需进行 A/D 转换。

电压型和电流型制式的信号，则需要经过输入接口电路变为 ADC 所要求的 0～1 V 标准输入信号形式，方能进行转换。图 6-28 是输入接口电路原理图。

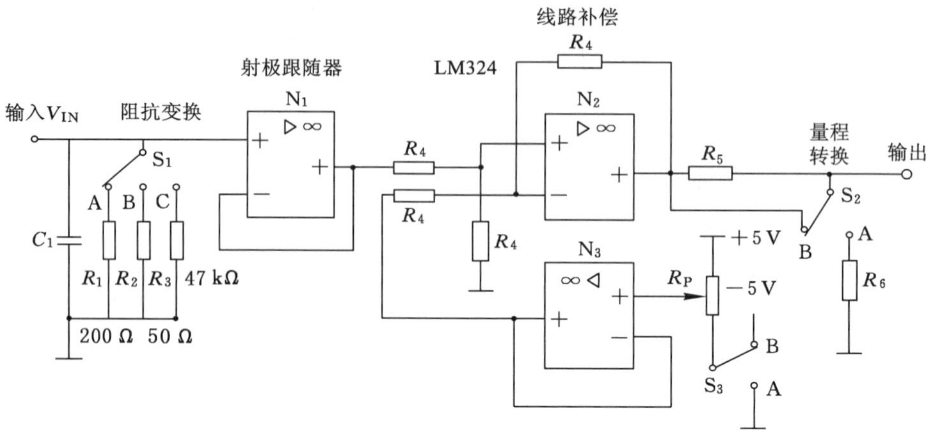

图 6-28　输入接口电路原理图

模拟信号输入到接口电路，首先进行阻抗变换，由跳接线 S_1 来完成。共三个挡位：A 挡用于把 1～5 mA 的信号变换为 0.2～1 V；B 挡用于电压型信号 0～1 V 和 0～5 V 原样输入；C 挡用来变换 4～20 mA 信号为 1～5 V；后边是射极跟随器 N_1，用以提高输入阻抗。

其次，进行线路误差补偿。这是由于一些传感器（如 CH_4、CO 等）的直流工作电源是由测控分站集中供电，电源线与传感器信号输出线共用一根地线，因此，在公共地线上将产生直流电压降，叠加在信号上，使测控分站接收端的模拟信号电压增大，形成“零点误差”。为了消除零点误差，设置线路误差补偿电路。图 6-28 中的运算放大器 N_2 和 N_3 构成线路误差补偿电路。N_2 为同相比例放大器，放大倍数是 2，其输入端为1/2分压电路，则综合放大系数为 1。N_3 为射极输出器，其正相输入端接到电位器 R_P 可动端上，若输入一个适当大小的正电位，则 N_2 的反相输入端亦是一个正电位，将使 N_2 的输出电压值减小。调整电位器 R_P，可使 N_2 的输出电压值恰好等于传感器的实际输出值，这样零点误差就得到了补偿。每当传感器与测控分站间距离变化，即电缆长度变化时，需要相应地调整电位器 R_P，以消除线路电阻变化带来的误差。值得指出的是，只有电压型制式的信号才需要补偿零点误差，电流型制式的信号不需要补偿。因此，应尽量选用电流型的传感器。

最后是量程转换电路，它是由跳接线 S_2 及电阻 R_5、R_6 组成。R_5 的阻值是 R_6 的 4 倍。当传感器输出制式为 0～5 V 或 4～20 mA 时，将跳接线选样为位置 A，经过 1/5 分压后，输出电压为 0～1 V（电流为 0.2～1 mA）。若传感器输出制式为 0～1 V 或 1～5 mA 时，应将跳接线选择位置 B，使输出信号不经分压直接输出。

二、开关量采集电路

开关量采集电路由输入接口电路、输入缓冲器等组成，其工作原理框图如图 6-29 所示。输入接口电路主要由光电耦合器、显示电路等构成。

开关量输入信号经过输入接口电路进入输入缓冲器。光电耦合开入电路直接与开停状态检测传感器相接，将接收到的电流信号或触点信号，经光电隔离转换成标准的 TTL 电平信号。此信号被送到二极管显示电路，同时也被送到缓冲电路。当单片机对缓冲电路使能时，输入缓冲器内的开停状态信息经数据总线送单片机处理。

输入接口电路的光电耦合器是为了防止开关量传感器对测控分站计算机带来干扰，在电路上将它们隔离开。采用光电隔离技术是开关量输入（同样适用于开关量输出）电路中最有效、最常用的抗干扰措施。它能将输入信号与输出信号连同电源和地线在电气上完全隔离，因此抗干扰能力强。光电耦合器寿命长，可靠性高，与继电器有触点式隔离器件相比，响应速度快，易与逻辑电路配合使用。

光电耦合器还具有电平转换功能，将设备开停状态信号转换成标准的 TTL 电平信号（+5 V）。监测设备开停状态，可利用它的控制开关辅助接点获取信息，这是一种最简便的办法，也可采用专门的开停传感器发送信息。使用这种传感器时，把它卡在供电电线（橡套）上，依据三相电缆外皮处合成磁场不为零的特点，利用霍尔元件检测电线漏磁。当设备处于运转状态且负载电流足够大时，传感器输出+5 mA 电流；设备停止时，传感器输出－5 mA 电流。为了监视传感器与测控分站间信号传输电缆的断线或短路故障，输入接口电路采用双耦合器接线，如图 6-30 所示。

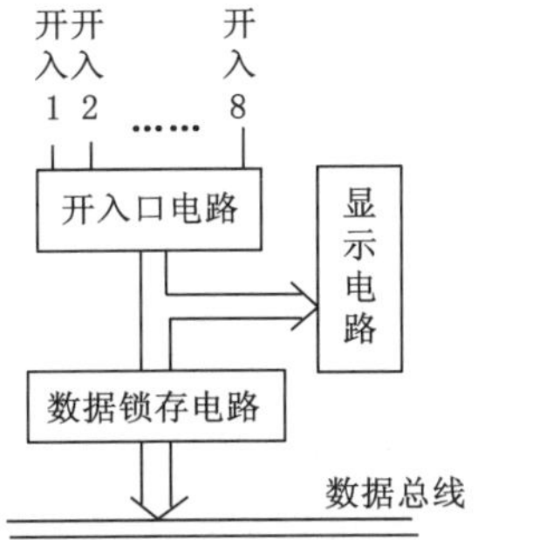

图 6-29　开关量输入电路原理框图

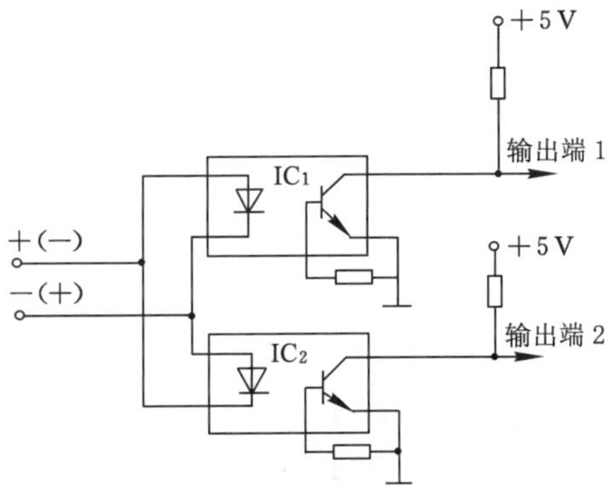

图 6-30　双耦合器开关量输入原理图

当开关量输入端接收到+5 mA 电流时，耦合器 IC_1 导通，输出端 1 为低电平，表示设备开；当开关量输入端接收到－5 mA 电流时，耦合器 IC_2 导通，输出端 2 为低电平，表示设备停；当开关量输入端无电流输入时，耦合器 IC_1、IC_2 的输出端 1、2 均为高电平，表示传感器或连接电缆损坏。因此，取耦合器开关量输入即可监测设备的接通、断开、断线三种状态。它需占用两位数据线。

IC_1 与 IC_2 接在同一个与非门的输入端。IC_1 输出端直接连在另一个数据缓冲器上，只有 IC_1 与 IC_2 输出均为高电平、开入口无电流时，与非门输出低电平，表示故障状态。IC_1 输出端电平的高、低表示设备的开、停。其信息直接经数据缓冲器 2 送到数据总线被 MPU 接收。

在开入口电路中接入了一组发光二极管显示电路，各路二极管的状态随所测设备的开停而变化。设备处于开的状态，发光二极管亮；设备处于停的状态，发光二极管灭。此显示电路是供测控分站工作人员从观察窗了解设备开停状态之用。

开关量输入口（即开入口）既可接收±5 mA 信号，也可接收触点信号，由跳线器选择即可，即当开入口接入触点信号时，只需将相应输入口上的光电耦合器的输入与输出用跳接线短接即可。

三、开关量输出电路

开关量输出中有 4 路由单片机 I/O 口直接控制,另外 4 路由数据总线进行控制。开关量输出主要由驱动器、显示电路和继电器电路组成,电路原理框图见图 6-31。

为了保证控制有效,采用双组触点继电器作为开关量输出控制,一组触点对外控制,另一组触点将继电器状态信息回送单片机,由单片机再送给地面中心站计算机。地面中心站管理人员可随时了解井下测控分站的对外控制状态。回送信息的触点状态电路如图 6-32 所示。

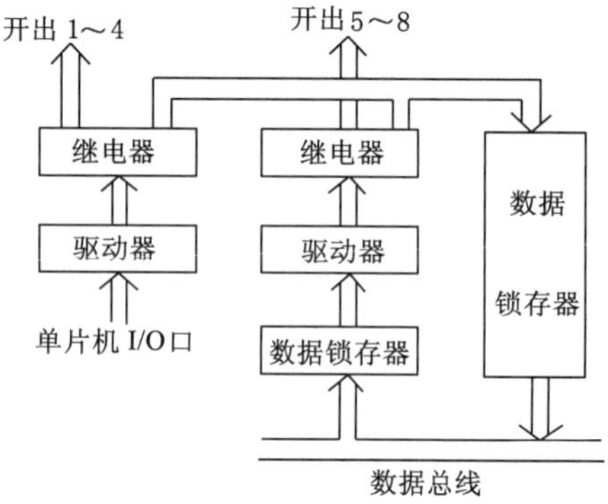

图 6-31 开关量输出电路原理框图

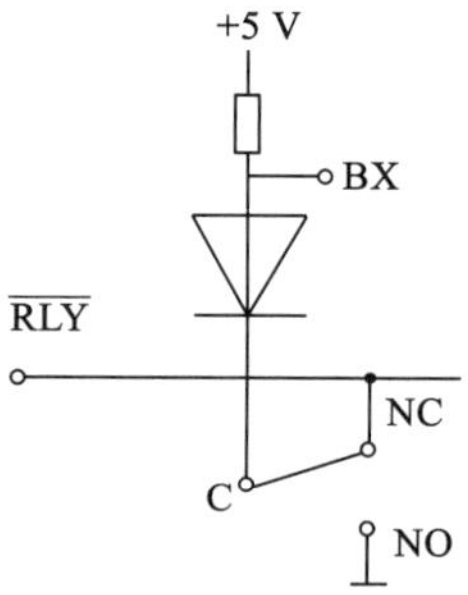

图 6-32 触点状态电路图

图 6-32 中,NO 为常开触点,NC 为常闭触点,BX 为数据总线上的 1 位,C 为控制触点。通常,控制触点 C 与常闭触点 NC 相接。当 MPU 不对$\overline{\text{RLY}}$使能时,$\overline{\text{RLY}}$为高电平,无论控制触点接在常开端还是常闭端,二极管均不能导通。因此,其触点状态信息不可能送到数据总线上去。当 MPU 对$\overline{\text{RLY}}$使能时,没有吸合继电器的控制触点 C 仍与常闭触点 NC 相接,此路二极管 D 导通,使其所对应的总线上的这一位为低电平。因此,当$\overline{\text{RLY}}$使能时,8 位数据总线上的高低电平代表了 8 个继电器触点的工作状态。

由单片机 I/O 口直接控制的前 4 路继电器由并联的一对驱动器 7407 所驱动。7407 是集电极开路的正相输出缓冲器,输出端可驱动 DC 30 V,在本电路中缓冲器输出端最高电压为 DC 12 V,如图 6-33 所示。当 MPU 输出低电平时,则在继电器两端产生 12 V 压降,使继电器动作。

由单片机经过数据总线控制的后 4 路继电器电路如图 6-34 所示。

由于数据总线不可能为继电器锁存信息,在反相驱动器 7406 与数据总线之间设置一级数据锁存器,由 4D 触发器 74HC175 构成。

当 MPU 对锁存器$\overline{\text{DIG}_0}$低电平使能时,当前数据总线上的内容被触发器锁存在锁存器输出端。继电器动作,经反相驱动器控制。由于 7406 是反相的输出缓冲器,只有对应数据总线位为高电平的继电器动作,而对应数据总线位为低电平的继电器不动作。

显示电路是由 8 个发光二极管组成的,发光二极管的亮灭与继电器被控制的状态相一致。

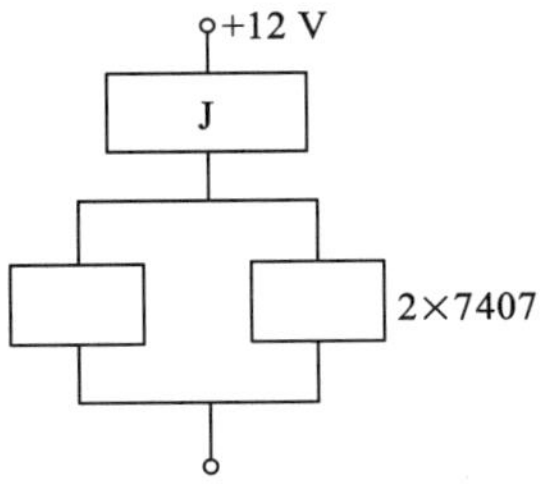

图 6-33 并联驱动原理图

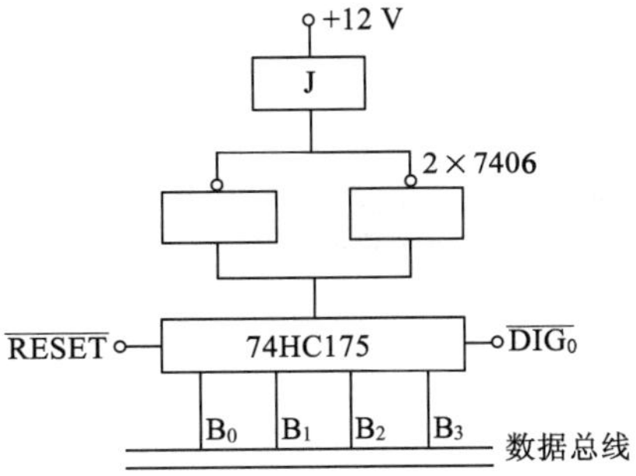

图 6-34 数据总线控制的继电器电路图

复习思考题

1. 什么是数据采集？现代数据采集系统有什么特点？
2. 数据采集系统由哪些部分构成？
3. 多路开关的用途是什么？有几种类型？
4. 简述采样保持放大器的工作原理。
5. 将模拟量变换为数字量一般经历哪些阶段？
6. 简述数模转换的基本原理。
7. 简述模数转换的基本原理。
8. 简述模拟量采集系统构成及各部件功能。
9. 简述开关量采集电路原理。
10. 简述开关量输出电路原理。

第七章

数据通信技术

由于矿井安全监控目标分散，且距离远、对象多，监控系统是一个多路遥测遥控系统，因而数据传输技术是现代矿井监控系统的关键技术之一。本章将阐述信息传输的基本原理，信道对信号的影响——传输损害，信道的多路复用技术，模拟传输和数字传输等。监控系统目前的发展方向是数字传输，因此本章重点讲述数字基带传输、数字频带传输以及信道的多路复用、差错控制技术等。

第一节　数据通信基础

信息传输系统又称通信系统，它由发送设备、接收设备及信道组成。信息传输系统把地面中心站、测控分站、传感器及现场控制设备等联系在一起，使井上、井下现场的环境、工况参数上传到地面中心站，地面中心站发出的指令下传到现场设备。这些参数和指令以电信号的形式在信道中传输。按信号的类型不同，信息传输系统可分为模拟传输系统和数字传输系统、基带传输系统和频带传输系统等。

一、消息、信息和信号

信息不同于消息，消息是人们所感觉到的外界事物的物理状态，而信息是消息中包含的原来不知而待知的内容，就是说信息是消息所含的内容。

信号为信息的表现形式，如果信息是用电的形式来表示，那么信号就是电流或电压的波形，这种信号就称为电信号，通常记为 $f(t)$。一种信号，如果携带信息的参数的取值在一定区间内是连续的，则称为模拟信号；如果携带信息的参数只取若干个离散的值，且通常用这有限个值按一定方式组合（编码）来传输信息的，则称为数字信号。

二、模拟传输与数字传输

模拟传输是指利用模拟信号传递消息的系统，通常信源发出的是模拟信号，信道上传输的也是模拟信号，输出的仍然是模拟信号。数字传输是指利用数字信号来传递消息的通信方式。在数字传输系统中，信源发出的是模拟信号，它经取样量化等数字化处理后转换为数字信号，通过通信传输装置，经信道传往接收端，在接收端经过反变换，把数字信号转换为模拟信号输出。

模拟信号可通过 ADC 转换为数字信号。数字信号也可以通过 DAC 转换成模拟信号。矿用传感器输出的电信号可分为连续变化的模拟量信号和阶跃变化的开关量信号两大类。从广义上讲，开关量信号是一种简单的数字信号。按照系统所传输信号的不同，矿井监控系统可分为两类：模拟传输系统和数字传输系统。

数字传输系统与模拟传输系统相比，具有如下优点：

① 抗干扰能力强；

② 传输中的差错可以设法控制，以改善传输质量；

③ 可以传递各种信息，使传输系统变得通用、灵活；

④ 便于用计算机对系统进行管理。

不过，数字传输系统的上述优点都是用比模拟传输系统占据更宽的传输频带而换得的，在现实工程中需灵活选定。

由于井下电磁干扰严重及传感器种类繁多等因素，数字传输在矿井监控系统中得到越来越广泛的应用。

三、信道与干扰

信道就是信号的传输通道。狭义的信道是指传输的媒质，如架空明线、电缆、光缆、电磁波传播的空间等。广义的信道则把信号的发送和接收设备也包括在内。信道容量是在一定条件下能达到的最大传输速率，单位为 bit/s，它是信道传输数据能力的极限，推动人们研究新的技术来逼近这一极限值。信道标准是根据信道各种特性对数据信号传输的影响而提出来的，以保证数据传输的质量。

电信号通过信道时，其波形会受到损害而发生畸变，称为失真。这种损害是由两方面的原因引起的：一是信道的传输特性对信号的影响，二是信道内部产生的噪声以及外部串入的噪声的影响。当噪声干扰和信号畸变达到一定程度时，就可能导致不可避免的差错。

提高传输系统的抗干扰能力，应从两个方面着手：一是提高接收端的信噪比（信号与噪声的功率比），二是提高系统在一定的信噪比条件下对干扰的抵抗能力。具体措施有：适当增加发送信号的功率，以提高接收端的信噪比；屏蔽、隔离和接地、滤波；采用抗干扰能力较强的调制方法；选用现场噪声电平较低的频带来传输信号；等等。

四、数据传输方式

数据传输方式是指数据在信道上传送所采取的方式。如按数据代码传输的顺序，可分为并行传输和串行传输；如按数据传输的同步方式，可分为同步传输和异步传输；如按数据传输的流向和时间关系，可分为单工、半双工和全双工数据传输。

1. 并行传输与串行传输

串行传输是指组成字符的若干二进制码排列成数据流，以串行的方式按时间顺序在一条信道中传输，如图 7-1(a)所示。通常传输顺序为由高位到低位，传完一个字符再传下一个字符。

并行传输是将构成一个字符的几位二进制码以成组的方式，同时在多个并行的信道中传输，如图 7-1(b)所示。

串行传输与并行传输相比：前者占用传输信道少、传输速度慢，但为了正确识别每一位

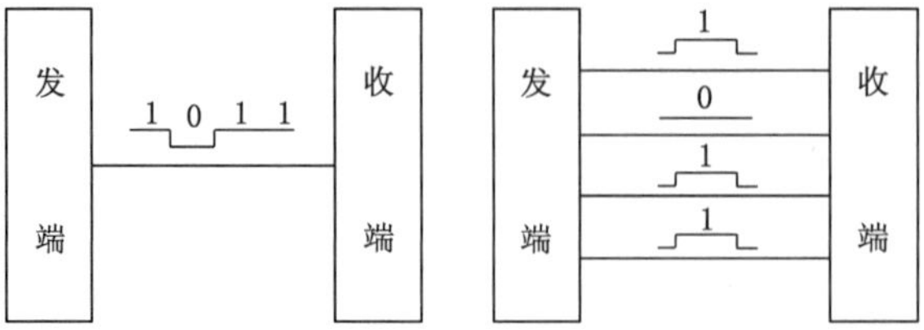

(a) 串行传输　　(b) 并行传输

图 7-1　串行与并行传输方式

是“0”还是“1”，接收端与发送端必须保持同步；而后者正好相反。一般矿井数字信息传输系统都采用串行传输方式，因为这种方式只需占一条通路，系统投资较低。

实际上，串行传输和并行传输是指组成一个字符的各码元是依顺序逐位传输还是同时并行地传输。至于数据字符，不论采用串行还是并行传输，总是逐个依顺序发送的。

2. 同步传输与异步传输

同步传输和异步传输是串行传输中两种最基本的通信方式。

(1) 同步传输

同步传输是依靠加在数据块(由许多字符组成，又称数据流)前面的同步字符，使收/发双方取得同步的传输方式，如图 7-2 所示。同步字符是特殊的二进制代码，它可以是一个 8 位，也可以是两个连续的 8 位。若选择两个连续的 8 位，则这两个连续的 8 位二进制代码可以相同也可以不同。但无论怎样，收/发双方的同步字符必须一致。数据块由一个接着一个的字符组成，每个字符的数据位可以是 5、6、7 或 8 位。数据块末尾为 CRC 校验码。

同步字符 1	同步字符 2	数据块	数据块校验 CRC

图 7-2　同步通信的格式

传送时，在发送端，发送装置先发送同步字符，然后发送数据块。在数据块传送过程中，若发生没有准备好发送数据的情况，将自动插入同步字符，直到下一个发送字符准备好为止。数据块发送完毕后，发送 CRC 校验码。在接收端，接收装置搜索到同步字符后，才开始接收串行数据位，同时将插入数据块中的同步字符从数据块中删除，并根据 CRC 校验码对数据块进行 CRC 校验。

(2) 异步传输

异步传输就是用一个起始位表示字符的开始，用停止位表示字符结束，字符夹在起始位和停止位中间，传送字符之间用空闲位连接的传输方式，如图 7-3 所示。起始位占 1 位，通常为低电平，它除表示字符开始外，还用作字符同步信号。停止位可以是 1 位、1 位半或 2 位，一般为高电平。

每个字符由数据位和奇偶校验位构成。数据位可以是 5、6、7 或 8 位，若少于 8 位，最右边的高位不传送，只传送有效位。奇偶校验位占 1 位，可选择奇校验或偶校验。空闲位一般为高电平，位长取决于两字符间的间隔。传送时，数据位从低位到高位逐位顺序传送。

(3) 同步传输与异步传输的比较

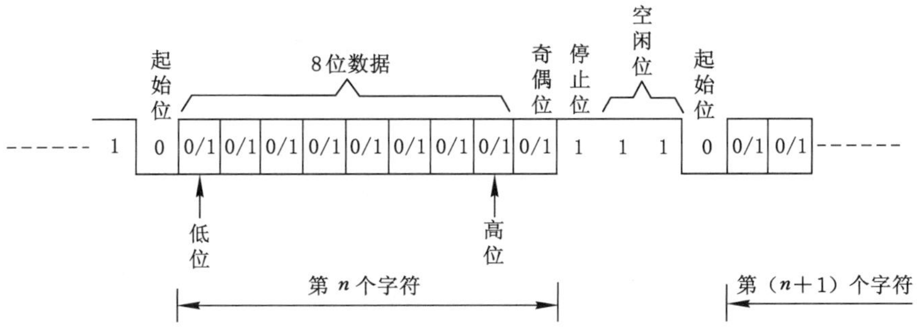

(a) 插入空闲位的格式

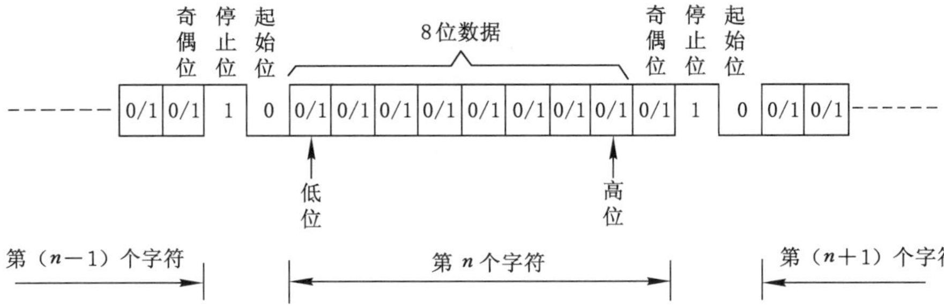

(b) 没有空闲位的格式

图 7-3　异步通信的格式

同步传输在数据块前面插入同步字符使系统同步工作，因此，编码效率高，常用于传送信息量大、传输速率高的场合。其传输速率可达 800 000 bit/s，但传输设备较异步传输复杂。

异步传输需要分别在每一个字符的前后插入起始位和停止位。因此，当传输的字符较多时，每一个字符的前后插入起始位和停止位将影响编码效率，不宜进行大量字符的连续传输。异步传输的传输速率较低，一般为 50～9 600 bit/s。因此，异步传输常用于传递信息量小、速率低的场合。但是异步传输的传输设备较同步传输的传输设备简单。

在数字传输的矿井监控系统中，普遍采用异步传输方式，以降低传输设备的成本和节省设备。

3. 单工、半双工及全双工传输

单工传输是指信息只能单方向进行传输的工作方式，如图 7-4(a)所示，但允许由收端向发端传送一些简单的控制信号(联络信号)。

半双工传输是指通信双方都能收发信息，但不能同时进行收和发的工作方式，如图 7-4(b)所示。

全双工传输是指通信双方可同时进行双向传输信息的工作方式，如图 7-4(c)所示，适用于计算机之间的高速数据通信。

五、数据传输介质

数据传输介质是数据通信中实际传送信息的载体，数据通信中采用的物理传输介质可分为有线和无线两大类。

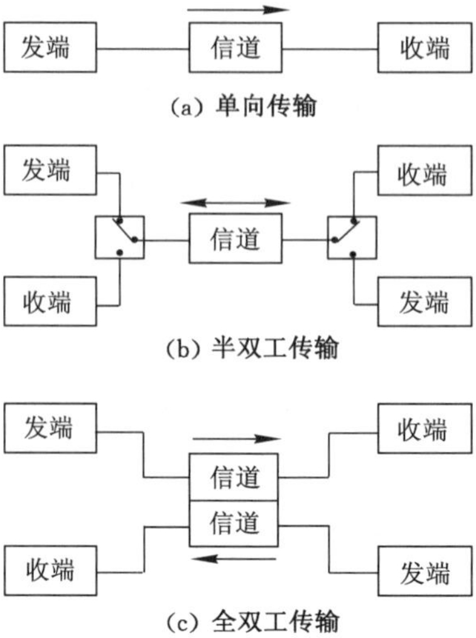

图 7-4　通信方式示意图

1. 有线传输介质

在矿井监控系统中使用的传输信道多为对称电缆，包括电话电缆和信号电缆。在需要传输高速信号或频带较宽的工业电视信号时，可用同轴电缆。从发展趋势看，光缆也广泛用于井下的通信及监控。从安全角度考虑，井下应使用阻燃电缆。

（1）对称电缆

对称电缆是装在同一保护套内的多组互相独立的平行绞线，所有线对共用一个屏蔽层。线对按一定节距绞合，绞合方式有对绞和星绞两种。对绞是两根线扭绞在一起。星绞是四根线扭绞在一起，相对的两根线构成一对。相邻的绞合组，其绞合节距互不相同。

对称电缆在平衡传输时，具有较强的抗电磁干扰能力，相互串扰也较小。因为线对的两根线在空间的位置完全对称，所拾取的干扰是共模干扰，在平衡传输时，不会转化为差模干扰。相邻绞合组之间靠绞合节距不同来抑制串扰。

使用对称电缆时，芯线一定要按对使用，不能交错，否则会大大降低抗干扰能力，且串扰严重，无法工作。

对称电缆的使用频率上限与传输距离有关。当距离在 1 km 以下时，电话电缆及信号电缆的使用频率可达数十到一百多千赫兹。

（2）同轴电缆

同轴电缆由圆形同心的内、外导体构成，中间为绝缘体。使用时，外导体接地，兼作信号导体和屏蔽层。同轴电缆有很强的抗高频电磁干扰的能力，但抗低频电磁干扰能力较差。通常使用频带为 60 kHz 至数十兆赫兹。

同轴电缆在矿井监控中主要用于工业电视及一些可编程控制器的高速数据传输。

（3）光纤

光纤是导光性能极好，直径很细的圆柱形玻璃纤维。裸光纤由纤芯和包层两部分组成，纤芯和包层的主体材料是 SiO_2（二氧化硅），但经过掺杂后使包层的折射率略小于纤芯，以形成光波导效应，使大部分光在纤芯中传输。为保护光纤不受损害和增加机械强度，对光纤进行涂覆，形成涂覆光纤，如图 7-5 所示。涂覆后的光纤才能制成各种结构的光缆。

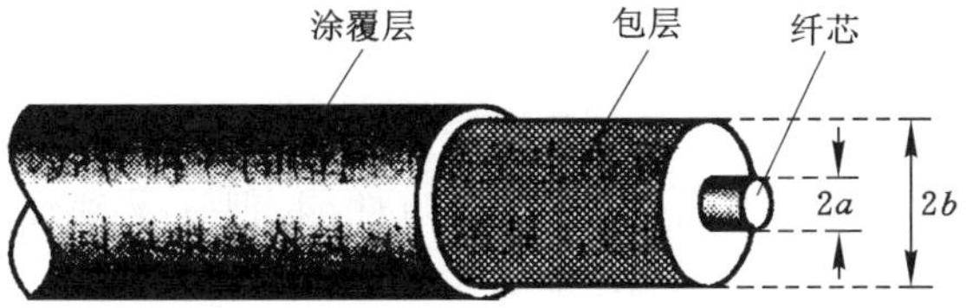

图 7-5　涂覆光纤结构示意图

由于光缆相对于对称电缆、同轴电缆等具有频带宽、速度高、损耗小、抗干扰强、节约有色金属、便于施工等优点，因此，其在矿井通信与监控中的应用越来越广泛。

2. 无线传输介质

无线传输介质都不需要铺设电缆和光缆等物质性介质。无线传输的方式有多种，如散射短波、微波、卫星等。

(1) 短波通信

短波通信是利用发射的无线电波在电离层反射、或电离层与地面之间多次反射而到达接收点的一种远距离通信方式，频率范围为 3～30 MHz。虽然其频段窄、容量小，但投资小、建设快、通信距离远，所以在数据通信方面仍有实用价值。

众所周知，无线电波在自由空间中的传播存在着反射、折射和相干涉等物理现象，而矿井巷道断面几何尺寸有限，形状不规则，表面矿体粗糙，且岩层层理结构极不均匀地分布着，加上巷道中支架、棚体、风管、电缆及各种机电设备，构成了一种对无线电波而言特定的非自由空间传播环境。无线电波通过粗糙的巷道表面传播形成各种不均匀的波场源，同时不断地进行反射和折射，在波场源周围所存在的中性质点均受到波场源信号的激励，形成无数个波动的干扰源，接收点上同时收到一个主信号和无数个干扰信号，干扰信号破坏了主信号传输相位和幅度，甚至可以淹没主信号。这种相干结果加之电波被不均匀岩壁大量吸收是无线电波在矿井巷道非自由空间环境中传播距离甚短的主要原因，从而使得矿井短波通信的应用和发展受到很大程度的限制。

(2) 微波通信

微波通常是一种利用电磁波在对流层的视距范围内传输的方式，频率范围为 1～20 GHz。由于受地形和天线高度的限制，两个微波站的通信距离一般为 30～50 km，长距离传输时需设多个中继站来接力。

高频的微波和低频的无线电波不同，微波是沿直线传输的，不向各个方向扩散，发射天线和接收天线必须精确对准，通过抛物状的天线可以将能量集中于一小束上，以获得很高的信噪比和很长的传输距离。

(3) 卫星通信

卫星通信系统是由地面发射到太空的卫星和与它进行通信的地面上的很多地球站组成的。它实际上是利用地球同步卫星作为中继站的微波通信系统。卫星通信的优点是可以克服地面微波通信距离的限制，从理论上讲，三颗同步卫星就可以覆盖地球表面，因而可以实现洲际通信。其缺点是传播延迟时间长。但当通信距离超过一定范围时，卫星通信的质量和可靠性均优于地面微波通信。

六、差错控制

矿井井下的强电磁干扰，给数据可靠传输带来了很大干扰。为了保证消息的可靠传输，提高传输质量，可以提高发送功率电平，改善信道性能，但这受到经济上和技术上的限制。另一个有效的办法是采用差错控制技术，即利用编码方法对传输中产生的差错进行控制，以提高数字消息传输的准确性。近年来研制的新型矿井信息传输系统中都采用了差错控制技术。

1. 差错控制的方式

差错控制有以下几种方式：

(1) 反馈校验重传方式(IRQ)

又称信息反馈重传，是一种发送端校验的方式。接收端将收到的码组原样反传给发送端，发送端将它与原发信号比较，正确时肯定回答，错误时重发。这种方式简单，但传输效率低，可用于一些重要的控制信息。

(2) 自动请求重传方式(ARQ)

这是一种接收方校验方式。发送端发检错码，接收端根据检错规则校验，发现有差错时就返回信息请求重发。所谓检错码，是在信息码中按一定规则加入冗余码元的编码，接收端可以根据这个规则检查出差错，但不能确定差错位置。ARQ 方式是现在计算机通信中应用最广的方式。

(3) 前向纠错方式(FEC)

发送端发送具有纠错能力的纠错码，接收端根据一定的规则可检查出差错并确定其位置加以纠正。所谓纠错码，也是在信息码中按一定规则加入冗余码元的编码，接收端根据这一规则不仅可检出差错，而且可确定差错位置，从而加以纠正。

(4) 混合纠错(HEC)

这是 ARQ 方式和 FEC 方式的结合。发送端发纠错码，当接收端收到的数据差错较少，在纠错码的纠错能力之内时，自动纠错。当差错较多并超出了纠错码的纠错能力时，则返回信息请求重发。

2. 纠错码的纠错能力

差错控制的核心是差错控制编码，不同的编码方式，有不同的检错和纠错能力，有的编码只能检错，不能纠错。具体说，码的检错和纠错能力是用信息量的冗余度来换取的，付出的代价越大，检(纠)错的能力就越强。

(1) 几个概念

① 码集。n 位的二进制码共有 2^n 个码，所有这 2^n 个码称为一个码集。

② 许用码组与禁用码组。在一种纠错编码方式中，可在 2^n 个码的码集中选用部分码组，称为许用码组。而舍弃不用的码组称为禁用码组。

③ 码距和最小码距。两个码组间对应位上具有不同二进制码元的位数，称为两个码组间的汉明距离，简称码距。例如，1100 与 1010 的第二、三位不同，码距 $d=2$。码距说明两个码组间差别的大小。在一种编码方式中，所有许用码组间码距的最小值称为最小码距。

如果码集中的 2^n 个码组均为许用码组，则任一码组中的任一位改变，都变成另一许用码组。显然，这种编码的最小码距为 1。如果只选用其中的部分码组作许用码组，就可能增大最小码距。

(2) 纠错能力与最小码组的关系

最小码距 $d_{\min}=1$ 的编码显然没有抗干扰能力，因为一个许用码组中的任一码元改变，都变成另一许用码组，无法判断是否有差错。

$d_{\min}=2$ 的编码具有检出一位差错的能力。因为许用码组错一位就变成了禁用码组。而同时错两位时，可能变成另一许用码组，不能检出。

$d_{\min}=3$ 的编码可以检出两位差错或者纠正一位差错。当只有一位差错时，可以根据一定的规则来判断差错位置从而改正它。一般来说，最小码距越大，检错及纠错能力越强。

(3) 冗余编码

一个 k 位的码集中，若全部为许用码组，则最小码距为 1，没有抗干扰能力。如果按一定的规则加入一些冗余码元，例如增至 $n(n>k)$ 位使最小码距增大，这种编码就有了一定的抗干扰能力，加进的冗余码元称校验码元。如 7 位 ASCII 码增加一个奇偶校验位就是一个例子。

3. 常用抗干扰编码

(1) 重复码和正反码

将每个信息码元重复 3 次，例如 101 编码成 111000111，则最小的码距增大 3 倍。实际系统中常用整个码组重复的方法，或者采用正、反码，即发一次原码，取反后再发一次。在重要的命令传输中可采用这种方法。

(2) 奇偶校验

奇偶校验是一种最简单的检错方法。它是在所发送的每一串载有信息的码字之后加一位奇(偶)校验位，该位的取值(0 或 1)应满足：在奇校验的情况下，该组码字(由全部信息码位和校验位组成)所含 1 的总数应为奇数；在偶校验的情况下，该组码字所含 1 的总数应为偶数。

系统工作时，发送端把奇偶校验位附加在每一组信息码后面发送，而接收端在接收全部信息码和奇偶校验码之后，计算 1 的个数是否满足预先规定的奇校验(或偶校验)的要求。如果符合，则认为该组码字有效；如果不符合，则认为该组码字在传输过程中有差错出现。显而易见，如果在同一组码之中(包括奇偶校验位)有两个比特的差错，接收端则无法判别其正误，而误认为传输无误。因此，奇偶校验只能检出奇数个比特的差错，对偶数个比特的差错就无能为力了。

(3) 双坐标奇偶校验

由于简单的奇偶校验只能用于检测一组信息码中的奇数个比特的差错，因而在应用中受到限制。为扩大这种简单的奇偶校验的能力，在发送端发送的数据块中每一组码字(下面称为字符)内都有奇偶校验位。另外，在该数据块的末端附加上数据块校验字符 BCC，它给出前面全部字符的累加和奇偶校验，如图 7-6 所示。

字符位发送顺序 ←

P	7	6	5	4	3	2	1	字符
1	1	0	0	0	0	0	1	A
1	1	0	0	0	0	1	0	B
0	1	0	0	0	0	1	1	C
1	1	0	0	0	1	0	0	D
0	1	0	0	0	1	0	1	E
0	1	0	0	0	1	1	0	F
1	1	0	0	0	1	1	1	G
1	1	0	0	1	0	0	0	H
0	1	0	0	1	0	0	1	I
0	1	0	0	1	0	1	0	J
1	1	1	1	0	1	0	0	BCC

字符位发送顺序 ↓

图 7-6 双坐标奇偶校验

图 7-6 中表示由 10 个字符(A，B，…，J)组成的数据块，每个字符长度为 7 bit 另加一个奇偶校验位 P(图中是按奇校验结果表示的)。从发送顺序说，此校验位处

在每一个字符的最后一位即第 8 位，数据块的末端是数据块校验字符(即 BCC)。数据块校验字符的第 1 个比特是由前面全部字符的第 1 个比特所形成的奇偶校验(图中是按奇校验结果表示的)；同样，数据块校验字符的第 N 个($1\leqslant N\leqslant 7$)比特是由前面全部字符的第 N 个比特形成的奇偶校验。数据块校验字符的第 8 个比特则是由数据块校验字符的前 7 位形成的奇偶校验。显而易见，数据块的所有比特都进行了两次奇偶校验：一次是水平方向，由字符奇偶校验来完成；另一次是垂直方向，由数据块校验字符来完成，故此法称为双坐标奇偶校验。

双坐标奇偶校验的工作过程是：发送端根据预先约定的奇(或偶)校验，计算出每一个字符的奇偶校验位和数据块校验字符，然后依次将带有奇偶校验位的数据字符和数据块校验字符发送。接收端在接收数据字符的同时，先根据约定的奇(或偶)校验，计算出每一个字符的奇偶校验位和数据块校验字符，再分别将计算出的字符的奇偶校验位和数据块校验字符与接收的该字符的奇偶校验位和数据块校验字符比较，如果一致，认为接收的数据块正确，反之，认为接收的数据块不正确。

双坐标奇偶校验能检出在整个数据块中仅发生 1 个比特的差错，并能准确地判定差错比特的位置。如果将该比特取反(即接收的差错比特为 1 时，改为 0；反之，改为 1)，就可达到纠错的目的。双坐标奇偶校验，能通过水平校验检出每一个字符中奇数个比特差错，通过垂直校验检出每一列中奇数个比特差错。因此，在每一个数据块中：如果仅有一个字符发生偶数个比特差错，虽然通过水平校验检不出差错，但可通过垂直校验检出该种差错；反之，如果仅有一列发生偶数个比特差错，虽然通过垂直校验检不出差错，但可通过水平校验检出该种差错。不难看出，水平和垂直校验起到了互补的作用，提高了系统总的检错能力。但是双坐标奇偶校验对偶数个字符在偶数个相同位上的差错无法检出，不过这种差错的概率是很小的。

图 7-7 列举了 4 种典型的差错模式。字符 A 的 1 个比特差错，水平和垂直校验均能检出；字符 B 和 C 在相同位上的 1 个比特差错，仅水平校验能检出；字符 G 的 2 个比特差错，仅垂直校验能检出；字符 D 和 E 在 2 个相同位上的差错无法检出。

字符位发送顺序 ←

P	7	6	5	4	3	2	1	字符
1	0	0	0	0	0	0	1	A
1	1	0	0	0	0	0	0	B
0	1	0	0	0	0	0	1	C
1	1	0	0	1	0	0	0	D
0	1	0	0	1	0	0	1	E
0	1	0	0	0	1	1	0	F
1	1	1	1	0	1	1	1	G
1	1	0	0	1	0	0	0	H
0	1	0	0	1	0	0	1	I
0	1	0	0	1	0	1	0	J
1	1	1	1	0	1	0	0	BCC

字符位发送顺序 ↓

图 7-7　双坐标奇偶校验检错

(4) 循环冗余检出

双坐标奇偶校验至少能纠正 1 个比特错误和检出 2 个比特错误，但是这种奇偶校验方式的每一个字符都有一个奇偶校验位，数据块后面有一个附加字符，所以具有一定数量的校验码。矿井信息数字传输系统是一种纯二进制的数据传输，这种传输方式不必将数据流分解为一个个字符。因此，不宜采用双坐标奇偶校验。

循环冗余校验方式(CRC)，就是利用一组被称为常数的二进制数除一组载有信息的二进制序列，然后将余数跟随在这组载有信息的二进制序列中发送。在接收端，用同样常数的一组二进制数去除接收的这组载有信息的二进制序列，将所得的余数与接收的余数比较，如果一致，则认为传输无差错，如果不一致，说明在这组序列中有差错存在。

由于数字集成电路的飞速发展，采用少量的数字集成电路即可完成 CRC 的过程。图 7-8 是采用硬件实现 CRC 的示意图。发送机一边将载有信息的二进制序列经传输线传输给接收机，一边又将该序列送给发送机内的硬件除法电路。硬件除法电路得出的余数，紧随在载有信息的二进制序列之后，也经传输线传输给接收机。接收机接收载有信息的二进制序列，在接收硬件除法电路中作除法，然后将计算所得的余数与接收的余数进行比较、判别。

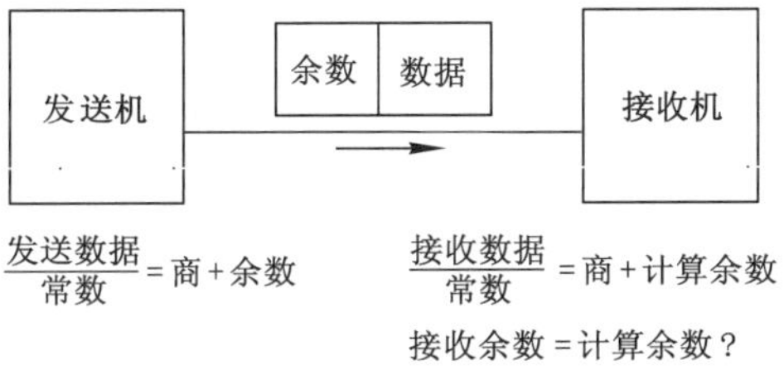

图 7-8　采用硬件实现 CRC 的示意图

4. 纠错技术

纠错技术是一门专门的学科，涉及的理论基础较多，在矿井信息传输系统中，目前普遍采用的纠错方法是多次发送，取其平均值或择多判决。

所谓多次发送取平均值，就是对同一监控数据进行多次发送（假如为 N 次），当 N 次发送完毕后，接收机将接收的 N 次数据取平均作为监控数据。

所谓多次发送择多判决，就是对同一监控数据进行多次发送（假如为 N 次），接收机将 N 次数据中数值完全一样而次数超过 $N/2$ 的数据作为监控数据，从而减小了传输差错的影响。显而易见，这种纠错方法是用增大系统的监测周期换来数据的准确性的。

第二节　数据信号的基带传输

由信源发出的没有经过调制的数据信号就是基带信号，基带信号不经频谱搬移（正弦波调制）直接进入信道传输，称为数字信号基带传输。

一、数字基带信号的码型

所谓码型，是指代表数字码元“0”和“1”的电脉冲的某种形式。但单个码元的形状不是区分码型的依据，其形状可以是矩形、三角形、余弦形等，下面均以矩形为例。

对码型的选择，主要从编、译码设备的复杂程度，抗干扰能力，频谱宽度，以及是否含直流分量，是否易于提取码元同步信号等方面来考虑。

码型名目繁多，最基本的码型有以下四种分类。

1. 单极码和双极码

信号中只有正（或负）电平及零电平的码型，称为单极码。同时含有正、负电平的码型称双极码，其正负电平一般对称，即绝对值相等。图 7-9 中(a)和(c)为单极码，其余均为双极码。

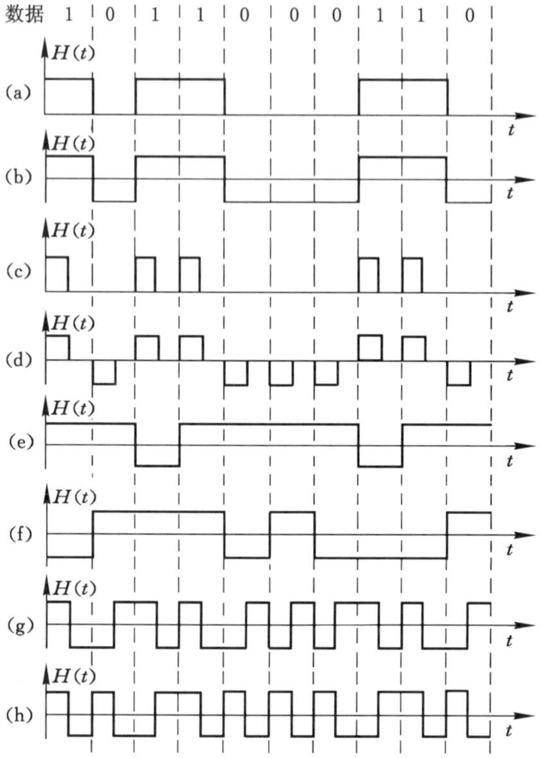

图 7-9　数字基带信号的码型

双极码的抗干扰能力比单极码强，因为单极码的判决电平（区分“0”和“1”的电平）为幅值的 1/2，其值随传输距离、接收器的增益及时间而变，不能得到稳定的判决电平，而双极码的判决电平是稳定的零电平。因此，远距离传输应使用双极码，而单极码广泛用于设备内部。

2. 电平码和差分码

用两个不同的电平表示二进制的“0”和“1”，称为电平码，也称为绝对码，如图 7-9 中(a)～(d)和(g)。以码元起始处的电平跳变与否来表示“0”和“1”的码型称为差分码，也称为相对码。差分码又分为传号码和空号码。以起始处跳变表示“1”，不跳变表示“0”的称为传号码，反之称为空号码。图 7-9 中(e)和(f)分别为传号码和空号码。

平衡传输系统中使用差分码，接收端不必区分两根信号线的正反，即不会因两根线的正反而造成“0”和“1”的颠倒。在数字调相系统中使用差分码，可避免所谓相位模糊问题（即“0”和“1”颠倒问题）。

3. 归零码和非归零码

电平在一个码元之内都要恢复到零的编码方式，称为归零码。归零码的非零电平的码元在一个码元的宽度中总要回到零电平，通常为半宽码。非归零码是全宽码。图 7-9 的(c)和(d)为单极归零码和双极归零码，(a)、(b)、(e)、(f)均为非归零码。

在码元速率相同时，归零码的脉宽为非归零码的一半，因此其频带宽度是非归零码的一倍。归零码易于提取码元同步信号。

4. 双相码

双相码的一个码元分前后两半，前半个码元与后半个码元电平相反。图 7-9(g)为双相电平码或曼彻斯特码。图 7-9(h)为双相差分码或差分曼彻斯特码，它以码元起始处的电平跳变与否来表示“0”和“1”。这两种码均广泛用于计算机局部网络中，其优点是容易提取码元同步信号，事实上它们是由全宽码和半宽码同步脉冲异或而成的。它们不像非归零码那样遇到过长的连“0”或连“1”码时容易失步。双相码不含直流分量，适合在含有变压器等隔直流元件的信道中传输，缺点是其占用频带为全宽码的一倍。

在基带系统中，使用得比较多的码型有非归零电平码(NRZ-L)、非归零传号码(NRZ-M)，非归零空号码(NRZ-S)、曼彻斯特码和差分曼彻斯特码等。

二、数字信号传输的基本准则与信道容量

1. 码间串扰

当信道不满足无失真传输条件时，矩形脉冲通过会产生弥散现象，脉冲展宽，产生“拖尾”，使码元之间相互干扰，称为码间串扰。一个码元所受的串扰是其他所有码元的“拖尾”在该码元处的叠加，它可能改变该码元的逻辑电平，产生差错。

实际信道的带宽是有限的。为了限制干扰和噪声，也需要在信道中加限带滤波器。信号传输失真的大小和串扰程度与信道带宽及码元的脉冲宽度关系极大，因而也与码元速率关系极大。假定信道的传输特性为理想低通特性，信道带宽为 f_c，矩形脉冲的宽度为 τ，图 7-10 表示 $f_c\tau$ 乘积取不同值时接收端码元的畸变情况。由图可知，在脉冲宽度不变时，信道频带越窄，一般而言串扰将越严重。

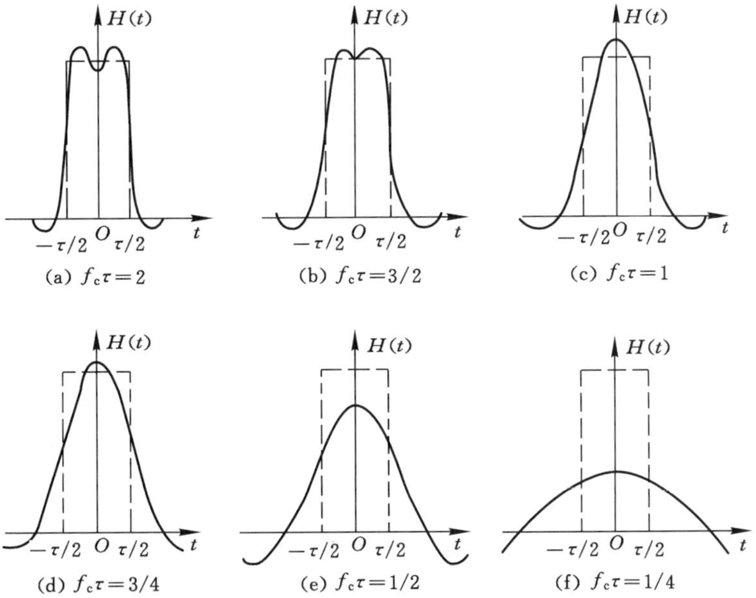

图 7-10 信道带宽、码元的脉冲宽度对码元畸变的影响

2. 奈奎斯特第一准则与信道容量

由于数字信号传输只要求接收码元的正确值，而不要求整个信号波形不失真，于是人们找到了在信道限带情况下尽可能提高传输速率又能消除码间串扰的方法。

当码元的脉冲宽度为无限窄，即为冲激函数 $\delta(t)$ 时，通过传输函数 $s_a(t)$ 的理想低通信号后，波形变成采样函数 $h(t)$（图 7-11）：

$$h(t) = 2f_c s_a(2\pi f_c t) \tag{7-1}$$

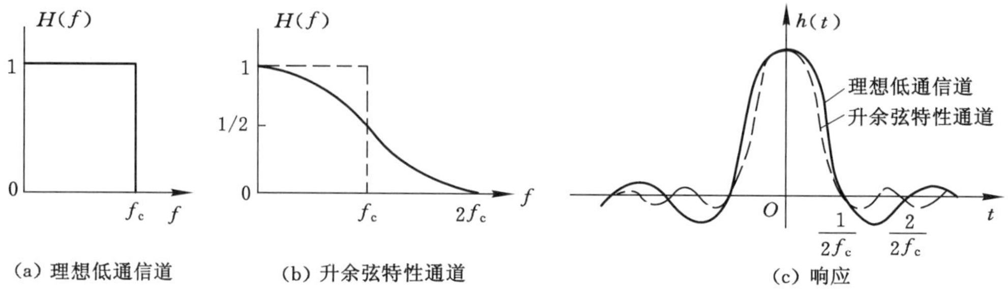

图 7-11　单位冲激脉冲通过信道的响应

由此可知，接收波形在码元中心取最大位，其两边每隔 $1/2f_c$ 时间处有一个零点。因此我们得到：令码元形状为冲激函数的信号通过带宽为 f_c 的理想低通信道，若码元间隔 T_s 或码元速率 F_s 满足关系：

$$T_s = \frac{1}{2f_c}$$

或

$$F_s = 2f_c$$

则接收端在码元中心取样判决时，可以消除码间串扰。因为在一个码元的中心，其他码元的“拖尾”在该处的值均为 0。这个结论称奈奎斯特第一准则，是数字通信传输的基本准则。$1/2f_c$、$2f_c$ 分别为奈奎斯特间隙和奈奎斯特速率。

奈奎斯特速率是信道带宽的两倍，这是信道允许的最大码元速率，这个结论对基带传输和频带传输均适用。因此，数字信道的最大频带利用率为 2 bit/(s · Hz)。对基带传输而言，这一结论很容易用采样定理来说明：一个带宽为 f_c 的信号可由每秒钟 $2f_c$ 个采样值来确定。就是说，该信号每秒钟只能有 $2f_c$ 个独立的值。一个信号通过带宽为 f_c 的信道后，其带宽不会大于 f_c，即最大码元速率只能是 $2f_c$。对于二进制信道还可以这样来理解：设想信号码元“0”和“1”相间出现，若码元速率大于 $2f_c$，则信号的基频必大于 f_c，当然不可能通过带宽为 f_c 的信道。

信道进行无差错传输的最大信息速率称为信道容量。由上面的讨论可知：带宽为 f_c 的无噪声二进制数字信道的容量为 $2f_c$(bit/s)。当信噪比太小时，因码元难以分辨而容量下降。

由于理想低通特性不可能实现，且其响应波形的“拖尾”太大，实际的基带系统使传输特性的边沿具有“滚降”特性，如升余弦特性[图 7-11(b)]。升余弦特性可以大大减小“拖尾”的幅度[图 7-11(c)]，其传输函数为：

$$H(f)=\begin{cases}\frac{1}{2}(1+\cos \pi f T_s) & f \leqslant 2f_c \\ 0 & f > 2f_c\end{cases} \tag{7-2}$$

三、数字基带传输系统的基本构成

一个完整的基带传输系统由图 7-12 所示的基本环节构成。

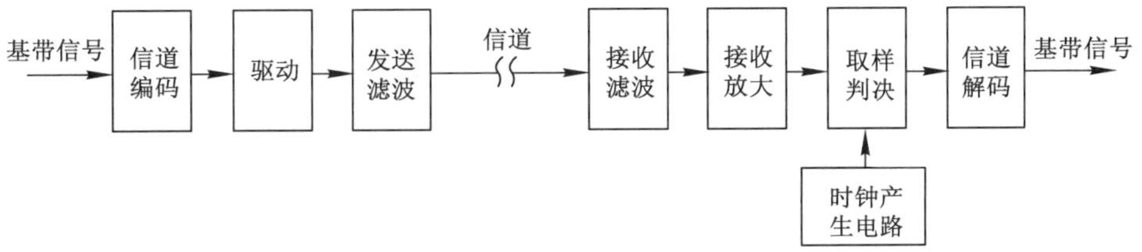

图 7-12 数字基带传输系统的构成

信道编码器的作用是把数字基带信号转换为适合于信道传输的码型,它接收的信号一般为单极非归零信号。信道解码器的作用则相反。

驱动器输出足够的信号功率以适应长距离传输。接收器对经过传输衰减了的信号进行放大,有的电路中还设有增益控制电路。

取样判决电路的作用是:在码元的中部取样判决,确定是"0"码元还是"1"码元。取样时需要一个与码元同步的时钟信号,即码元同步信号,它由接收端产生或由接收的信号中提取,时钟产生电路就是完成这一功能的。

发送滤波器又称信道信号形成器,它决定在信道中传输的码元的形状。它和接收滤波器及信道三者共同合成一个合适的传输特性,例如升余弦特性,使得系统在有限的频带内获得较高的传输速率,并能消除或减少码间串扰。接收滤波器还起到滤除干扰和噪声的作用。适当地设计发送滤波器与接收滤波器的传输函数,使它们形成匹配关系时,可以在接收端获得最大的信噪比。接收滤波器还可能由几部分构成,其中包括使总的信道特性接近无失真传输条件的各种均衡器。

以上环节是从功能划分的,实际电路中,一个单元电路可能同时完成几种功能。

四、矿用基带传输接口

1. 接口结构

基带传输接口是完成基带传输系统诸功能的数据通信设备(DCE),但传输系统的取样判决功能现在一般由计算机内的通信控制器完成。传输接口的一端与数据终端设备(DTE)——地面中心站或测控分站的计算机相连,另一端与传输线路相连。

目前的矿井监控系统由于采用专线,信道频带宽,速率低,允许较高的发送电平(不会干扰邻近信道),故在传输接口中一般都设有发送滤波器、接收滤波器等部件,接口较为简单。地面中心站与井下通信用的基带传输接口的结构由发送和接收两部分构成,如图 7-13 所示。

发送数据端 T_XD 和接收数据端 R_XD 通过 RS-232C 接口与计算机连接。发送电路中信

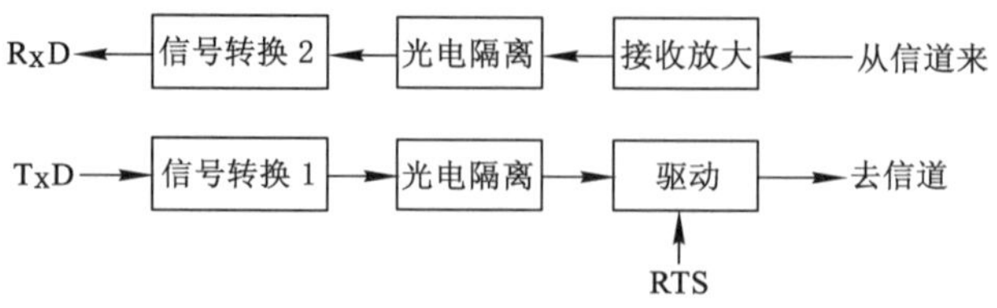

图 7-13　基带传输接口的结构

号转换 1 的作用是将 RS-232C 电平（“0”为 3～12 V,“1”为－12～－3 V）转换成光电耦合器所需的数毫安的电流信号，通过光电耦合，由驱动电路放大到信道所要求的电平。接收电路中，由信道来的弱信号（数百毫伏）经放大、光电耦合，再由信号转换电路转换成 RS-232C 电平。RTS 为发送控制端。

光电耦合器隔离的作用有两个：① 防止地面非本安设备的危险能量传入井下。② 防止信道上的共模干扰进入计算机。图 7-13 中光电耦合器的右边部分电路必须由本安电源供电。

井下测控分站的传输接口一般设在测控分站箱内部，不做成单独的部件，故下设 RS-232C 接口，直接与 TTL 电平接口，但电路相似。

2. 非平衡接口与平衡接口

基带传输接口有非平衡接口和平衡接口两类，分别用于非平衡传输和平衡传输，如图 7-14 所示。

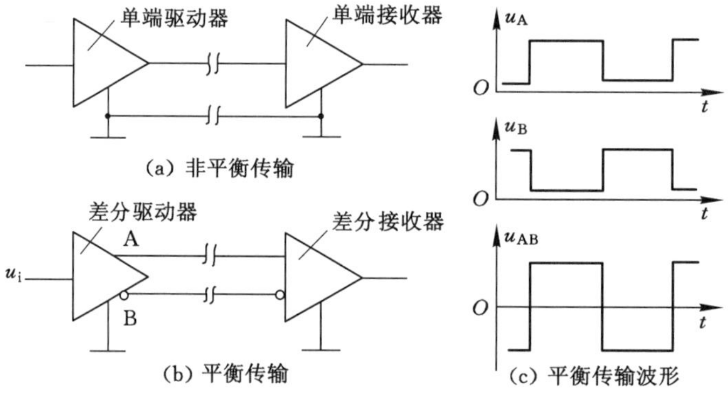

图 7-14　基带非平衡传输和平衡传输

非平衡接口使用单端输出的驱动器和单端输入的接收器，两根信号线中一根接地，抗干扰能力差。

平衡接口采用差分驱动器（或称平衡驱动器）和差分接收器，两根信号线均不接地，对地平衡。驱动器的两个输出端 A 和 B，一个对地输出为正码，另一个为反码。例如当输入 u_i 为高电平时，输出 u_A 为高电平，u_B 为低电平。驱动器可用单电源供电。但 A 对 B 端的电压 $u_{AB}=u_A-u_B$ 为双极码。

基带传输接口的驱动器又可分为电压输出型和电流输出型，电流输出型内部有恒流环节，输出信号脉冲的电流幅值恒定。

图 7-15 为一种分立元件的电压型差分驱动器。电路左边的插座为 RS-232C 接口，右边

的上部和下部为完全相同的两个推拉式（又称图腾柱式）输出电路，电路的上、下输出管均为复合管，如 V_5 和 V_6、V_9 和 V_{10} 等。V_7、R_1 和 V_{22}、R_2 为过电流保护电路，V_{18} 为反相器。光电耦合器 OC_2 和 V_{13}、V_{14}、V_{28}、V_{29} 为输出三态控制电路。当发送请求端 RTS 为低电平时，OC_2 截止，使 V_{13}、V_{14} 等导通，从而使输出电路各复合管因基极为低电平而截止，输出为高阻态。RTS 为高电平时，输出为数据信号。

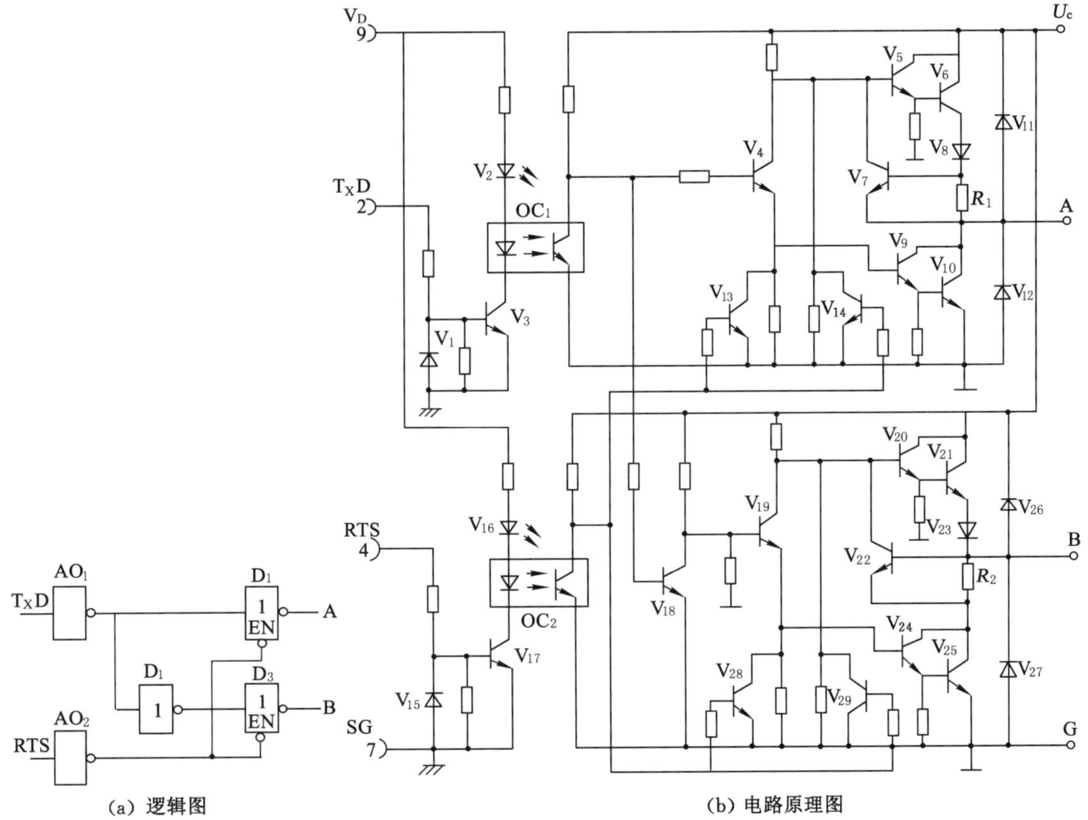

图 7-15　一种分立元件的电压型差分驱动器

若发送数据端 T_XD 为低电平，光电耦合器 OC_1 截止，V_4、V_9、V_{10} 导通，V_4 发射极钳位于 1.4 V 左右（因对地有 V_9、V_{10} 两个发射结），V_5 的基极约为 $1.4+0.3=1.7$ V，低于使 V_5、V_6 导通的阈值 2.1 V（V_5 对地有 3 个 PN 结），故截止，因此 A 端为低电平。当 T_XD 端为高电平时，OC_1 导通，V_4 截止，故 V_5、V_6 导通，V_9、V_{10} 截止，A 端为高电平。由于有反相器 V_{18}，B 端的输出刚好与 A 端的逻辑电平相反，形成差分输出。

若只取输出电路的上半部，就是一个单端输出的驱动器。

当传输距离在 1.2 km 以内时，可以直接用符合 RS-422 标准的集成差分驱动器，如 SN75174 等，其用单一的 5 V 电源供电。

差分接收器由差动放大、迟滞比较等环节构成，可以用集成运算放大器组装。也可以选用共模电压范围较大的集成差分接收器，如 SN75175 等，其共模电压范围为 −12～12 V，电源电压为 5 V。

第三节　数据信号的频带传输

用数字基带信号对正弦波进行调制，可以改变信号的频谱位置，使基带信号变成频带信号。需要调制的原因在于：① 基带信号不适应某些信道的传输特性，例如长途电话信道不能传输含直流分量的基带信号，无线信道只能传输高频信号等；② 便于实现频分多路，或用信号线复用作电源线；③ 矩形码元的基带信号相对频带（带宽与中心频率之比）太宽，在未加均衡的信道上传输时畸变严重，不能远传。调制后信号的中心频率提高，相对频带变窄，信道在信号的带宽内较接近无失真传输条件，信号失真较小，便于远传。

基本的数字调制方式也是三种：数字调幅、数字调频和数字调相。由于作为调制信号的数字信号只有两个或有限个电平，这种调制可用开关电路实现，故三种数字调制方式又分别称为幅移键控（ASK）、频移键控（FSK）和相移键控（PSK）。图 7-16 是这三种数字调制方式的原理和波形。

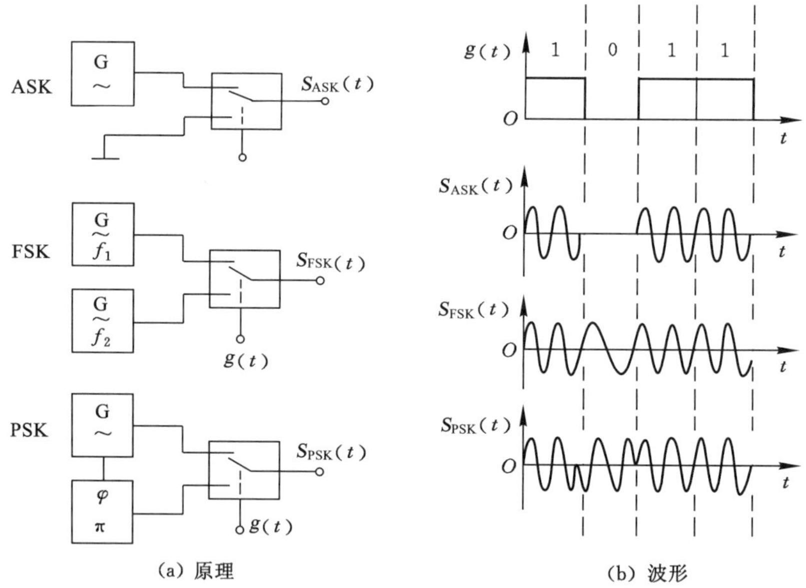

图 7-16　三种数字调制方式的原理与波形

一、幅移键控（ASK）

ASK 的设备简单，但抗干扰能力差，数字系统中很少使用。ASK 在矿井频分制监控系统中用于脉冲频率调制（PFM）信号的调幅，它不属于数字调制，但由于 PFM 信号也是二电平脉冲，故电路原理上与数字调制相同。在这种系统中，PFM 保证系统有较强的抗干扰能力。

二进制 ASK 信号是以正弦波的两个不同振幅值表示“0”和“1”码元的，通常其中一个振幅值为 0，所以 ASK 信号是断续正弦波，可表示为：

$$S_{ASK}(t)=\begin{cases}A\cos\omega_0 t & \text{“1”码元}\\ 0 & \text{“0”码元}\end{cases} \tag{7-3}$$

式中 ω_0——角频率,即载波频率;

t——时间变量;

A——振幅。

它也是单值不归零基带信号 $g(f)$ 与载波 $A\cos\omega_0 t$ 的乘积:

$$S_{ASK}(t)=g(t)A\cos\omega_0 t \tag{7-4}$$

其中
$$g(t)=\begin{cases}1\\ 0\end{cases}$$

可以用各种开关器件作为乘法器实现调制,如二极管、三极管、CMOS 模拟开关,甚至可以用数字与门。图 7-17 是 ABD-21 型 CH_4 遥测断电仪中的调制电路及有关波形,即利用数字与门及滤波器实现 ASK。其中门 D_1、D_2 构成单电阻环形晶体振荡器,产生方波载波;门 D_3 由 $g(t)$ 控制,输出断续方波;V_1、V_2 构成低通滤波器,将断续方波滤成断续正弦波。

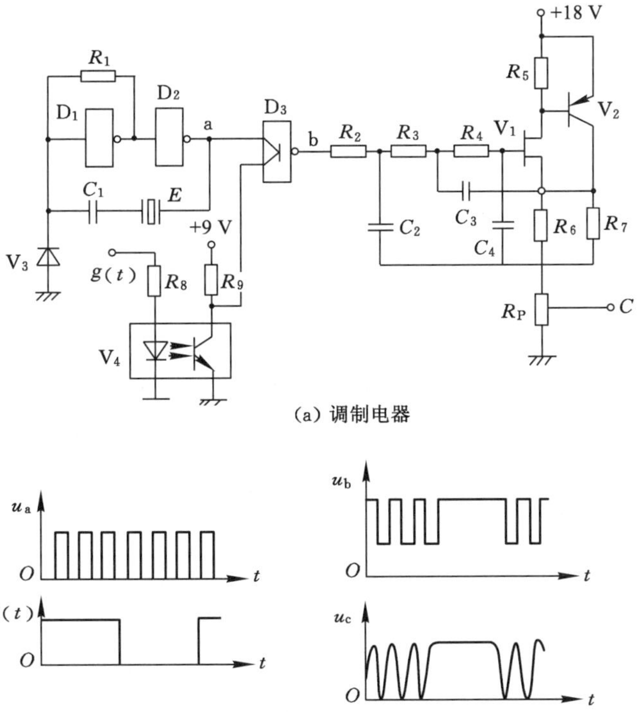

(a) 调制电器

(b) 波形

图 7-17 ABD-21 型 CH_4 遥测断电仪中的调制电路及有关波形

ASK 信号的解调一般都采用二极管包络检波电路。

二、频移键控(FSK)

FSK 有较强的抗干扰能力,在数字调制系统中应用广泛,缺点是占用频率较宽。

1. 波形与调频系数

二进制 FSK 信号 ω_1、ω_2 是以两个不同频率的正弦波表示“0”和“1”码元的，其波形可表示为：

$$S_{FSK}(t)=\begin{cases}A\cos(\omega_1 t+\varphi_1) & \text{“1” 码元}\\ A\cos(\omega_2 t+\varphi_2) & \text{“0” 码元}\end{cases} \tag{7-5}$$

式中　φ_1，φ_2——信号的初相位。

令

$$\omega_0=\frac{\omega_1+\omega_2}{2},\Delta\omega=|\omega_1-\omega_2| \tag{7-6}$$

式中　$\Delta\omega$——频移宽度。

由式(7-5)和式(7-6)可得：

$$S_{FSK}(t)=\begin{cases}A\cos[(\omega_0+\frac{\Delta\omega}{2})t+\varphi_1]\\ A\cos[(\omega_0+\frac{\Delta\omega}{2})t+\varphi_2]\end{cases} \tag{7-7}$$

定义调频系数(或称为频偏率)为：

$$D=\frac{\Delta\omega}{2\pi F_s}=\frac{\Delta f}{F_s} \tag{7-8}$$

式中　F_s——码元速率；

f——频率；

D——调频系数，在有线信道的传输中一般取 0.5～2.0，典型值为 0.667，在无线信道中一般取 4～20。

2. 调制方法

FSK 信号有两种调制方法：一种是直接用数字基带信号控制振荡器的参数(电容或电感)，改变振荡频率；另一种是选择法，如图 7-18 所示，框图中除晶体振荡器以外，可全部集成化。

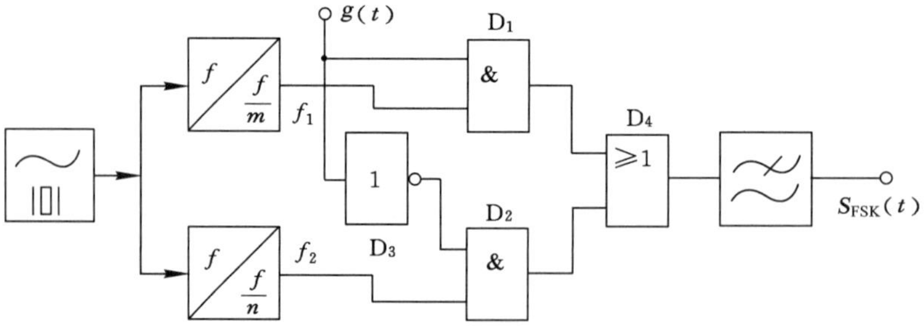

图 7-18　选择法实现 FSK

同一晶体振荡器产生的信号经由分频系数不同的两个分频器获得频率为 f_1 和 f_2 的两个信号，由 $g(t)$控制的两个与门进行选择。$g(t)$为“1”时，D_1 打开，输出为 f_1；$g(t)$为“0”时，D_2 打开，输出为 f_2；再经 D_4 把信号综合。低通滤波器把 D_4 输出的方波滤成正弦波。

3. 解调方法

FSK 信号的解调方法中用得较多的有分路滤波比较法、零交点检测法和锁相解调法等。下面介绍前两种：

（1）分路滤波比较法

如图 7-19 所示，FSK 信号缓冲放大后加到并联的两个中心频率为 f_1 和 f_2 的窄带滤波器 F_1 和 F_2 上，然后经检波进入比较器。当输入为“1”码元时，频率为 f_1 的信号由 F_1 滤出，经检波后使 a 点电位高于 b 点电位，比较器 A_2 输出为高电平。当输入为“0”码元时，频率为 f_2 的信号由 F_2 滤出，经检波后使 b 点电位高于 a 点，比较器 A_2 输出为低电平，于是信号被解调。

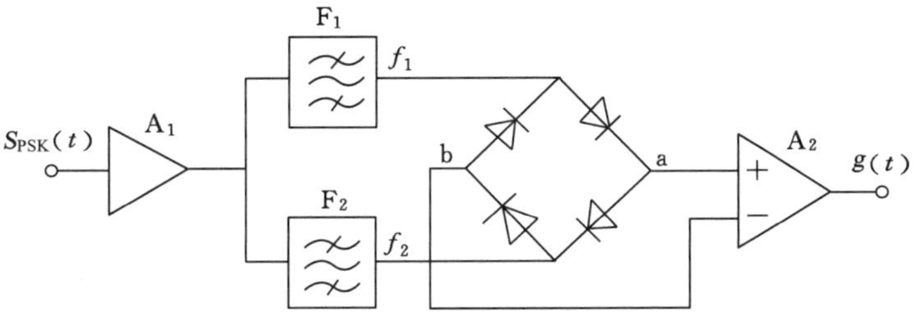

图 7-19　FSK 信号的分路滤波法解调

（2）零交点检测法

如图 7-20 所示，FSK 信号经限幅放大后变成方波，由微分、整流电路或边沿检测电路检出边沿信号（即原正弦波的零交点），再由单稳电路将每个边沿信号变成等宽的矩形脉冲。显然，此矩形脉冲序列的平均电压，即直流分量正比于频率，它通过低通滤波器后就得到解

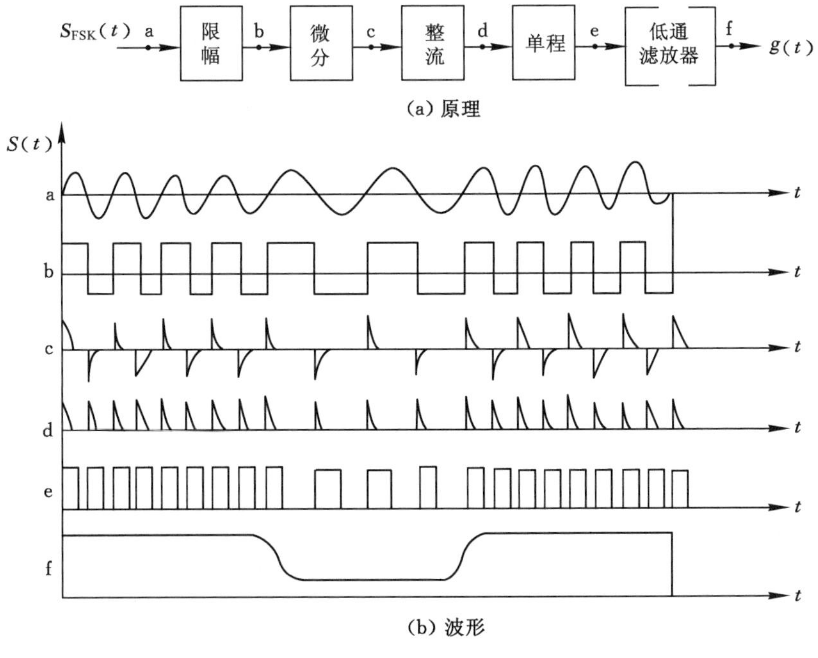

图 7-20　FSK 信号的零点检测法解调

调后的基带信号。

三、相移键控(PSK)

PSK抗干扰能力强,在同样传输速率下占用带宽比FSK窄,但设备较复杂。PSK主要用于信道频带有限又希望有较高的传输速率的场合。为了进一步提高有限信道频带中的信息速率,还采用多进制的调相信号,即多相PSK信号,目前常用的有4相、8相PSK。

相移键控又分绝对相移键控(PSK)和相对相移键控(DPSK)两类。

PSK信号是用正弦波的不同初相位表示数字信息的。通常用互差180°的两个正弦波表示二进制PSK信号的两个码元。4相PSK信号则用互差90°的四个正弦波来表示它的四种码元。可以用模拟乘法器或选择法来实现PSK,图7-16中PSK的原理为选择法原理。PSK信号的解调比较复杂,必须用相干解调的方法,又称同步检波。

DPSK信号是用正弦波的相位在码元开始处的跳变来表示数字信息的。例如二进制DPSK信号,可用在码元开始处相位的跳变(反相)表示"1",不跳变表示"0"。DPSK信号实际上是用差分不归零双极码对载波进行绝对相移键控产生的,也称差分相移键控。DPSK信号可用相干解调得到差分码,也可用直接比较相邻码元相位的方法解调得到电平码。

四、调制解调器(Modem)

调制解调器(Modem)就是实现频带传输用的调制器和解调器组合在一起的装置。它总是成对地安装在通信信道的两端。所谓调制,就是将"0""1"数字信号调制成两种不同频率的信号,而解调正与其相反。

用于数据通信的调制解调器有话路窄带调制解调器、宽带调制解调器、工业专用调制解调器等类型。目前使用最多的是在一个话路内进行计算机数据通信用的窄带调制解调器。计算机的RS-232C异步通信口接上这种调制解调器,就可以通过电话线方便地进行远距离数据传输。原国际电报电话咨询委员会(CCITT)等组织对话路调制解调器的标准化提出了一系列建议,对各种调制解调器的传输速率、调制方式、包含的辅助设备(如均衡器等)都作了具体的规定。话路调制解调器使用的传输速率有300、600、1 200、2 400、4 800、9 600 bit/s等。

生产厂家提供多种符合话路调制解调器标准的单片调制解调器集成电路,芯片内集成了发送滤波器、接收滤波器、调制器、解调器、自动增益控制、载波检出、时钟产生、时钟控制等全部电路,可以说一个芯片就是一个调制解调器,甚至一片调制解调器可以通过编程使其符合不同的标准。

工业专用调制解调器常使用数千赫兹到数十万赫兹的载波,也可以借用话路标准。例如,森透里昂监控系统使用了频率为100.0~106.5 kHz(下行)和150.0~156.5 kHz(上行)的载波,使用FSK制。

国产KJ4系统的KC6001型调制解调器借用了美国Bell-103话路调制解调器标准:600 bit/s,全双工异步通信,在一个话路内安排了两个频道,FSK制,载波频率为1 170 Hz和2 125 Hz,频移宽度$\Delta f=200$ Hz,调频系数$D=0.333$。频率分配为:

下行:空号("0")1 070 Hz,传号("1")1 270 Hz;

上行:空号("0")2 025 Hz,传号("1")2 225 Hz。

调制解调器的工作原理如图 7-21 所示。

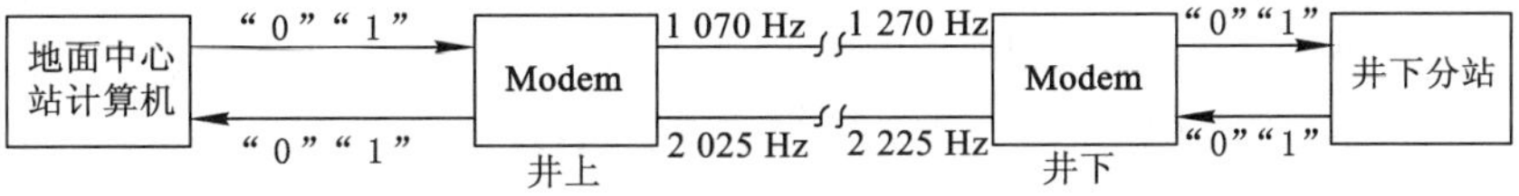

图 7-21　调制解调器工作原理图

由此可见，井下调制解调器的主要作用有两点：一是接收地面中心站计算机发出的经井上 KC6001 型调制解调器调制后的 RS-232C 信号，并将其解调成标准的 RS-232C 信号，传送给 MC6803 单片机；二是接收 MC6803 单片机发出的 RS-232C 信号，并加以载波调制，以正弦波信号形式传送到井上 KC6001 型调制解调器加以解调，传送给地面中心站计算机。

KC6001 型 Modem 的电路原理图如图 7-22 所示。调制单元电路采用 MC14412 芯片，

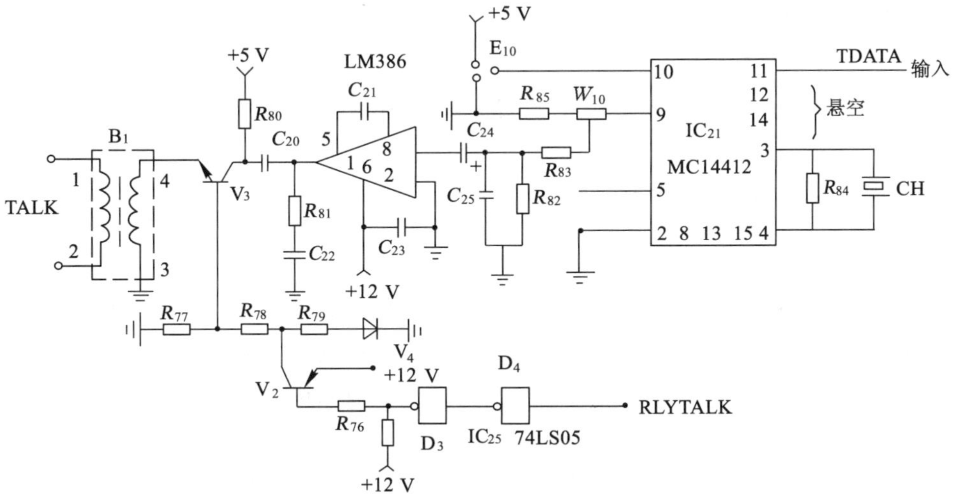

(a) 调制发送电路

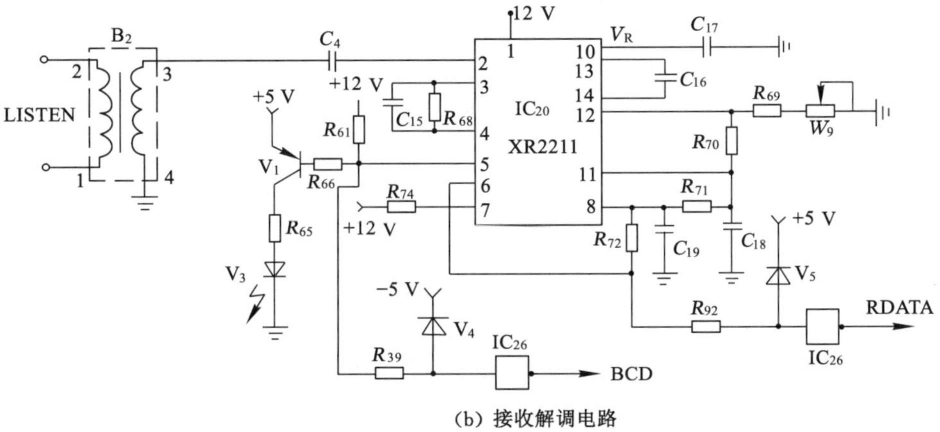

(b) 接收解调电路

图 7-22　KC6001 型调制解调器电路原理图

该芯片内既有调制电路，又有解调电路，这里只使用了调制器部分。待发送数据经反相器整形后，从引脚 11 送入调制器(MC14412)，经调制后的波形为阶梯状的正弦波，由引脚 9 输出，经音频放大器（LM386）放大，再经发送控制电路、耦合变压器 B_1 输出到线路。MC14412 的 10 端悬空，则发出一组下行频率(1 070 Hz、1 270 Hz)；10 端接地，则发出一组上行频率(2 025 Hz、2 225 Hz)。电位器 W_{10}用于调节发送电平。发送控制电路由 D_3、D_4、V_3、V_2 等组成。当发送控制端 RLYTALK 为低电平时，V_3、V_2 导通，发送的信号通过耦合变压器 B_1 进入线路，此时发送指示灯 V_4 亮。

解调器采用 XR2211 芯片。接收的载波信号经变压器 B_2 由引脚 2 进入解调器 XR2211，经解调后变为数字信号。RDATA 为解调输出端。为了从调频波中恢复数字信号，XR2211 芯片内部采用了鉴频器，它能使输出电平随着输入信号的频率成线性变化。这样，不同的载波频率就有不同的电平输出，该输出经过电压比较器，输出“0”“1”信号。IC_{20} 的第 10 脚为比较器的参考电压 V_R。IC_{20}的第 5 脚为载波检测输出端，当它为低电平时，表示接收到信号，此时发光二极管 V_3 亮，并通过 BCD 端通知 CPU。IC_{20} 的第 12 脚上的 W_9 电位器用于片内接收滤波器的中心频率调节。

第四节　信道的多路复用

一、复用的基本概念

1. 传输线的实在资源

传输线的实在资源包括时间和频带两个方面。如果矿井监控系统采用专用电缆，那么传输线的所有时间和频带是专供传输矿井监控信息使用的，这时可用时间是任一时间区域，可用频带是由传输线本身特性所决定的频率范围。一般来讲，传输线的可用频带越宽，传输线的造价越高。

在实际系统中，可以用频带较宽的传输线去替代频带较窄的传输线，但不能反过来替代，否则将会影响信号的传输质量，甚至无法正常传输。因此，对系统所允许使用的传输电缆应进行明确规定。在没有特殊规定的系统中，一般意味着对频带要求不高，可以使用传输频带较窄的传输电缆。

2. 矿井监控信号的特点与多路复用

矿井监控信号主要是模拟量(如 CH_4、风速等)和开关量(如主要设备的开停)两种信号。矿井监控信号同语声信号相比，变化率较低，占有的频带较窄。一路电话所占有的频带一般为 300～3 400 Hz，而一路模拟量所占有的频带却很窄。例如，在 TF-200 系统中，每一路模拟量所占有的频带宽度仅为 25～80 Hz，特别是开关量信号所占有的频带更窄。因此，用一对电缆传输一路监控信号是极不合理的，将会造成传输线实在资源的浪费。这就要求多路信号共用一对电缆传输，即电缆的多路复用。

多路复用是指在一个公共的传输线上，传送多路信源提供的信息而又互不干扰。因此，复用方式关系到传输信道资源的充分利用、信息传输质量以及系统硬件的复杂性。

理想的复用方式应满足以下几个方面的要求：

① 针对井下危险环境的特点，首先应有利于本质安全防爆。

② 针对多路信源共用一条传输线，要力求做到多路共享、灵活分配。

③ 便于同时传输开关量和模拟量两种信号。

④ 便于计算机管理。

⑤ 降低路途中干扰。

⑥ 同步简单、设备简单、成本低。

用于矿井监控系统的复用方式主要有频分制、时分制和码分制。

二、频分多路复用(FDM)

频分制是将一条传输线的频率资源分配给若干个对象，各对象将其所含的信息与各自的预设载波进行调制。在这些载波附近各自形成一个载有相应信息的频带信号。

1. 原理

将信息信号 $f_1(t)$ 调制(调频)到角频率为 ω_{01} 的正弦载波上，得到已调信号 $g_1(t)$，则 $f_1(t)$ 的频谱 $F_1(\omega)$ 从 $\omega=0$ 处搬移到 $\omega=\omega_{01}$ 处，如图 7-23 所示。若是调频或调相，则除频

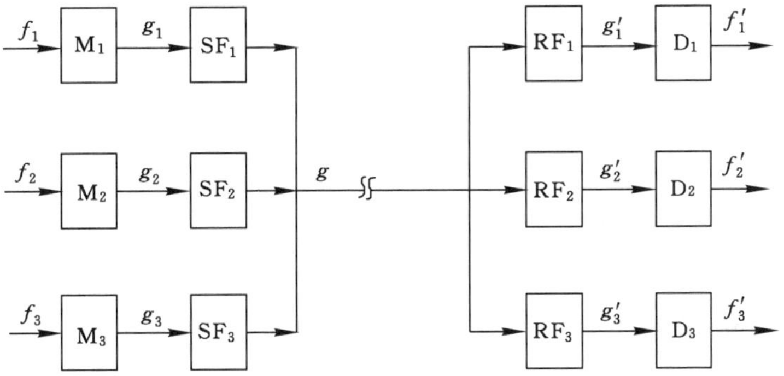

(a) 系统基本结构

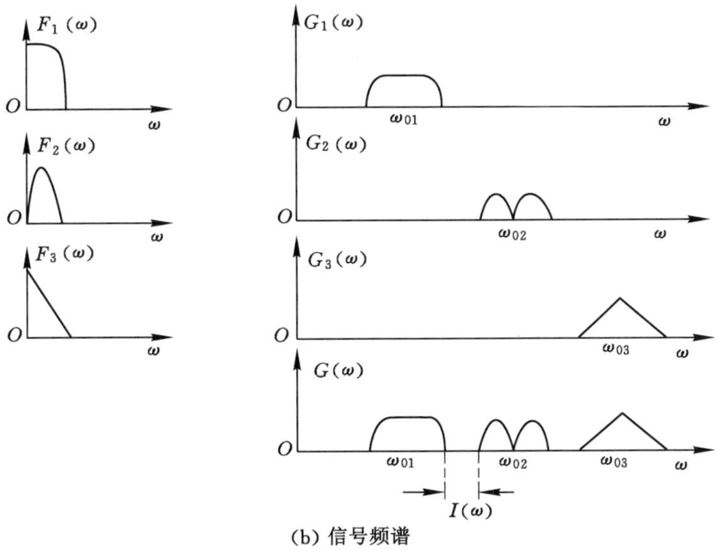

(b) 信号频谱

M—调制器；SF—发送滤波器；RF—接收滤波器；D—解调器。

图 7-23 频分多路复用系统的结构和信号频谱

谱位置改变外,频谱曲线的形状也会改变,因为会产生一些新的频率分量。

如果将多个信息信号调制在不同频率的载波上,即将它们的频谱搬到互不重叠的频带内,用同一信道发送出去;在接收端用中心频率不同的带通滤波器将各已调信号分离,再解调得到各信息信号,就实现了信道的频分多路复用。系统的基本结构如图 7-23(a)所示,图中的调制器、解调器中包含了放大器等。

发送端各路信号的带通滤波器的作用是:① 让本路信号通过并限制其频谱,使之不超过规定的带宽,以免和频带相邻的信号频谱发生重叠,造成相互干扰;② 阻止它路信号反传至本路设备造成衰减和反射。

2. 频分多路信号的特点

频分多路信号在频域中是互相分离的,但在时域中是混杂的,为各路信号的叠加。可能出现的最大峰值 A_m 是各路信号峰值之和,这对保证信号能量的安全性能是不利的。路数越多,出现峰值叠加的概率就越大。当路数超过 10 路时,多路信号幅值的分布接近于平均值为零的正态分布,但峰值为有限值。

3. 交叉干扰与载波频率的合理分布

由于信道存在一些非线性,多路信号通过时,会产生各自的谐波和组合频率分量(各频率及其谐波的差频、和频)。当这些分量落到某路信号的通频带内时,即对该路信号产生干扰,称为交叉干扰。交叉干扰是乘性干扰,它随信号的消失而消失。

为了减少交叉干扰,在相邻两路信号的频谱之间必须有足够宽的“隔离带”,如图 7-23 中的 $I(\omega)$。因为各路的带通滤波器不是理想矩形特性,各信号的频谱总会有一定的“尾巴”。

此外还可以合理安排各信道的载波频率,防止组合频率分量(主要是二次谐波)落入某信号的频带内。我国曾为传送开关信号的矿用载波遥信装置规定了 12 路载波频率,它们从 11 kHz 到 96 kHz 以等比级数分布:11、14.5、17、20.5、25、30、36、43、52、64、78、96 kHz。某些遥测系统,也参照此频率安排。

4. 矿井常用频分多路系统调制方式

(1) 载波遥信与遥控

我国一些中小型矿井还在使用载波遥信与遥控装置来传输设备的开、停信号,或者对设备的开、停进行遥控。某些运输集控装置及采掘机械也采用载波控制。这些装置中采用的调制方式有:

① 等幅载波。用开关信号直接控制正弦波的有无,有正弦波表示“1”,无正弦波表示“0”,或者相反。可以认为是用开关信号调制正弦波。

② 调幅载波。开关信号先在音频上调制(几百到几千赫兹),即用开关信号控制音频的有无。再把已调的音频调制在较高频率(几万到几十万赫兹)上。这样,当开关信号为“1”时,是调幅波形,当开关信号为“0”时,是等幅波形。多个开关信号可调制在不同的音频上,再一起调制到一个较高的载波频率上,形成多路信号。这是一种二重调制方式。

③ 多频编码。用多个频率组合来传送 1 个信号。例如在选的 5 个频率中取 3 个同时发送代表“1”,不发送代表“0”。接收端收到 3 个频率后,用译码器输出 1 个信号。多频编码的优点是:可以用较少的频率传送较多的开关信号。又如 5 中取 3 编码,用 5 个载波频率可传输 $C_5^3=10$(5 中取 3 的组合)个开关量。此外,这种信号的可靠性高,不易受干扰出现差

错，故可用于传输要求可靠度高的控制指令。在 TF-200 系统中采用了这种方法。

多频编码除了上述组合制外，还有一种时间顺序制，就是不仅不同的组合代表不同的信号，在同一组合中，以不同顺序发送也代表不同的信号。

（2）载波遥测

在矿用频分载波遥测系统中，几乎都是采用脉冲频率调制-调幅（PFM-AM）的调制方式。图 7-24 画出了一路信号的调制解调过程及波形。被测信号由传感器转换成电压信号，再通过脉冲频率调制（PFM）或者电压/频率（V/F）转换，把电压信号转换成脉冲频率信号，然后再进行调幅。脉冲频率信号是其重复频率与调制电压（即被测信号）呈线性关系的方波脉冲列，这种调制通常由压控振荡器或电压/频率转换器（VFC）实现。

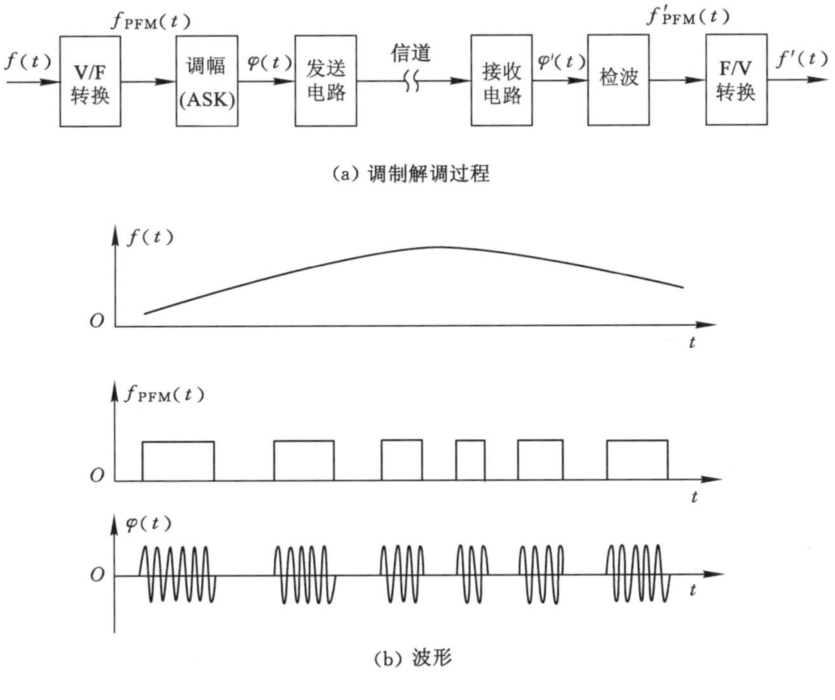

图 7-24　PFM-AM 调制解调过程与波形

用脉冲信号进行调幅调制可以用幅移键控（ASK）电路实现，调制后的波形为断续正弦波。

已调信号通过发送电路发送到信道。接收端进行相反的过程，即调幅检波后得到脉冲信号可直接输给计算机处理，或再经频率/电压（F/V）转换变成电压信号。

进行脉冲频率调制的目的是提高信号的抗干扰能力，调幅的目的是实现频分多路复用并传得更远些。

三、时分多路复用（TDM）

时分制是将一条传输线的时间资源分配给若干个对象，每个对象按一定的规则，轮流使用该传输线。在同一时间内只允许一个对象使用。

1. 时域采样定理

时域采样定理是时分多路复用的理论依据。

一个连续信号可以通过采样变成离散信号。如图 7-25(a)～(d)所示，用窄脉冲序列 $\delta_{T_s}(t)$控制采样开关 K 的通断，则输入的连续信号 $S(t)$变成了由一系列采样值组成的离散信号 $S(t_n)$。$S(t_n)$能否保持 $S(t)$的全部信息呢？采样定理回答了这个问题。

定理 一个频带在 $0 \sim f_m$ 范围内的信号 $S(t)$，可以由时间间隔为 $T_s = \frac{1}{2f_m}$的采样值 $S(\frac{n}{2f_m})(n=0,\pm1,\pm2,\cdots)$完全确定，且

$$S(t) = \sum_{n=-\infty}^{\infty} S(\frac{n}{2f_m}) S_a[2\pi f_m(t - \frac{n}{2f_m})] = \sum_{n=-\infty}^{\infty} S(\frac{n}{2f_m}) \frac{\sin(2\pi f_m t - n\pi)}{2\pi f_m t - n\pi} \qquad (7\text{-}9)$$

其中，形如 $S_a(t) = \frac{\sin t}{t}$的函数称为采样函数，如图 7-25(g)所示。间隔 $T_s = \frac{1}{2f_m}$ 称为奈奎斯特间隙，速率 $F_s = 2f_m$ 称为奈奎斯特速率。

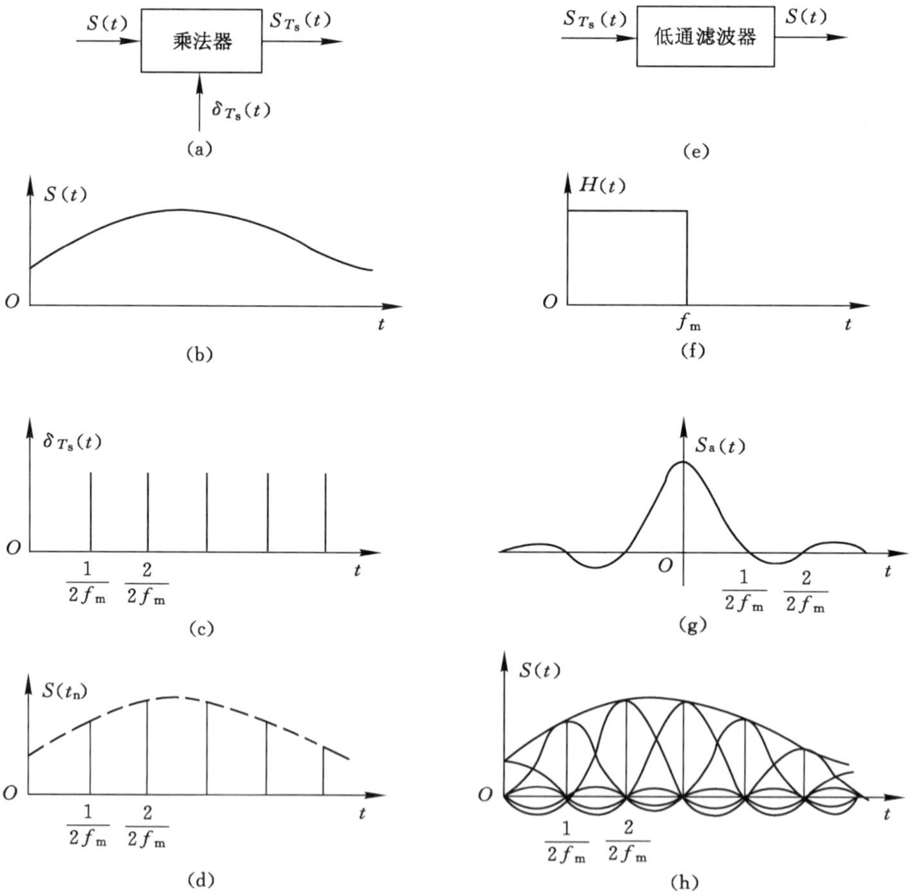

图 7-25　采样与恢复

从数学上看，这是把函数 $S(t)$按完备的正交函数系 $S_a(2\pi f_m t - n\pi)$作广义傅立叶展开，

各项系数就是采样值 $S(\frac{n}{2f_m})(n=0,\pm1,\pm2,\cdots)$。

理想低通滤波器的脉冲响应就是采样函数。所以让离散信号 $S_a(t_n)$ 通过截止频率为 f_m 的理想低通时，每个采样值均展开为一个采样函数波形，它们叠加起来就是原来的连续函数 $S(t)$。就是说，按奈奎斯特速率采样所得的离散信号可用低通滤波器来恢复成连续信号，如图 7-25(e)～(h)所示。

事实上，当采样速率大于奈奎斯特速率 $2f_m$ 时，都不会丢失信息，但小于 $2f_m$ 时，就会丢失信息。在实际应用中，采样速率至少取最高信号频率的 2 倍，在测控技术中，可取 2～5 倍。目前矿井监控参数都是一些缓变量，最高频率远小于 1 Hz，故采样周期暂行规定为不大于 10 s。

2. 脉冲编码调制(PCM)

对连续模拟信号采样使之离散化并将采样值转换为数字信号，在通信技术中称为脉冲编码调制(PCM)。这是因为得到的信号是编码的脉冲序列。在测控技术中就称为采样及模数(A/D)转换。

3. 时分多路复用

根据采样定理，传输一个连续的模拟信号只需要传输它的采样值即离散信号。因此，信道中还有许多空闲的时间，这时可以用来传输其他的信号。用一个物理信道分时地轮流传送多路信号中各信号的采样值，就是信道的时分多路复用。

(1) 同步时分复用。图 7-26 为同步时分复用系统的基本原理及波形。采样开关 K_1 和分配开关 K_2 同步切换，周而复始。K_1 对 3 个通道依次采样，通过信道传输到接收端，再由 K_2 将各信号的采样值分开，各自接上低通滤波器即可恢复成连续信号。这是一种时分复用模拟传输系统，在采样后也可以通过 A/D 转换变成数字传输，$f(t)$ 本身也可以是数字信号源。在实际系统中，代替 K_1、K_2 的是复杂的多路复用设备，负责信号的综合、分配和同步等，在这种系统中，采样、传输、接收和分配同步进行，称同步时分多路复用系统。

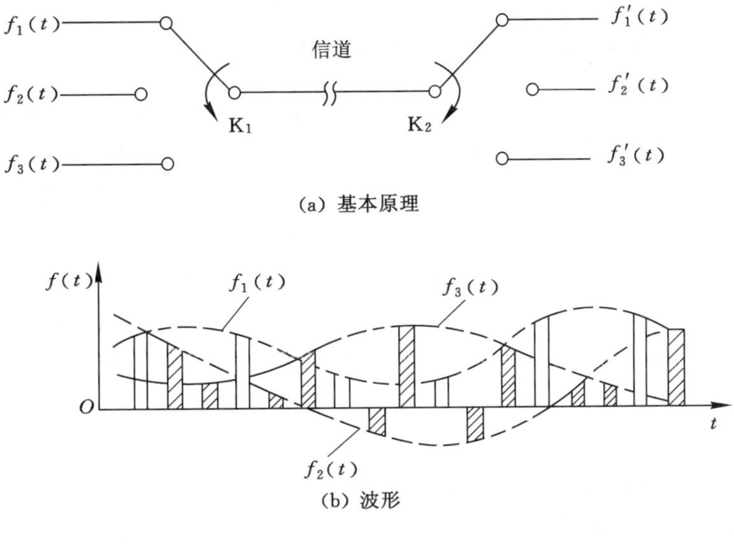

图 7-26　同步时分复用系统的基本原理与波形

(2) 异步时分复用。同步时分复用系统需要复杂的同步系统,各个信号源分配的传送时间(时隙)是固定的,不易改变。早期的数字遥测遥控系统就是采用硬件逻辑的同步时分系统。计算机通信技术应用到监控领域以后,普遍采用了异步时分复用系统。在这种系统中,各信源数据采集后被存储、缓冲,由通信处理器或多路复用器动态地分配时隙,数据多的多分配时隙,数据少的少分配时隙,暂时无数据的不分配时隙。接收端收到数据后也存储、缓冲,再分配给各个显示器、记录仪,或者由用户根据需要调用这些数据。

(3) 采样周期的时隙分配与异常报告。在监控系统所采集和传输的众多信号中,有的变化快,有的变化慢,或者说它们的最高频率分量高低不同。如果按变化慢的信号选取采样周期,则对于变化快的信号将不能满足采样定理要求;反之,对变化慢的信号而言,采样速率太高,浪费时间。这时可用如下的办法:在一个采样周期中,对快慢不同的信号安排不同的采样次数。例如,$S_1 \sim S_5$ 5 个信号,$S_2 \sim S_5$ 的最高频率分量的频率相近,而 S_1 约为其他信号的两倍,则可按如下顺序来采样:

$$S_1, S_2, S_3, S_1, S_4, S_5, \cdots$$

即在一个周期中 S_1 采样两次,而其他信号只采样一次,从而节约了时间。

在异步时分复用系统中,还可以采用异常报告的方法来提高系统的响应速度。它的基本做法是:地面中心站巡检各测控分站时,测控分站并不发送所有采集的数据。对于状态量(开关量),只发送变化了的状态数据,即与上次发送的状态数据比较,若发生了变化(例如"0"变成了"1")则发送,否则不发送。对于模拟量,则规定一定允许变化的范围,称为"窗口"。窗口是滑动的,其中心值就是上一次发送的值。当采集的数据未偏离出窗口,即与上次发送的值(窗口中心值)相比,未超出允许范围时,则不发送,如超出了窗口,则发送,并将该值作为新的窗口中心值。例如,对于某设备的工作电流,规定窗口大小为 3 A,即允许变化范围为±1.5 A。若上次发送的值为 83 A,那么新采集的值在 81.5~84.5 A 时,不发送,如为 85 A 则发送,而新的窗口变成了 83.5~86.5 A。显然,这种异常报告方法可以大大提高轮询速度。

四、码分多址复用(CDMA)和波分多路复用(WDM)

码分多址复用(CDMA)是一种基于载波码串特征的不同来区分多路信息的多路复用方式。在 CDMA 系统中,各发送端用各不相干的、相互(准)正交的地址码调制其所发送的信号,在接收端利用码型的(准)正交性,通过地址识别(相关检测)从混合信号中选出相应信号。相关解调器只对特定的(相关)码型起反应,而对其他(非相关)码型无反应。

CDMA 有着鲜明的特点,在 CDMA 系统中,所有用户使用同一频率,占用相同的带宽。各个用户可以同时发送或接收信号,各个用户的信号不是靠频率不同或时隙不同来区分的,而是用各自不同的编码序列来区分,或者说是靠信号的不同波形来区分。从时域或频域上看,各个用户同时发送或接收的信号是相同重叠的。这一点与 TDM 和 FDM 有着极大的区别。

波分多路复用(WDM)是一种光纤通信中所使用的复用方式,它可以在一根光纤中同时传输多种波长的光波信号。它的出现,使光纤通信的容量产生几十倍或成百倍的增长。

WDM 的基本原理:发送端有 n 台光发射机(即有几个不同波长的光源),输入的信号经这些光发射机调制后得到 n 路光波信号,合波器将这些光波信号合并起来(复用),送入光缆线路上的同一根光纤进行传输。当这些被合并的光波传到接收端后，通过分波器将它们分开（解复用），分别送到各相应的光电检测器中（解调），以恢复出原始信号，送入不同的终端，从而实现在一根光纤中同时传输多种波长的光波信号的目的。

复习思考题

1. 什么是信号和信息？
2. 信息传输系统由哪些部分组成？各部分的作用是什么？
3. 数字传输系统与模拟传输系统有什么区别？
4. 什么是同步传输？什么是异步传输？
5. 什么是数字基带信号？数字基带信号有哪些码型？
6. 什么是数字信号的频带传输？有哪几种调制方式？
7. 简述频移键控（FSK）调制的工作原理。
8. 什么叫信号多路复用？
9. 简述频分多路复用（FDM）的基本原理。
10. 时分信道复用（TDM）系统数据传输的形式有哪些？各有什么优缺点？

第八章

安全监测监控互联网通信技术

计算机网络技术自20世纪60年代的单机通信系统发展起来，已逐步形成了具有开放式的网络体系、高速化、智能化和应用综合化的网络技术。以计算机网络为基础的互联网通信已成为信息产业时代最重要、最关键的组成部分，对安全监测监控技术的发展和应用发挥了巨大的促进作用。

目前在煤炭企业普遍应用自动化技术水平较高的全矿生产过程综合自动化控制系统，建立现代化的、覆盖矿井各生产系统的实时调度监控网络，实现煤炭生产采掘运的综合调度和生产过程自动化。矿井综合自动化系统的总体框架为利用先进的网络技术，将以前独立控制的各生产、管理设备及系统等连接起来，结合自动化、网络、通信、数据库等技术，将生产自动化、管理信息化、信息数字化的各项应用系统集成在一个网络平台上，建成以工业以太网为核心的开放式矿井综合自动化系统，如图8-1所示。

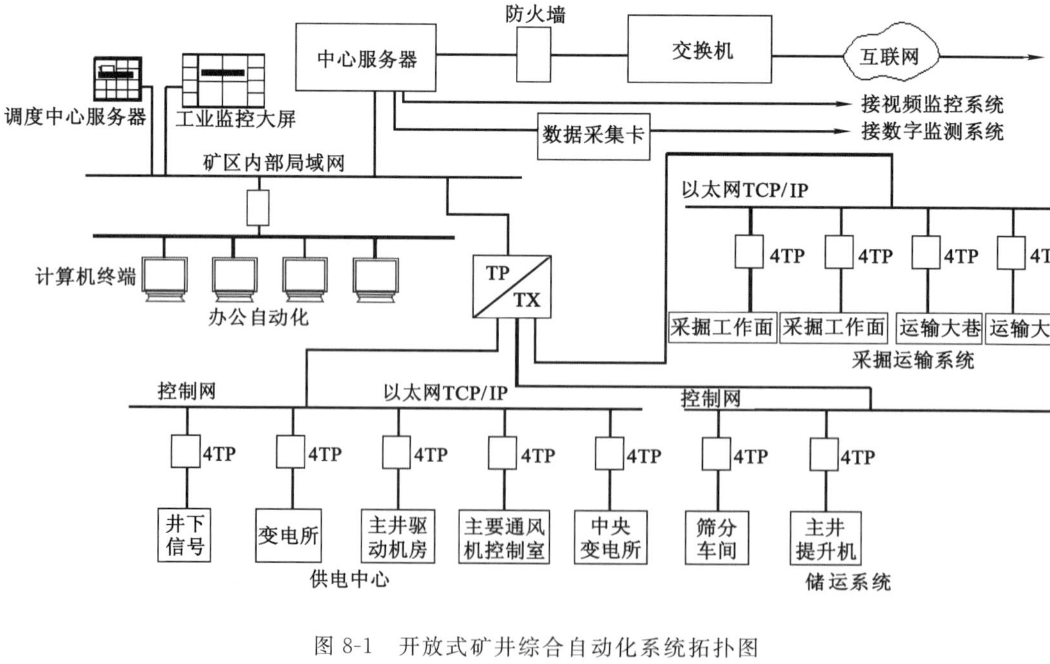

图8-1　开放式矿井综合自动化系统拓扑图

第一节 计算机网络及其体系结构

一、计算机网络的基本概念

（一）计算机网络的定义

计算机网络是通过某种通信介质将不同地理位置的多台具有独立功能的计算机连接起来，并且借助网络硬件，按照网络通信协议和网络操作系统来进行数据通信，实现网络上的资源共享和信息交换的系统。

（二）计算机网络的功能

计算机网络有如下四点功能：

(1) 数据传输。这是计算机网络的最基本功能之一，用以实现计算机网络中各节点计算机之间的信息传送。如发送电子邮件、进行电子商务、远程登录等。

(2) 资源共享。包括共享软件、硬件和数据资源，是计算机网络最常用的功能。资源共享指的是网上用户都能部分或全部地享受这些资源，使网络中各地理位置的资源互通信息、分工协作，从而极大地提高系统资源的利用率。

(3) 提高处理能力的可靠性和可用性。网络中一台计算机或一条传输线路出现故障，可通过其他无故障线路传递信息，在无故障的计算机上运行需要的处理。分布广阔的计算机网络，对不可抗拒的自然灾害有着较强的应付能力。

(4) 易于分布式处理。计算机网络用户可根据情况合理选择网上资源。对于较大型的综合性问题可以通过一定的算法将任务分别交给不同的计算机去完成，以达到均衡使用网络资源、实现分布处理的目的。

（三）计算机网络的分类

计算机网络具有多种分类方式。按不同的用途分类，有共享资源网、数据处理网（如实时控制）、数据传输网（如银行网）、大型商用网、企业管理网等。按不同的网络通信协议分类，有 TCP/IP 协议、IPX/SPX 协议、NetBEUI 协议、HTTP 协议、FTP 协议等，如采用 TCP/IP 协议的 Internet，TCP/IP 协议使得异结构环境下的不同节点能够彼此通信，是一种网络互联的标准协议。按通信交换技术分类，有线路交换网和分组交换网。按通信传输技术分类，有基带网和宽带网。按传输介质分类，有无线网和有线网。也可按网络覆盖的地理范围分类，有局域网（local area network，LAN）、城域网（metropolitan area network，MAN）和广域网（wide area network，WAN，也称远程网 RCN）。局域网组建方便，使用灵活，其地理范围一般在 10 km 以内，属于一个部门或单位组建的小范围网，如一个建筑物内、一个学校内等。城域网和广域网涉及范围较大，一般可从几千米到几万千米，如一个城市和地区内、一个国家内或洲际之间。此外，还可从计算机网络实现的拓扑结构的角度来分类。计算机网络的拓扑结构影响着整个网络的设计、功能、可靠性和通信费用等重要指标。网络上可访问的每台计算机、终端设备或支持网络连接的连接器、转接器等都可称为网络上的一个节点（node）。而网络拓扑结构就是指网络节点的位置和互联的几何布局，一般分为总线型、星型、树型、环型和网型等。实际建网过程中是采用其中的一种或几种的复合形式实现的。

二、计算机网络的拓扑结构

在研究计算机网络组成结构的时候,我们可以采用拓扑学中一种研究与大小形状无关的点、线特性的方法,即抛开网络中的具体设备,把工作站、服务器等网络单元抽象为"节点",把网络中的电缆等通信介质抽象为"线"。这样,从拓扑学的观点看计算机网络就变成了点和线组成的几何图形,由点和线描述的计算机系统组合结构图即为计算机网络的拓扑结构。

计算机网络中的节点有两类:一类是转接和交换信息的转接节点,它包括节点交换机、集线器和终端控制器等;另一类是访问节点,它包括计算机和终端等,它们是信息交换的源节点和目标节点。计算机网络的拓扑结构类型较多,主要可以分为总线型、星型、环型、树型、全互联型、网型和不规则型七种,如图 8-2 所示,常用的是总线型、星型和环型结构。

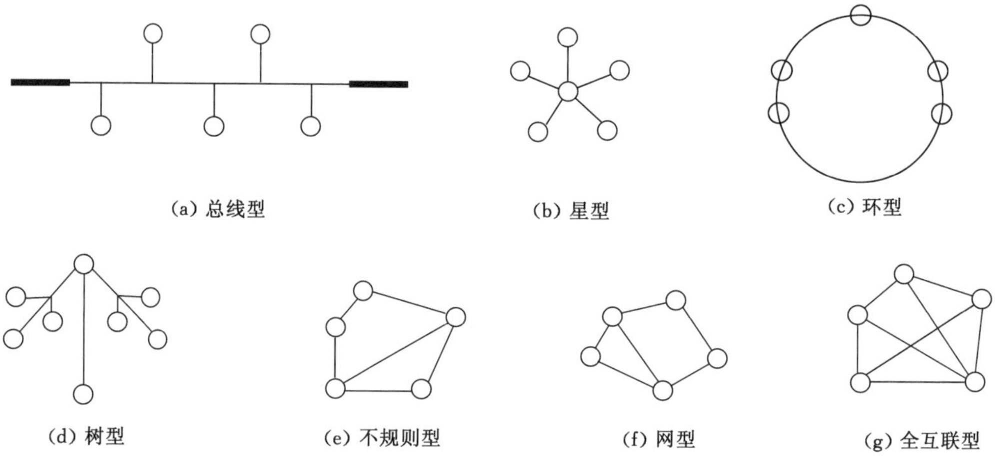

图 8-2　计算机网络的拓扑结构类型

(一) 总线型结构

总线型结构网络如图 8-2(a)所示。总线型结构网络是将各个节点和一根总线相连。网络中所有的节点都通过总线进行信息传输,任何一个节点的信息都可以沿着总线向两个方向传输,并被总线中任何一个节点接收。在总线型结构网络中,作为数据通信必经的总线的负载量是有限度的,这是由通信介质本身的物理性能所决定的。因此,在总线型结构网络中,总线的长度有一定的限制,一条总线也只能连接一定数量的节点。

总线型结构网络的主要优点是:结构简单灵活,各节点共享信道,对节点设备的装、卸非常方便,可扩充性好;当某个工作节点出现故障时,不会造成整个网络的故障,可靠性高;另外,这种结构的网络节点响应速度快,共享资源能力强,设备投入量少,成本低,安装使用方便。因此,总线型结构是最传统的,也是目前广泛使用的一种网络结构。一般将总线两端连接的器件称为终端阻抗匹配器或终结器,主要是与总线进行阻抗匹配,吸收传送到终端的能量,避免产生不必要的反射的干扰。

(二) 星型结构

星型结构网络如图 8-2(b)所示。星型结构网络是以中央控制节点为中心与各个节点连接组成的。如果一个工作站需要传输数据，它首先必须通过中央控制节点，中央控制节点接收各分散节点的信息再转发给相应节点。因此，中央控制节点相当复杂，负担比其他节点重得多。中央控制节点目前多采用集线器(HUB)与其他节点连接。

星型结构网络的主要优点是结构简单，建网容易，便于控制和管理。而其主要缺点是中央控制节点负担重，容易在中央控制节点上形成系统的"瓶颈口"。此外，通信线路的利用率也不高。

(三) 环型结构

环型结构网络如图 8-2(c)所示。环型结构网络中的各备节点是连接在一条首尾相连的闭合环型线路中的。环型结构网络中的信息传送是单向的，即沿一个方向从一个节点传到另一个节点。由于信息按固定方向单向流动，两个节点之间仅有一条通路，系统中无信道选择的问题。因此，任何节点的故障均能导致环路不能正常工作。目前已有许多解决这些矛盾的办法，如建立双环结构等。

环型结构网络的主要优点是结构简单，由此使得路径选择、通信接口、软件管理都比较简单，所以实现起来比较容易。其主要缺点是当节点过多时，影响传输效率，使网络响应时间变长；另外，在加入新的工作站时必须使环路暂时中断，故不利于系统扩充。但目前的一些环型结构网络对此也有了改进办法。

(四) 树型结构

树型结构网络如图 8-2(d)所示。树型结构网络是一种总线型分级结构网络，和星型结构网络比较，其线路总长度较短，故成本较低，但结构较星型结构复杂。在树型结构网络中，任意两个节点之间不产生回路，每条通路都支持双向传输。两个节点之间的通路，有时需要经过中间主节点才能连通。一般来说，除叶子节点及其连线外，任一节点或连线的故障均影响其所在支路网络的正常工作。

树型结构网络的主要优点是扩充方便、灵活，成本低，易推广。此外，天然的分级结构使得这种网络比较适用于分主次或分等级的层次型管理系统。

(五) 其他类型的结构

不规则型结构网络如图 8-2(e)所示。这种结构的网络中各节点的连接没有一定的规则，一般是在节点的地理位置分散的远程网中使用。

网型结构网络如图 8-2(f)所示。这种结构的网络又称为分布式网络，其中任何一个节点都至少和其他两个节点相连，因而分布式网络是非常可靠的。现在有一些网络把主要干线的拓扑结构做成分布式的。

全互联型结构网络如图 8-2(g)所示。这种结构的网络的特点是速度快，可靠性高，但是建网投资大，一般用于有特殊要求的场合。

三、数据交换方式

交换又称为转接，是在多个节点的网络中实现数据传输的一种必不可少的手段。

(一) 线路交换

线路交换(或称电路交换)是一种直接的交换方式。用户在开始交换信息前，先要申请建立一条从发送端到接收端的物理通道，这里所指的通道不一定是一条电话线，也可以是预先分配的传输信道。只有在这条通道建立之后，双方才能交换信息。在双方进行信息交换的全部时间里,用户始终占用着这一通道,信息交换结束后通道才断开。

线路交换方式的优点是传输时延(即延迟时间)小,唯一的时延是电磁信号的传输时间;另一个优点是一旦建立电路便由通信双方专用,不会发生冲突。

线路交换的缺点是建立电路所需要的时间太长,通常需要 10 s 甚至更长的时间;另一个缺点是电路利用率低,因为电路一旦建立,即使双方不传送信息,也不能改作其他用途。

(二)存储交换

线路交换的缺点对于计算机通信来说几乎是不能容忍的,特别是由于计算机各种终端的传输速率不一样,采用电路交换时,不同类型、不同规格、不同速率的终端很难互相通信。此外,计算机通信还要求非常可靠地、正确无误地传送每一个比特,因此,还需要采取有效的差错控制技术。由于种种原因,必须寻找出新的适合于计算机通信的交换技术。

存储交换是将输入的信息在交换装置控制下先存入缓冲存储器中暂存,当指定的线路空闲时,再将数据转发出去。基于这种交换的原理,产生了多种适合于计算机通信的交换技术,如报文交换和分组交换。

1. 报文交换

报文交换的单位是报文,网络把整个报文封装起来,加上目的地址和其他控制信息,等到线路有空时发送出去。这种方式要求网络上的每个节点都有存储和处理报文的能力。接收点接收整个报文,分析报文头信息,选择适当路由再转发出去,通常用于电子邮件之类的服务。

2. 分组交换

分组交换也称为包交换。它的特点是把长的报文分成若干个较短的分组(或称为包),每个报文分组由规定形式的数据信息、传输控制信息和差错控制信息等排列而成。分组交换以分组为单位进行发送、暂存和转发。因为报文分组比较短,在各节点之间的传送比较灵活,大大减少了对各节点存储容量的要求,也缩短了网络时延。但是,在发送端要求能对报文进行分组,在接收端能将分组合成报文。

分组交换方式不是以电路连接为目的,而是以信息转发为目的。分组交换的优点是高效、灵活、迅速可靠。分组交换采用了动态(或者说是断续)分配传输带宽的策略,使得许多用户可以共享一条信道,这对计算机数据的传输是非常合适的。同时,分组交换常采用复杂的拓扑结构和路由选择算法,这使得在某些节点或链路出现故障时,不会引起全网络的瘫痪。由于网络的主干线路往往由一些高速链路组成,因此,能迅速地传送大量的计算机数据。

分组交换的缺点是信息传送的时延较大,并且具有随机性;由于分组中包括一些控制信息,因此,造成一定的额外开销;分组交换的控制和管理较线路交换复杂,当业务量过大时,时延可能会很大。

(三)其他交换方式

从线路交换和存储交换这两种基本的交换方式出发,发展演变了这两种交换方式的变形和混合形式。

分组交换的出现主要是为了解决线路交换中接通时间太长这一问题。解决此问题的一个直接方法是建立一个新的线路交换系统,使得接通时间只要几毫秒而不是几秒。比如,在终端每输入一行,终端内的微处理机立即“接通”计算机,发送这一行,然后挂断。这种方式称为快速连接线路交换。

高速分组交换是对分组交换的改进和提高。在分组交换发展的初期,由于网络设施基本是借用模拟电话线路,这种线路容易受干扰而产生误码,因此,在每个节点要进行大量差错控制与检验工作。随着数字光纤网的发展,其误码率、损耗都比早期电话网低得多,因此,可以简化控制,以减少节点处理分组的时间。此外,还可以开发适合各种业务(如话音、数据、视频等范围的业务)的高速分组交换协议。

ATM交换(异步转移模式)是一种与高速分组交换非常相似的交换方式,它可以克服线路交换和高速分组交换的缺点,最大限度地发挥线路交换和分组交换的优点。比如,ATM交换不只是简化了控制和提高速率的分组交换,为了满足实时性要求,还使用了线路交换方法,从而能够高速地传送综合业务信息。

第二节 网络协议

计算机网络是多种类型的计算机和终端通过通信线路连接起来的复合系统。在这个系统中,实现资源共享、均衡负载、分布处理等网络功能都离不开信息交换(即通信)。为了将不同计算机厂家的计算机及设备连成网络,做到无论其设备内部结构如何,都能确保通信双方正确地通信与对话,就要求信息的内容、格式、传输顺序等有一整套的规则、标准和约定,这就是所谓的网络协议。

网络协议主要由以下三个要素组成:

① 语法:数据与控制信息的结构或格式;

② 语义:需要发出何种控制信息,完成何种动作以及作出何种应答;

③ 同步:事件实现顺序的详细说明。

对于非常复杂的网络协议一般采用层次式结构。所谓层次式结构是指将一个复杂的系统设计问题划分成层次分明的一组容易处理的子问题,各层执行和完成自己所承担的任务,层与层之间有接口,该接口为层与层之间的组合提供通道。层次式结构设计是结构化设计中主要的设计方法之一,使计算机网络协议具有层次式结构而有如下优点:

(1) 具有灵活性

由于各层之间是独立的,所以当任何一层由于各种原因需要改变其内部结构时,其他的各层不受影响。

(2) 结构上可分割开

各层都可以相对独立地在合适的时候采用合适的技术来实现。

(3) 有利于标准化

定义的网络协议可以为各个网络设备制造厂家提供通信准则,方便各类型计算机网络设备进行信息交换。

一、开放系统互联参考模型

计算机网络体系结构的研究引起了世界各国网络工作者的重视。各网络企业结合自己的计算机硬件、软件和通信设备的特定情况纷纷提出了不同的计算机网络体系结构。世界上第一个网络体系结构是美国IBM公司于1974年提出的系统网络体系结构(system network architecture,SNA)。

为了使网络体系结构标准化，1978 年初，国际标准化组织(International Organization Standardization，ISO)设立了一个分委员会，专门研究网络通信的体系结构，提出了开放系统互联(open system interconnection，OSI)参考模型。OSI 不断发展，得到了国际上的承认，1982 年被定为国际标准草案，成为其他计算机网络体系结构靠拢的标准。

这里的所谓“开放”是指一个系统只要遵循 OSI 标准，就可以和位于任何地方的也遵循同一标准的其他任何系统通信。应该说明的是，上面所提到的 SNA 就不是开放系统，而是一个封闭系统。所谓“系统”是指按照一定的关系或者规则在一起协同工作的一台或多台计算机、外部设备及其相应的软件等组成的集合。

OSI 标准制定过程中，采用的是前面提到的层次式结构方法。问题的处理采用自上而下逐步求精的方法。

必须说的是，OSI 参考模型的本身并不是为网络各层提供了标准，而只是给出了一个不必因技术发展而必须修改的稳定模型，使有关标准和协议能在模型定义的范围内开发和相互配合。

OSI 参考模型对人们研究网络起了重要的指导作用，它的分层思想使得复杂的网络系统变得层次分明，结构清晰，使整个网络的设计变成了对各层及层间接口的定义和设计。因此，整个网络易于设计和实现。当然，OSI 参考模型也并不是尽善尽美的，许多人从不同的方面对 OSI 参考模型提出了不同的看法。

(一) OSI 参考模型的分层结构

网络的分层一般遵循下述原则：

① 分层层数不要太多；

② 层次的划分要便于标准化；

③ 各层内的功能要尽可能相对独立，对技术或处理上明显不同的功能应建立独立层次；

④ 类似的功能要尽可能放在同一层内；

⑤ 各层的划分要便于层与层之间的衔接，各层界面应设置在信息通过接口最少的地方；

⑥ 扩充某一层的功能或协议不能影响其他层；

⑦ 根据需要，可以在同一层内再设置若干个子层次。

遵照上述分层的原则，OSI 参考模型将整个网络的功能划分成七层，简称七层协议，如表 8-1 所列。

表 8-1　OSI 参考模型中的七个层次

层号	层的名称	层的英文名称	层的英文缩写
7	应用层	application layer	A
6	表示层	presentation layer	P
5	会话层	session layer	S
4	传输层	transport layer	T
3	网络层	network layer	N
2	数据链路层	datalink layer	DL
1	物理层	physical layer	PH

每一层各自完成一定的功能，并向上层提供所需要的服务。每层完成本层任务时，使用下层提供的服务。各层功能相对独立，通过接口与其相邻层连接，只要层间接口不变，层内实现技术的变更不会影响其他各层。

为了方便，常把七个层次分为高层与低层，低层为 1～4 层，是面向通信的，而高层为 5～7 层，是面向信息处理的。另一种分法是按网络功能来划分的，低 3 层是网络功能层，高 4 层是用户功能层。

（二）OSI 参考模型中的几个基本概念

1. 协议和服务

在 OSI 参考模型中用“实体(entity)”一词表示任何可以发送或接收信息的硬件或软件进程。在许多情况下，实体就是一个特定的软件模块，每一层可以看作由若干实体组成。相同层次内相互交互的实体称为对等实体。控制两个第 N 层对等实体进行通信的规则称为第 N 层协议。协议的语法方面的规则定义了同层内对等实体间交换的信息帧、组和报文的格式，而协议的语义方面的规则定义了发送者或接收者所要完成的操作。

两个第 N 层实体在第 N 层协议的控制下通信，使得下层能够向上层提供服务。所谓下层提供的“服务”就是上层能够“看得见用得着的功能”。实体利用协议来实现它们的服务。只要不改变提供给用户的服务，实体可以随意改变它们的协议。

协议和服务是两个不同的概念。协议是控制对等实体之间通信的规则，是“水平向的”；服务是由下层通过接口向上层提供的功能，是“垂直向的”。

2. 面向连接的服务与无连接服务

面向连接的服务可用电话系统来比喻。要和某人通话，先拿起话筒并拨号(建立连接)→通话(交换信息)→挂机(终止这个连接)。面向连接的服务具有连接建立、数据传输、释放这三个阶段。利用面向连接的服务传送数据是按序传送的，这一点和电路交换的许多特性相似。因此，面向连接的服务在网络层中又称为虚电路服务。这里的“虚”字表示两个对等实体在通信过程中，虽然没有实际占用一条端到端的物理线路，但对用户来讲好像是占用了一条这样的线路。

无连接服务可以用邮政系统来比喻。每个报文都带有完整的目标地址，它独立于其他报文，经过系统所选择的路线传送。在正常情况下，当两个报文发往同一目标地时，先发送的先到达。当然，也有可能先发送的报文在途中延误了，后发送的反而先收到。这种情况在面向连接的服务中是绝对不可能发生的。

在无连接服务的情况下，两个实体之间的通信不需要先建立好一个连接，其下层的有关资源不需要事先预订保留，这些资源是在数据传输时动态地进行分配的。

无连接服务的优点是灵活方便和比较迅速，但无连接服务不能防止报文的丢失、重复或失序。在采用无连接服务时，由于每个报文都必须提供完整的目标地址，因此开销也较大。

（三）OSI 参考模型的数据传输

OSI 参考模型中的数据流示意图如图 8-3 所示。

如果发送端用户 X 要向接收端用户 Y 发送信息，则信息传递的路线是这样的：先发送的用户进程把数据交给应用层，在应用层中为数据附加一个报头信息段 H_7，该信息段包括该层协议所需要的信息；附加了报头信息段 H_7 的数据经第 6、7 层的接口进入表示层，该层对数据进行必要的交换后，附加上表示层协议所需要的信息 H_6，并送入会话层；会话层同样

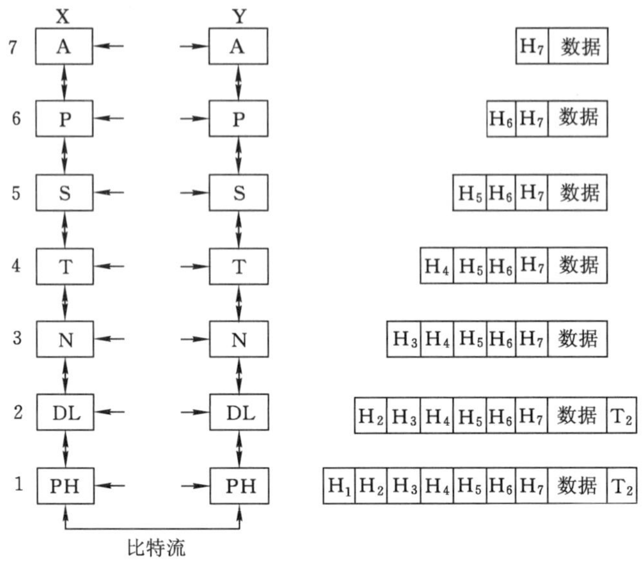

图 8-3　OSI 参考模型中的数据流示意图

也附加上信息 H_5，并送入传输层。依此类推，直至将数据送到数据链路层。数据链路层根据高级链路控制规程将数据信息加上 H_2 和 T_2，组成称为帧的数据单位并传送至物理层。物理层由于是比特流的传递，所以不再加上控制信息。物理层通过传输介质以比特流的方式将数据及控制信息传送到第一个节点，最后传送到接收端，接收端接收后按上述相反的过程，层层去掉控制信息，最后把数据送到目标系统的用户 Y。

由图 8-3 可见，用户 X 将要传送的信息送入第 7 层（应用层），在应用层中为数据加上若干比特的控制信息（报头），就变成了下一层的数据单元。如果在发送过程中加报头的工作称为封装，则在接收过程中逐层去掉所加报头的工作称为拆装（或拆封）。

由上面的叙述可以看出，除物理层之间有物理连接外，其余各相应层之间均不存在直接的通信关系，而是通过相应层的协议通信，这种通信又称为虚拟通信。虽然用户的数据要经过如图 8-3 所示的复杂过程才能送到对方的应用层，但这些复杂过程对用户来说都是透明的，以致用户 X 觉得好像是把数据直接交给了用户 Y。

下面我们将对 OSI 参考模型中的每一层（特别是低层）的技术细节做进一步的说明。

二、物理层

按 OSI 参考模型的要求，物理层的作用就是提供在物理传输介质上传送和接收比特流的能力。由于现在计算机网络中的物理设备和传输介质种类繁多，通信手段有许多不同方式，物理层的作用就是要尽可能地屏蔽掉这些差异，使上面的数据链路层感觉不到这种差异。

物理层涉及的范围比较广泛，而且早在 ISO 提出 OSI 参考模型之前，许多属于物理层的规程或协议就已经制定出来了。在这种实际情况下，要想把已被大量用户使用多年的物理层规程统一到 OSI 定义的物理层框架之下是相当困难的。因此，在目前情况下，不太可能重新按照 OSI 的抽象模型去制定一套新的物理层协议。

物理层建立在通信介质基础上，是设备之间的物理接口。数据比特流通过这一接口从一台物理设备传送到另一台物理设备。按照 ISO 的术语，将物理接口两边的设备分别称为数据终端设备(data terminal equipment，DTE)和数据电路终端设备(data circuit terminal equipment，DCE)。具有一定数据处理能力以及发送和接收数据能力的设备统称为数据终端设备，如各种用户终端、计算机以及各种 I/O 设备等。由于大多数数据处理设备的数据传输能力都是有限的，所以，在两个距离很远的数据处理设备之间通信，必须在数据处理设备和传输线路之间加上一个中间设备，这种中间设备统称为数据电路终端设备。典型的 DCE 是调制解调器。

(一) 物理层的功能

(1) 保证数据按位传送的正确性

当一方发送了一个"1"时，对方就应该收到一个"1"而不是"0"。这里涉及的信号"1"和"0"用多少伏的电压表示、1 bit 信息占用多长时间(也叫位宽)、传输方式(单工、半双工或全双工)等问题，都是物理层必须正确解决的任务。

(2) 物理层应能建立、保持、释放相应的物理连接

若两个设备之间需要经过若干中继设备才能建立连接，则物理层还应能将相应的数据电路及设备互联，以建立相应的物理连接。

为了完成上述任务，物理层的设计会遇到许多具体的有关机械、电气、功能、过程等方面的问题。

(二) 物理层的特性

(1) 机械特性

机械特性是指硬件连接的接口(一般都采用插接式连接器)。具体地说，应有接口的大小、形状、尺寸，引脚的个数、规格和引脚的分布以及相应通信介质的参数和特性等。

(2) 电气特性

电气特性是指信号状态"0"和"1"用多少伏电压表示、1 bit 信息占用多长的时间、传输的速率、编码方式等。由于信号在传输过程中常会出现信号失真，使得发出和接收的信号不一致，因此，还必须对线路距离和失真进行优化。

(3) 功能特性

功能特性定义接口电路的功能。接口信号大体上可以分为数据信号、控制信号和时钟信号。功能特性要对各信号分配确定的信号含义，即定义 DTE 与 DCE 之间各电路的功能和操作要求。

(4) 过程特性

过程特性(也称作规程特性)是在功能特性的基础上，利用接口传送比特流的过程和顺序。它涉及 DTE 与 DCE 双方在各线路上的动作规程以及执行的先后顺序，如怎样建立和拆除物理线路的连接，信号的传输采用什么方式(单工、半双工还是全双工)等。

(三) 物理层的标准

(1) RS-232C

关于物理层上的互联问题，国际上已有许多标准件可用。美国电子工业协会(EIA)制定了名为 RS-232C 的标准，RS-232C 中的 RS 是 recommended standard 的缩写，意为推荐标准，232 是标识号，C 是版本号。目前，计算机网络中最常见的物理层标准接口(DTE 和

DCE之间的接口)就是RS-232C。这种标准与原国际电报电话咨询委员会(CCITT)的V.24标准兼容,是一种非常实用的异步串行通信接口。

RS-232C是一种25针插接式连接器,其功能特性为25根引脚规定了每个引脚的名称和作用,如引脚1为保护地线,引脚2用于发送数据等。它的电气指标是低于－3 V的电压表示二进制1,高于＋4 V的电压表示二进制0。它的机械技术指标是宽47.04 mm±13 mm(螺丝中心间的距离),25针插头/座的顶上一排针(从左到右)分别编号为1～13,下面一排针分别编号为14～25。还有其他一些严格的尺寸说明。

(2) RS-485

目前总线型环网的物理层选用RS-485标准,通信距离可延深至千米。应用RS-485可以联网构成分布式系统,其允许最多并联32台驱动器和32台接收器,电气特性体现在:状态量的逻辑"1"以两线间的电压差＋2～＋6 V表示,逻辑"0"以两线间的电压差－6～－2 V表示。RS-485接口信号电平比RS-232C降低许多,能有效保护接口电路芯片,且该电平与TTL电平兼容,方便与TTL电路连接。此外,RS-485接口在总线上允许连接多达128个收发器,即具有多站能力,这样用户可以利用单一的RS-485接口方便地建立设备网络。

(3) 建议书

RS-232C是为在模拟信道上传输而制定的一个接口标准。原CCITT还制定了数字信道标准,并且在1976年通过了数字信道接口标准建议书X.21。

X.21规定了用户的计算机DTE在建立和释放一个连接时应当和DCE交换哪些数据。数字信道当然不需要使用调制解调器,这里的DCE不再表示调制解调器,而是表示DTE和网络接口的一个设备。X.21规定使用15根引脚的插头/座,它是一个相当复杂的接口标准,这里不做详细介绍。

三、数据链路层

数据链路层是通过物理层建立起来的链路,将具有一定结构和意义的信息在实体间进行无差错的传输,为上一层网络提供有效的服务。

(一) 数据链路层的功能

数据链路层要为网络层提供可靠、无差错的数据信息,就要在两个链路层之间建立一条或多条数据链路(逻辑连接)。由于物理层只是接收和发送一串比特流信息而不管其意义和结构,数据链路层必须把这些比特流进行分割,即按照一定格式分成信息帧后再发送给对方,并处理接收方送回的回答帧。数据链路层的功能归纳如下。

1. 成帧与帧同步

数据链路层要将比特流划分成具体的帧,即成帧。当发送方以帧为单位将数据发送出去后,接收方应能从接收的比特流中区分出一帧的开始和结束,即帧同步。

2. 链路管理

当网络中的两个节点要进行通信时,必须先建立一条数据链路。同样地,在传输数据时要维持数据链路,而在通信完毕时要释放数据链路。数据链路的建立、维持和释放就叫作链路管理。

3. 流量控制

发送方发送数据的速率必须使接收方来得及接收,当接收方来不及接收时,就必须及时控制发送方发送数据的速率，这种控制称为信息流量控制。流量控制就是协调收、发双方的速率，以保证传输的正确性。

4．差错控制

在计算机通信中，一般都要求有极低的差错率，通常采用一种称为检错重发的方法控制差错，即接收方如果检测出收到的帧中有差错(但并不知道是哪几个比特出错)，就让发送方重复发送这一帧，直到接收方正确收到这一帧为止，这个过程叫作重发。另外还有一种差错控制的编码技术称为前向纠错，即接收方收到有差错的数据帧时，能够自动将差错改正过来，但这种方法开销太大，不适合计算机通信。

5．区分数据和控制信息

由于数据和控制信息都是在同一信道中传送，而在许多情况下，数据和控制信息处于同一帧中，因此，一定要有相应的措施使接收方能够将它们区分开来，特别是当所传数据中的比特组合恰巧与某一个控制信息完全一样时，就必须采取适当的措施，使接收方不会将这样的数据误认为是某种控制信息。

6．寻址

在多点连接的情况下，必须保证每一帧都能够送到正确的目标地址，接收方也应当知道发送方是哪一个站。确认源地址和目标地址的过程叫作寻址。

（二）两种类型的数据传输控制规程

为了保证数据的正确传输，除差错控制外，通信双方还要为数据传输增加一些控制，如数据转发前约定发、收两方之间的通信线路，数据转发期间保持同步，传输结束拆除通道等都叫传输控制。为了实现这些控制所制定的一些规程、规定称为数据传输控制规程(或通信控制规程)，这就是数据链路层的协议。这些控制规程随着数据传输线路的结构和系统要求不同而不同，目前已采用的数据传输控制规程基本上可以分成两类：面向字符型和面向比特型。

1．面向字符型控制规程

面向字符型控制规程的特点是：

① 以字符作为传输信息的基本单位；

② 规定在链路上所传送的字符必须由规程的字符集中的字符组成(如采用 ASCII 码等)；

③ 链路上传送的控制信息也必须由一个字符集中若干指定的控制字符组成；

④ 多数采用半双工通信方式，有的也采用全双工通信方式；

⑤ 采用等待发送的控制方式。

面向字符型控制规程是 20 世纪 60 年代开始发展的，虽然存在着不少缺点，但是在计算机网络的发展过程中，它曾起了重要的作用。

2．面向比特型控制规程

随着计算机通信的发展，面向字符型控制规程逐渐暴露出其可靠性较差、不易扩展、传输效率低、不适于实时系统中的应用等弱点。在这种情况下，20 世纪 60 年代末出现了面向比特型控制规程。例如，ISO 推荐的高级数据链路控制协议(high level data link control，HDLC)，原 CCITT 的 X.25 建议，美国 IBM 公司 SNA 中的同步数据链路控制规程等都属于面向比特型控制规程。这种通信控制规程的特点是：

① 无论是信息、报文还是监控报文，均以帧为单位进行传输，且具有统一的帧格式，用统一的标志符作分界符，因此控制简单；

② 报文的数据和控制信息完全独立，除分界符外，所有信息中字符的出现不受限制；

③ 采用了检错能力较强的校验方法，可靠性较好；

④ 在链路上传输信息采用连续发送方式，即发送一帧信息后，无须等待对方的应答就可以发送下一帧信息，与面向字符型控制规程的等待发送方式相比，传输效率显著提高。

四、网络层

（一）网络层的功能

网络层是第三层。该层的功能是以数据链路层的无差错传输为基础，为网络内任意两设备间的数据交换提供服务。该层传输的信息以报文分组（包）为单位。接收来自源机的报文，把它转换为报文分组，然后按路径选择算法确定的路径将分组送到指定目标机，当它到达目标机之后再还原成报文。

数据链路层协议解决的是两个相邻节点之间的通信问题。如果在两个主机之间通信，它们之间的通路可能要包括许多段链路，因此，也就复杂得多。为了向传输层提供整个网络上任意两个节点之间数据传输的通路，网络层需要解决包括建立、保持、释放连接以及由此而引起的路径选择、流量控制、拥塞和死锁等问题。

除完成任务外，网络层还常设有记账功能，以便生成账单。当分组不得不经过另一个网络到达目标地址时，如果第二个网络寻址方式不同，或分组长度不一样，或两个网络使用的协议不同，网络层还必须解决由此而产生的一些问题，以便使异种网络能够互联。

（二）数据包和虚电路

网络层向传输层提供的服务类型主要分为数据包和虚电路两大类。

1．数据包(datagram)

数据包服务和寄信或发电报的服务相似，每封信或每个电报都可以单独送往对方，并不要求按一定的次序传送。数据包是一个自身带有足够信息的数据单元，根据它所含的目标地址能以最小延迟到达终点，且网络对它们单独处理，与前后数据包无关。数据包格式简单，实现机构也简单，且各数据包从源节点发出的顺序与到达目标节点的顺序无关，由于通常的数据传送都要求按顺序交付给目标站的主机，所以在目标站必须采取一定的措施。例如，在目标站开辟缓冲区，把收到的报文缓存一下，等到可以按顺序交付给主机时再交付。数据包中用户数据一般限定在 128 个字节之内。数据包的一般格式如图 8-4 所示。

类型	源地址	目标地址	其他控制信息	用户数据

图 8-4　数据包的一般格式

2．虚电路(virtual circuit)

为了减轻接收方对报文分组重新编序的负担，采用一种称为虚电路服务的方式来保证报文分组按正确序列到达。所谓虚电路指的是把通信双方连接起来的一套完整的逻辑通道。对于网络用户来说，虚电路建立后，整个网络就好像一条连接两个用户的数字管道，所有发送到网络中的分组都会按照先进先出的原则沿管道到目标主机，而且每个分组不需要携带完整的目标地址，仅需要有个虚电路号码的标志就可以了。虚电路服务与数据包不同，它类似于公用电话系统，要提供自己和接收方的全称网络地址，建立虚电路，然后传送信息，通信完成后拆除虚电路。

3. 路由选择

一个理想的路由选择算法，除了必须是一个正确的算法外，还应具备以下特点：尽可能地减少时延，算法应尽可能简单。由于网络中的通信及拓扑结构常常会发生变化，算法应该自适应地改变路由，但又不能产生过多的振荡，即由算法得出的路由不能在一些路由之间来回不停的变化。与此同时，还要注意用户的公平性及经济性。

路由选择有多种不同的策略，按照随网络的通信量或拓扑结构的变化进行调整的策略来划分，可以分为非自适应路由选择和自适应路由选择。

(1) 非自适应路由选择

非自适应路由选择方法有多种，如洪泛法、固定路由法、分散通信量法等。

洪泛法的基本思想是，当某个节点收到一个不是发给它的分组时，就向除刚刚把分组发给它的那个节点之外的所有与它相连的链路转发出去。为了限制网络中分组数的迅速增长，通常可采用两种方法：一种方法是在每一个分组的首部设置一个计数器，当计数器所计的数达到规定值时，即将此分组丢弃；另一种方法是在每个节点建立一个登记表，凡经过这个节点的分组均进行登记，当某个分组再次经过这个节点时，就将该分组丢弃。

固定路由法是在每个节点保持一张路由表，表上标明对每一个目标地址应当走哪条路进行转发。这些表在整个系统配置时生成，并在相当一段时间内固定不变。

分散通信量法是在每个节点的路由表中给出几个可选用的输出链路，并对每个链路赋给一个概率，当一个分组到达该节点时，此节点即产生一个从 0.00～0.99 的随机数，然后按此随机数查表找出输出链路。

(2) 自适应路由选择

所谓自适应路由选择可以有不同的解释。它可以在某个时候根据网络运行情况调整路由，例如，在网络拓扑结构发生变化或链路出现故障时，也可以根据来自网络某个局部范围的状态信息调整路由。总的来说，自适应路由选择可以划分为孤立的路由选择、分布式路由选择、集中式路由选择和混合式路由选择四种策略，它们的基本思想有很大差别。

分布式路由选择策略是每个节点周期性地从相邻的节点获得网络状态信息，同时将本地节点作出的决定周期性地通知周围的各节点，以使这些节点不断根据网络新的状态更新其路由选择。若采用这种策略，则整个网络的路由选择经常处于一种动态变化中。

集中式路由选择策略是由网络控制中心负责全网状态信息的收集、路由计算以及路由选择的实现。这种路由选择策略也有多种，它的最大好处是各个节点不需要进行路由选择的计算，但也有一个严重的问题即可靠性问题，一旦网络控制中心出现故障，则整个网络失去控制。

4. 流量控制

在某一段时间里，如果网络中对某一资源的需求超过了该资源所能提供的使用部分，则会产生拥塞。这些资源包括链路的容量、节点缓冲区和处理机等，解决拥塞的办法就是采用流量控制。流量控制的主要功能是：

① 防止网络因过载而引起吞吐量下降和时延增加;

② 避免死锁;

③ 在互相竞争的各用户之间公平地分配资源。

实际上并不只有网络层才进行流量控制,在数据链路层和传输层都有流量控制问题,寻找流量控制的方案无非是增加网络的某些可用资源或减少一些用户对某些资源的需求。例如:可以在业务繁忙时增加一些链路,或加大链路的带宽以增加可用资源;也可以拒绝某些服务,降低服务质量,以减少用户对资源的需求。目前,网络中广泛采用的方法主要是设法减少需求。

五、传输层及高层协议

前面叙述的物理层、数据链路层和网络层都属于 OSI 参考模型的低层。低层的作用在网络中大体相同,而且各厂家提出的协议也大同小异,因此,也比较容易实现标准化。传输层以上各层统称为高层协议,高层协议中所涉及的许多内容目前还正在研究之中,各厂家的差别也较大。

(一) 传输层

传输层是高、低层之间衔接的接口层,因此也有人称为中间层。简单说来,它的主要功能是从会话层接收数据,如果需要,就把数据分成较小的信息单位并确保这些信息单位正确地到达网络层,从而实现两层之间数据的透明传送。

传输层是整个网络体系的关键部分,任何进程或应用程序都可以直接访问传输层而不需要经过会话层和表示层。例如,美国 ARPANET 使用的传输控制协议(TCP)就是这样工作的。

传输层提供的主要服务是:

(1) 传输连接管理:在两个传输用户之间建立和维护一条畅通的传输通道,并在通信完毕时释放传输连接。

(2) 数据传送:传输层提供的服务要依靠网络层提供的服务来实现。网络层提供的服务包括数据包和虚电路。如果网络层提供的是虚电路服务,通信子网在控制差错、丢失及报文重复等方面做了许多工作,因此传输层能保证对报文的正确接收;如果网络层提供的是数据包服务,由于其可靠性较差,传输层协议则必须包括差错校验和差错恢复。换句话说,通信子网提供的服务越多,传输协议就可以越简单;反之,通信子网提供的服务越少,传输协议就必须越复杂,因为它必须填补用户的要求与子网提供的服务之间的“间隙”。

传输层协议具有端到端的特性。所谓端到端即从进程到进程,对通信两端的网络用户来说,这种端到端的特性使得各通信子网都变成透明的。也就是说,传输层向高层用户隐蔽了下面通信子网的细节,使高层用户看不见实现通信功能的物理链路是什么,数据链路采用的是什么规程,也看不见下面到底有几个子网以及这些子网是怎样连接起来的,传输层使高层用户看见的就好像是在两个传输实体之间有一条端到端的可靠的通信链路。

(二) 会话层

会话层又称会议层、对话层,可以将其看成是用户与网络的接口。会话层的主要任务是为两个表示层的进程(或称为两个用户)之间的对话提供一种有效的方法。所谓会话就是两个用户之间建立的连接,一次连接称为一次会话。

会话层提供给表示层的服务有：

(1) 数据交换：会话层的重要特征是数据交换。与传输连接相似，一个会话也分为三个阶段，即建立连接、数据交换和释放连接。

(2) 与会话管理有关的服务：如确定会话类型（全双工方式、半双工方式或单工方式）和交互管理（各种请求和响应保持轮番对话的方式叫作交互管理，也称对话管理）。

对话管理可以通过数据令牌来实现。比如，建立一个会话时，先确定会话类型为半双工方式，再决定由哪一方先获得令牌，持有令牌的用户可以传输数据，无令牌的一方只有等待。当有令牌的用户完成数据传输并把令牌传给另一方后，新持有令牌的用户可以进行数据传输。没有令牌的用户可以申请令牌，申请可能被接受，也可能被拒绝。

(3) 隔离服务：会话的任何一方，在数据少于某一定值时，数据可暂不向目的用户传输，也就是在一个输入缓冲器中收集报文，在全部报文到达之前不对报文信息进行处理。

(4) 差错的恢复和控制：不同层次故障产生的原因不同，排除方法也不同。差错控制主要安排在数据链路层中，数据链路层的故障主要与发送差错有关。在会话层的服务中，也可以安排差错控制，以防止下层的差错影响到高层。例如，如果在传输中发现某校验点出现差错，会话层便重发送自上一个校验点开始的所有数据。

（三）表示层

表示层向上为应用层提供服务，向下接受来自会话层的服务。表示层的工作是对应用层送来的命令和数据内容加以解释说明，对正文进行压缩及各种变换，以便用户使用。例如，当网络中使用不同的计算机代码、不同的文件格式以及各种不兼容的终端时，均可在这一层进行交换。

表示层的主要服务是：

(1) 语法转换：所谓语法就是比特串的解释方法。具体计算机的语法差异决定了同一数据对象在不同的计算机上被表示为不同的符号串，当需要把一个数据对象从一台计算机传递到另一台计算机时，为了保证语义的正确性，必然要对比特串的格式进行转换，把符合发送方局部语法的比特串转换为符合接收方局部语法的比特串，这一工作称为语法转换。语法转换涉及代码转换、字符集的转换以及修改数据位的组合格式等。

(2) 语法选择：语法选择是根据所有的转换形式进行初始的语法选择，随后修改这种选择。

针对以上的服务，表示层协议有文本压缩、安全保密和虚拟终端等方面的协议。

（四）应用层

应用层是 OSI 参考模型的最高层，它为网络用户之间的通信提供专用的应用程序包，如电子邮件、文件传输、数据库存取等。

这一层包含了若干个独立的、用户通用的服务协议模块，其主要目的是为用户提供一个窗口，用户通过这个窗口互相交换信息。应用层的内容完全取决于用户，各用户可以自己决定要完成什么功能和使用什么协议，该层包括的网络应用程序有的由生产网络的公司提供，有的由用户自己开发。然而某些应用使用非常广泛，为了避免每个公司都去研究自己的应用程序，人们对一些常用的功能制定了标准。同时应用层还为所有应用程序提供了一些基本模块，通常这一层提供的软件有电子邮件、文件传输协议、远程数据库访问等。

在 OSI 参考模型的七个层次中，应用层是最复杂的，所包括的应用协议也最多，有些还正在研究和开发之中。

第三节　信道访问控制方式

要使信息能迅速正确地在网络中实现站点间的传输，必须选用适合的网络拓扑结构的信道访问控制技术，也称其为介质访问控制技术。

信道访问控制方式有很多，可以根据不同的网络拓扑结构选择不同的技术。常用的有查询访问方式、令牌传递方式、带冲突检测的载波监听多路访问(carrier sense multiple access with collision detection，CSMA/CD)方式等。

一、查询访问方式

星型结构网络中的主节点或总线型结构网络中的主站点，依次询问各站点是否要求通信以决定信道的分配情况。查询时先给各站点发送一个询问信息，当收到具体站点的响应后再控制各站点通信。如果同时有多个站点要求发送信息时，主节点(主站点)可根据各站点优先级高低安排发送顺序。通常查询访问方式又可分为轮叫轮询(顺序式)和传递轮询(循环式)方式。

二、令牌传递方式

采用令牌传递方式的环型结构网络中，有一个被称为令牌的信息帧环绕网络的各节点依次传递，令牌信息帧分空、忙两个状态。当环网开始运行时，由指定节点产生一个空令牌信息帧沿环路传递。任何一个要传递信息的节点都要等到令牌传到自己，当判断为空令牌时才能开始占用信道传递信息。发送信息前发送站首先把令牌置成忙状态并置入传递信息、源节点地址和目标地址，然后将此载有信息的令牌信息帧送上环网传输。令牌沿网循环一周返回到原节点时，传递的信息已被目标节点接收，源节点再把令牌置成空状态，送上环网继续巡回传递，以供其他节点使用。

令牌传递中的主要问题是令牌丢失现象。如果丢失了令牌则由监视节点向网中注入一个新的令牌。令牌传递方式的特点是效率高，信息吞吐量大。

令牌传递方式也适用于总线型结构网络。在系统初始化时，按有序序列指定站的逻辑位置，以便在总线上形成一个逻辑环。总线上各站的逻辑次序与站的物理位置无关，像总线结构一样灵活，逻辑环中可随时注入新站，也可以删除(或跳过)故障站。

令牌传递方式分为令牌通行环访问控制方式和令牌总线访问控制方式。

三、随机访问 CSMA/CD 方式

CSMA/CD 方式适用于总线型结构网络，挂在总线上的各站点共享一条广播式传输线路，每个站点都是平等的，采用竞争方式发送信息到总线上。也就是说，任何一个站点可以随时地广播报文或信息包，并被其他各站所接收。当某个站识别到报文上的接收站地址(目标站地址)与站名相符时，便将报文接收下来。由于没有专门的控制站，两个或多个站可能同时请求发送信息，这样会发生“冲突”或“碰撞”，从而造成报文作废，这种现象又称为总线竞争。因此，必须采取适当的措施来防止冲突的发生。

发送站在发送报文之前，先监听一下总线是否空闲，如果空闲，则发送报文到总线上，称

之为“先听后讲”，但是这样做仍然会有发生冲突的可能。因为从组织报文到报文在总线上传输有段延时，在这段时间内，另一个站通过监听也可能认为总线空闲，也会发送报文到总线上，这样就出现两站同时发送竞争总线而发生冲突。

为了防止冲突的发生，可采取两种措施。一种是在发送报文开始的一段时间里仍然监听总线，采用边发边接收的办法，把接收到的信息与自己发送的信息比较：若相同则继续发送，称之为“边听边讲”；若不相同则是发生冲突，立刻停止发送报文，并发送一段简短的冲突标志（阻塞码序列）阻塞总线。

通常把这种“先听后讲”和“边听边讲”相结合的方式称为CSMA/CD方式。CSMA/CD方式的控制策略是：共享信道、竞争发送、广播式传输、载体监听、冲突监测、冲突后退和再试发送。

另一种是准备发送报文的站先监听一段时间（大约为总线传播时延的2倍时间），如果这段时间内总线一直为空闲，则开始做发送准备。准备完毕，真正要将报文发送到总线上之前，再次对总线进行一次短暂的监听，即二次检测。若仍为空闲，则正式开始发送；若为忙，则延迟一段随机时间，然后再重复以上的二次检测过程实现发送。

CSMA/CD方式允许各站平等竞争，实时性好，尤其适用于工业过程控制的计算机网络。

第四节　局　域　网

局域网并没有严格的定义，凡是小范围内的有限个通信设备互联在一起的通信网都可以称为局域网。这里的通信设备可以包括微型计算机、终端、外部设备、电话机、传真机等。本节研究的是计算机局部网络，简称为局域网。

随着计算机硬件价格的不断下降，微型计算机不仅价格便宜，而且功能上超过以前的小型机。为了共享硬件、软件和数据资源，微型计算机联网已是势在必行。在这种背景下，局域网的技术及应用得到飞速的发展。局域网的种类很多，但不管是哪一种局域网都具有以下特点：

① 有限的地理范围（一般在10 m～10 km之内）；

② 通常多个站共事一个传输介质（同轴电缆，双绞线、光纤）；

③ 具有较高的数据传输速率，通常为1～20 Mbit/s，高速局域网可达100 Mbit/s以上；

④ 具有较低的时延；

⑤ 具有较低的误码率（一般在10^{-11}～10^{-8}之间）；

⑥ 有限的站点数。

局域网种类很多，分类方法也不少。根据数据传输速率可分为局域网和高速局域网，也可以根据访问方法分类，但最主要的还是按网络拓扑结构进行分类。

一、IEEE 802标准

由于局域网的应用发展迅速，为了能方便地使用不同厂家生产的局域网产品，广大用户迫切希望有关部门制定出一个局域网标准。最早开展这项研究的是美国电气电子工程师学会（IEEE），他们在1980年2月专门设立了进行局域网标准化工作的IEEE 802委员会。该委员会认为，实现局域网通信对OSI参考模型的高5层协议不必多加改动，主要的工作是对最低两层（物理层和数据链路层）制定出相应规程。因此，IEEE 802模型是在OSI参考模型的最低两层完成最基本的通信功能的。

IEEE 802模型与OSI参考模型的对应关系如图8-5所示。

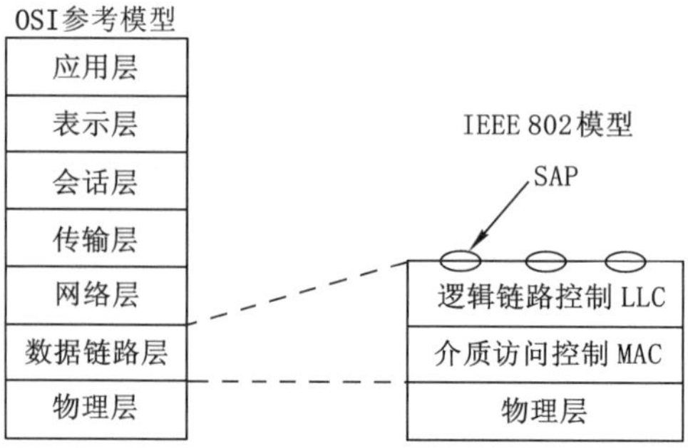

图8-5　OSI参考模型与IEEE 802模型对应关系

IEEE 802模型对应于OSI参考模型物理层的主要功能有：

① 接口的电气特性；

② 接口连接器和传输介质的机械设备；

③ 接口的电路及功能；

④ 比特的发送/接收。

IEEE 802模型中数据链路层分为逻辑链路控制（logical link control，LLC）和介质访问控制（medium access control，MAC）两个子层。逻辑链路控制子层的主要功能是提供一个或多个相邻层之间的逻辑接口，称为服务访问点（service access points，SAP）。介质访问控制子层的主要功能是：① 发送时将数据组装成带有地址字段和差错校验字段的帧；② 接收时拆卸帧，即将数据帧解除封装，进行地址识别和差错校验；③ 管理链路上的通信。

考虑到不同类型的网络应都能兼容，IEEE 802委员会针对不同类型的物理层（不同的传输介质或拓扑结构），分别定义了不同的介质访问控制层的标准，这些标准及它们之间的关系如图8-6所示。

其中，IEEE 802.1标准在图中为倒L形，其垂直部分涉及所有层，它提供了综述、辅助信息和指南，这部分其实并不算作标准，其水平部分则涉及体系结构和网络互联。

IEEE 802.2标准定义逻辑链路控制标准。逻辑链路控制是高层协议与任何一种局域网MAC子层的接口。

IEEE 802.3标准定义带冲突检测的载波监听多路访问（CSMA/CD）方式的总线结构标准。

IEEE 802.4标准定义采用令牌访问方式的总线结构标准。

IEEE 802.5标准定义采用令牌访问方式的环路结构标准。

二、以太网

以太网是一种产生较早且使用相当广泛的局域网，由美国Xerox公司于20世纪70年

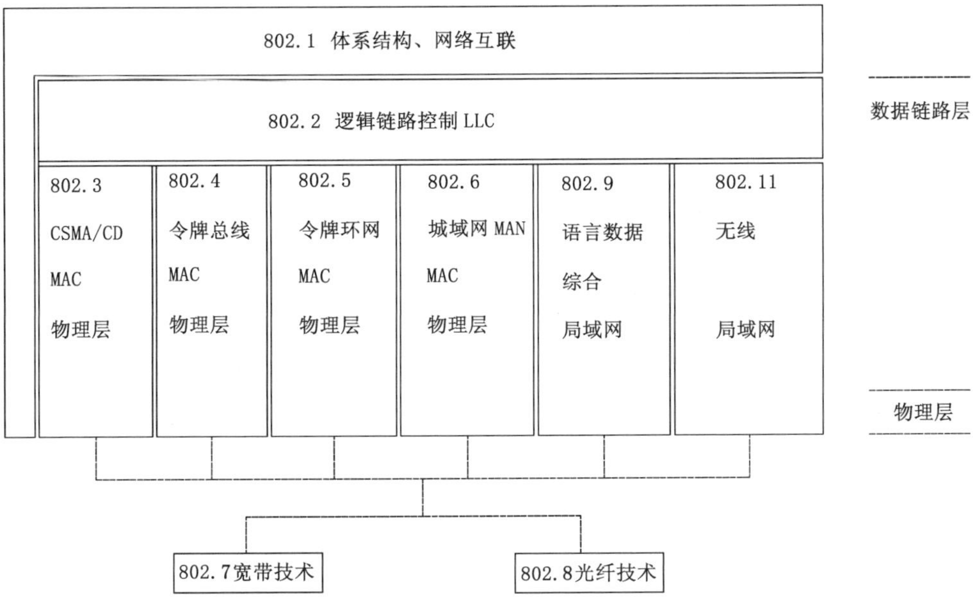

图 8-6　IEEE 802 标准系列间关系

代初期开始研究，1975 年推出了他们的第一个局域网。由于它具有结构简单、工作可靠、易于扩展等优点，因而得到了广泛的应用。1980 年美国 Xerox，DEC，Intel 三家公司联合提出了以太规范，这是世界上第一个局域网的技术标准。后来的国际标准 IEEE 802.3 就是参照以太网的技术标准建立的，两者基本兼容。在 IEEE 802.3 标准中使用的是 CSMA/CD 协议，因此，术语 802.3 和 CSMA/CD 有时会作为同义语使用。按此规范设计的局域网产品种类很多，其中较有影响的产品有 Novell 公司的 NetWare、AT&T 公司的 3BNET、Intel 公司的 Opennet 以及 3COM 公司的 3＋Share 网络等。

其实“以太网”只是一个具体的局域网的名称，现在不少人就用“以太网”这个名词来表示所有的 CSMA/CD 协议网络。

（一）以太网的工作原理

以太网是一种总线型结构网络，一条传输线路由所有用户共享，每一个用户都可以在需要的时候使用这条传输线路，所有信息包都有一个带有目标地址的包头，所有的用户都收听别人的传输。用户在听到包头中的地址后决定是否去接收该信息包。由于各节点可以随机地向公共总线发送信息，所以信息可能会在总线上产生冲突而造成信息传送错误，采用 CSMA/CD 方式就是为了减少冲突。除了前面介绍的 CSMA/CD 方式外，以太网还有两种改进方式。

1. 确认式以太网

CSMA/CD 在发送信息时，每当接收站收到一个信息包，都需进行校验，如果正确，则向源站发回一个确认应答信息包 ACK，如果出错，则什么也不回答。确认应答信息包 ACK 也要参加使用总线的竞争，若确认应答信息包 ACK 和数据信息包产生冲突，不仅确认应答信息包 ACK 本身受到破坏，使得源站不能按时得到应答，而且使得本来已经正确传送的信息再次重发，引起负载的加重，增加了冲突的概率。

确认式以太网的基本思想是给予确认应答信息包ACK最高优先权，其方法是：当一个数据信息包传送结束后，如果接收站接收的信息包正确，这时总线也是空闲的，则立即向源站发回一个确认应答信息包ACK，如果在同一时间，其他工作站也测得总线是空闲的，但还要等待一个“基本等待时间”，此时若总线空闲，即可发送数据信息包。这种处理方法可以保证确认应答信息包ACK的优先发送。

2. 预约式以太网

预约式以太网是由日本早稻田大学首先提出来的。其基本思想是将它的时间划分为两个阶段，即预约阶段和执行阶段。所有工作站只有在取得预约之后，才能进行发送。当出现预约信号时，表示预约阶段已开始；当出现执行信号时，表示执行阶段已开始。

在网络总线上有一个用来产生预约信号和执行信号的管理站，当它给出了预约信息后，各个欲进行发送信息的工作站可以依次进行预约。当进入执行阶段后，首先取得预约资格的那个站立即进行发送，其他已经发出预约信号的各个工作站对总线的数据进行监听。当监听到的信息与本站的预约信息相同时，则启动本站数据帧的发送。

（二）几种以太网标准

以太网的产品有以下几个标准：10BASE5（标准以太网）、10BASE2（细缆以太网）、10BROAD36（宽带以太网）、1BASE5（1 Mbps StarLAN）、10BASE-T（10 Mbps StarLAN）。还有一种叫作10BASE-F，“F”代表光纤。其中常见的三种以太网的主要技术特性如下。

1. 标准以太网（10BASE5）

标准以太网（10BASE5）也称为粗缆以太网，采用直径为0.4英寸（1英寸＝2.54 cm，下同）、阻抗为500 Ω的粗同轴电缆作为传输介质。在10BASE5中，工作站的网络接口板不能直接接到总线上，而必须通过收发器电缆先接到收发器上，再使收发器与干线电缆相连。

收发器电缆采用6对78 Ω屏蔽双绞线电缆，收发器与微机上的网卡连接，并用标准N系列接插件与粗同轴电缆连接，粗电缆两端接上50 Ω终端阻抗匹配器T（也叫端接器或终止器），其中之一接地，这就构成了一个网络段。10BASE5连接示意图如图8-7所示。图中PC代表文件服务器或工作站。

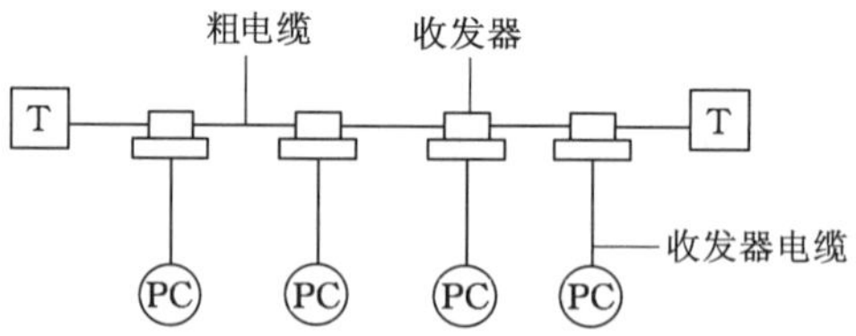

图8-7　10BASE5连接示意图

10BASE5的技术规则如下：一个10BASE5最多可以有5个干线段，每个干线段的最远距离为500 m；每个干线段最多能安装100个工作站；收发器之间的最小距离为2.5 m；收发器电缆最大长度为50 m；最大网络干线电缆长度为2 500 m。

2. 细缆以太网（10BASE2）

采用细同轴电缆作为传输介质的以太网称为细缆以太网（10BASE2），它是一种便宜的以太网。10BASE5虽然可靠性高，但粗电缆较贵，同时要求每一个工作站都配置一个收发器和收发器电缆，因此成本较高。10BASE2 采用直径为 0.2 英寸，阻抗为 50 Ω 的细同轴电缆作为传输介质，网卡需提供一个 BNC 接口，采用 T 形接头将两段同轴电缆与网卡连接起来。每一个网段两端都必须安装一个终端阻抗匹配器，且有一端接地。T 形连接器与网卡上的 BNC 接口之间必须直接连接，中间不能再接任何电缆。

10BASE2 的技术规则如下：一个 10BASE2 最多可以有 5 个干线段，每个干线段的最远距离为 185 m；每个干线段中最多能安装 30 个工作站，工作站之间的最小距离为 0.5 m；最大网络干线电缆长度为 925 m。

细电缆价格便宜，连接方便，目前我国相当数量的以太网都是用细电缆连接的。10BASE2 的缺点是可靠性差，在 BNC 及 T 形接头的连接处如果接触不良会出现故障，某一站点的接头故障可能导致整个网络瘫痪，不便于维护。

在一个以太网中，粗、细电缆可以混合使用，粗电缆可靠性高、抗干扰性强、作用距离远。粗、细电缆混合以太网可以通过中继器，将一个粗电缆干线段与一个细电缆干线段相连，也可以在同一干线段中使用一部分粗电缆和一部分细电缆，两者通过简单的粗细电缆转接器连接，如图 8-8 所示。

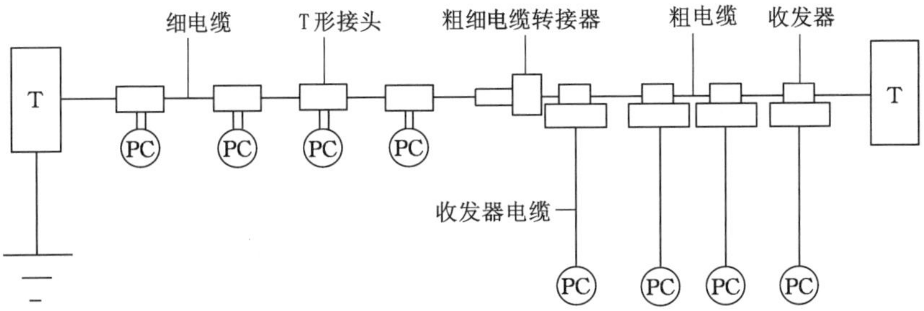

图 8-8　粗、细电缆混合以太网

3. 双绞线以太网(10BASE-T)

10BASE-T 是使用双绞线电缆连接的以太网，T 是 twisted-pair(双绞线电缆)的缩写。10BASE-T 的网络拓扑结构是一种总线型和星型相结合的簇型结构，如图 8-9 所示。

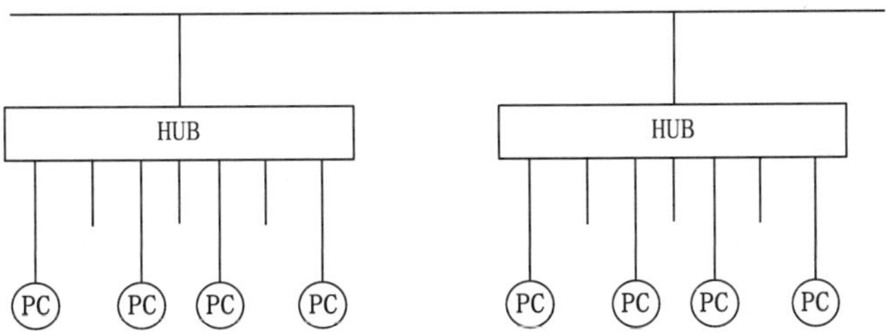

图 8-9　10BASE-T 的簇型结构

10BASE-T 中所有的工作站都连接到集线器 HUB 上。HUB 之间可以用同轴电缆互相连接。以 HUB 为中心的星型结构使得网络任一干线段的某一终端出现故障时，不会影响到其他网络用户。

10BASE-T 的技术规则如下：各工作站均通过 HUB 连入网络中；传输介质采用双绞

线；工作站网卡通过双绞线与 HUB 之间通信，采用 RJ45 标准接口；工作站与 HUB 之间最大距离为 100 m；一条通路最多可以串联 4 个 HUB（有些公司的产品可以串联更多个），HUB 之间的最大距离为 100 m，任何一条通路都不能形成环路。

HUB 是 10BASE-T 的一个重要设备，它的引入改善了以太网存在的两个难题：一是网络的管理与维护，二是网络的可靠性与稳定性。

10BASE-T 一经出现就得到了广泛的认可和普及。与传统的 10BASE2 和 10BASE5 相比，10BASE-T 有如下特点：

① 安装简单、扩展方便；

② 网络的建立灵活、方便，可以根据网络的大小选择不同规格的 HUB 连接在一起，形成所需要的网络拓扑结构；

③ 扩充与减少工作站都不影响或中断整个网络的工作；

④ 当某个工作站或相互连接的某个 HUB 发生故障时，故障不会影响其他分支网络的正常运行；

⑤ 由于 HUB 将一个大的网络有效地分成许多互连的网络段，所以，当故障发生时，管理人员能在很短的时间内查出故障所在点，从而提高排除故障的速度；

⑥ 由于 10BASE-T 与 10BASE2 和 10BASE5 兼容，所以，在 10BASE5 和 10BASE2 上运行的网络软件，均可以不加修改地在 10BASE-T 上运行。

10BASE-T 和同轴电缆以太网都属于 IEEE 802.3 标准，所以互联简单。通常以粗电缆或者细电缆作为主干线，通过 HUB 作为分支网络形成簇型结构，这样建网灵活方便。图 8-10 是一个以细电缆作为主干线的 10BASE-T 与 10BASE2 互联的结构示意图。

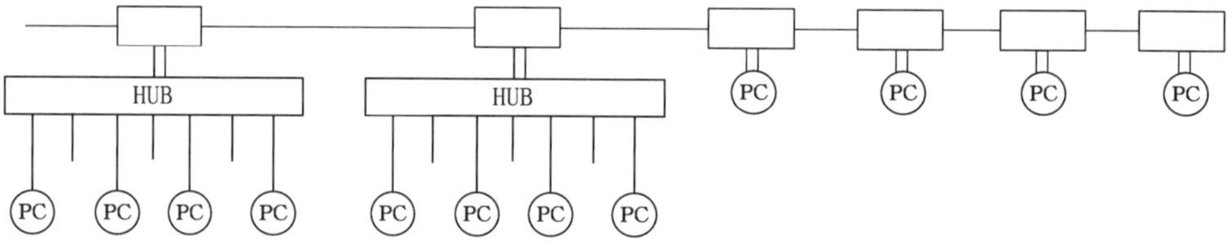

图 8-10　细电缆作为主干线的 10BASE-T 与 10BASE2 互联的结构示意图

三、令牌环网

除以太网外，对局域网发展影响较大的要数环型网络。环型网络的拓扑结构是所有节点不论采用何种传输介质都串行连接，形成一个封闭环路。这里的节点可以是工作站、服务器，也可以是外围设备。环型网络中所有程序、文件、数据和命令的传输都是单向、逐点传送的。信息从节点通过环接口（网络接口板）输入到环路，沿一定方向绕环路传输，每经过一个节点按位或按帧转发一次，每个节点对信息都有地址识别能力，若地址符合，则该站是目标节点，就将信息收下，否则继续向下传送，直到信息到达目标节点或返回到源发送节点为止。

环接口在逻辑上由五部分组成：发送（缓冲）器、接收（缓冲）器、控制器、线驱动器和线接收器，如图 8-11 所示。

线接收器接收来自环路的信息并送到接收（缓冲）器，在进行地址识别后，若本节点为该

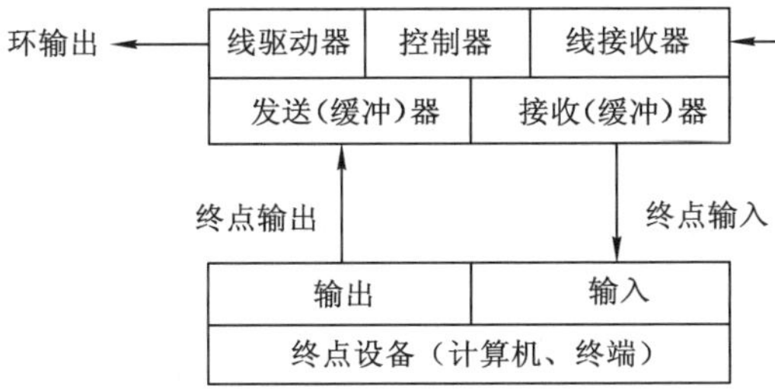

图 8-11　环接口逻辑图

信息的目的地,则将信息暂存在接收(缓冲)器中,然后进入本节点的处理机或外部设备。对于已被接收的信息是继续转发还是终止,取决于环路的控制策略。线驱动器是向环路发送信息的部件,具有再生放大作用。发送(缓冲)器担负向环路上传送信息的任务,包括从接收(缓冲)器送来的转发信息和从本站处理送来的企图向网上发出的信息。若本节点不是所传送信息的目的地,则信息经接收(缓冲)器送至发送(缓冲)器,然后经线驱动器送至环路继续传送。控制器负责控制和协调环网上的信息流量,检测信息的丢失,防止死锁和进行恢复等。

环接口要有足够的输入、输出缓冲空间,以存储本地处理机的输入、输出信息和转发信息,并能进行必要的缓冲延迟。

环型网络的主要特点是:

① 只有一条环路,信息单向流动,无路径选择问题。由于每个节点都可以收到其他任何节点发送的信息,故容易实现广播式发送。

② 环接口中的线接收器、线驱动器以及相应的控制逻辑等可以看成是环接口的一个中继转发器,对信号进行了整形和放大,因此环型网络负载能力强,覆盖面积大。

③ 对信道访问的控制技术简单,只要信道空闲就可发送,因此,消除了信息传输中的拥挤和堵塞现象,减少了额外开销。

④ 适合于多种传输介质,传输速率高,较适宜于实时传输。

除上述优点外,环型网络还存在一些缺点,主要是可靠性差,其次是某一节点的故障可能导致整个环路断开而无法工作,但目前已有许多克服这些缺点和提高可靠性的方法。以下介绍 IBM 令牌环网的结构及特点。

IBM 令牌环网是 IBM 公司于 1985 年推出的局域网络产品,它符合 IEEE 802.5 标准。环网上的令牌访问控制方式使其在传输效率、实时性以及地理范围上均优于以太类局域网。环网上很容易使用光纤作传输介质。采用光纤后,令牌环网具有更加良好的性能。

IBM 令牌环网精心设计的多站访问部件(multistation access unit,MAU)彻底解决了环型局域网的两大致命弱点:一是网络的可靠性差,如网络中任一段电缆、网络接口板,甚至工作站的故障都会破坏网络的正常运行,造成网络瘫痪;二是网络节点的增减麻烦,每增加一个工作站都要切断某一段电缆。这两大弱点的克服使令牌环网走向实用,并被越来越多的用户所接受。

IBM 令牌环网中的所有工作站可以通过 MAU 连接起来,如图 8-12 所示。MAU 的作用类似于集线器 HUB 的功能。通常 MAU 有 8 个接口,连入令牌环网的计算机只要将电缆插入其中任意一个接口即可。表面看来，这是一种星型结构，实际上内部实现的是一种环型结构。

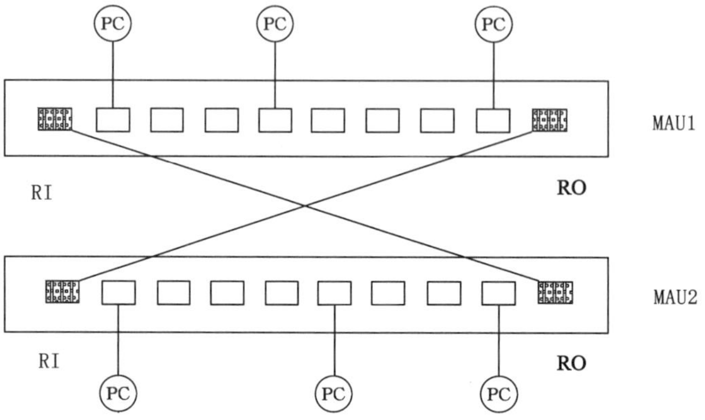

图 8-12　利用 MAU 连接的 IBM 令牌环网

如果哪个工作站或网络接口板出了问题，只要将连接电缆从 MAU 上拔下即可将故障隔离，此时其余工作站仍然能形成一个完整的闭环继续工作。如果哪一段电缆出了问题，也可以拔下它更换掉。在拔下更换期间，其他工作站仍能正常工作。

如果网络要连接 8 台以上的微机，可以使用多个 MAU，每个 MAU 的 RO(环路出口)插头连到下一个 MAU 的 RI(环路入口)插座，最后一个 MAU 的 RO 插头则连到第一个 MAU 的 RI 插座。如果网络中只有一个 MAU，则它的 RO 与 RI 插座不需要用电缆连接。

IBM 令牌环网的服务器和工作站的要求及功能与以太网没有多大区别。在环网上，当数据流量超过单个环网容量，或节点分布较广(如处在多层建筑物中或分散的校园内)时，就要考虑多个环网结构。用网桥可以将两个环网连接起来。网桥相当于一个高速开关设备。

网络接口板的主要功能是令牌的识别和生成，帧的构成、识别和传输，数据编码、译码，传输差错检测以及故障检测等，即实现物理层和数据链路层的主要功能。IBM 公司为令牌环网生产了多种型号的网络接口板，有用于微机通道结构的 PS/2 系列微机的网络接口板，有 8 位 ISA 总线网络接口板等。

IBM 令牌环网可以使用多种不同类型的连接电缆，如屏蔽双绞线、无屏蔽双绞线、扁平电缆和光纤等。传输距离因采用的连接电缆不同而不同。

由于令牌环网在工作站增多的情况下，其平均效率依然可以保持不变，它的结构简单，每一节点只接受前一节点发来的信息，控制也比较简单，因此具有广阔的应用前景。除令牌环网外，开槽环网和寄存器插入环网都是当今环网的典型代表。开槽环网采用时隙控制法，控制比较复杂，但信道的利用率较高。寄存器插入环网综合了令牌环网和开槽环网的优点，既可以发送可变长度的信息包，又允许在环路上同时传送几个信息包。它的这种优点是以硬件的复杂性为代价换来的。

四、令牌总线局域网

由于总线局域网的访问方法采用的是竞争的策略，因此，有可能因为不断发生冲突而推迟传递，这使得一些实时控制系统无法接受这种访问方式。而令牌环网的可靠性比总线网要差一些，在这种情况下，综合这两种局域网优点的另一种局域网——令牌总线局域网就产生了。令牌总线局域网的特点是，它在物理上是一个总线网，逻辑上是一个令牌环网，令牌传递的顺序与站点的物理位置无关。它既具有总线网的接入方便和可靠性高的优点，又具有令牌环网的无冲突和发送时延有确定上限值的优点。但是，由于令牌在总线上传送比较复杂，令牌总线局域网产品通常比其他局域网产品要贵一些。由于这个原因，一般办公室环境较少采用。

网络启动时或逻辑环路发生故障后，都必须进行初始化，以形成逻辑环路。其主要过程是，由地址码最大的站产生令牌并且向后继站发送令牌。若在规定的时间内收到肯定的应答信号，则该站连入环路；若在规定的时间内没有收到肯定的应答信号，则该站不连入环路并继续向下一站询问，一直到令牌传到地址码最小的站后，再传到地址码最高的站，形成一个封闭的逻辑环路。

逻辑环形成以后，信息的发送过程与令牌环相似。一个节点要发送信息必须获得令牌，持有令牌的节点可以直接向总线上任意节点发送信息。信息发送成功或达到规定时间后，由源节点释放令牌并交给其下游节点。

为了给不在逻辑环路中的站以插入环路的机会，要周期性地打开逻辑环。当有站点插入时，要告诉它，谁是它的先行站和后继站，以便使令牌仍能在逻辑环上按地址码的大小顺序传送。当有某站需要从环路中退出时，要把该站的后继站连接到前一个站，使环路中剩下的站仍是一个正常工作的环路。

五、局域网操作系统

操作系统是计算机系统软件的核心。它的主要任务是有效地管理系统资源和提供良好的用户界面。如果将单机操作系统的思想引申到计算机网络操作系统，网络操作系统的目标就是要将所有连入网络的计算机以及各种软、硬件资源当作一个整体，在整个网络范围内实现各种资源的统一调度和管理，并为网络中每一个用户提供一致、透明的使用网络资源的手段。由于计算机网络操作系统的运行环境与单机操作系统、多用户操作系统的运行环境不一样，因此，网络操作系统既不同于单机操作系统，也不同于多用户操作系统。

网络操作系统是通过通信介质将多个独立的计算机连接起来的操作系统，每个被连接起来的计算机都拥有自己独立的操作系统。网络操作系统只能在这些单机操作系统之上协调和管理网络资源，为网络用户提供使用网络系统资源的接口，用以实施对网络的管理和控制。另外，网络中的通信系统（包括硬件和软件）也是网络中的资源，对这些通信资源的管理成为网络操作系统一个独特的重心。总的说来，网络操作系统是计算机软件和网络协议的集合，其目的是提供各种手段实现网络中资源（包括通信资源）和共享，它必须能帮助用户越过网络中不同计算机存在的差别，克服本地资源和外地资源物理上的差别，为网络中每一个用户提供简便、一致、透明的使用共享资源的手段。

（一）局域网操作系统的功能

虽然当前流行的各种局域网操作系统的设计思想和实现方法各不相同，但它们的功能却基本相同。这些基本功能可归纳为以下几个方面。

1. 设备共享

设备共享是将微机连成局域网的最原始的动机之一。局域网共享的设备主要有大容量的存储器(如光盘、硬盘、磁带机等)、高档输出设备(如激光打印机、绘图仪、大屏幕监视器等)和通信设备(如网桥、传真机等)。局域网操作系统要对这些资源进行合理的分配和调度,使用户能方便地使用这些资源,提高设备的利用率。

2. 文件管理

在局域网操作系统中,各种文件可达上万个,网络中的文件和目录又并非对所有的用户都开放。对不同的文件和目录,不同的用户被指定不同的使用权限。如有的用户只能查阅某些文件与目录,而有的用户则既可以查阅又能修改某些文件与目录。文件通常存放在局域网操作系统中的一个专用设备里。快速、准确、安全可靠地对文件进行管理是局域网操作系统的又一项非常重要的任务。

3. 网络的安全和容错

建立网络安全机制是为了对人为的(有意或无意的)破坏进行防范,主要是防止对网络中软件资源的非法阅读、修改、使用和破坏。容错是为了防备局域网操作系统的软、硬件出现故障而采取的安全措施。当某些硬件或软件出现故障(如掉电、硬盘读写出错等)时,容错技术能保证系统继续正常工作。

4. 网络管理

网络管理包括网络运行管理和网络性能监测两个方面。网络性能监测是指了解一段时间网络的通信流量、资源占用等情况,以便及时调整从而提高网络工作效率。网络运行管理是指维护网络正常运行所需要的一切管理手段,包括用户的建立和取消、口令的管理、用户权限的授予和更改、打印队列的管理等。

5. 提供网络通信服务

数据通信是一切网络操作的基础。在局域网中,数据通信是由通信协议软件和通信硬件共同实现的。一般来说,通信硬件实现协议的低两层,即物理层和数据链路层的功能,通信协议软件则实现网络层和传输层的功能。通信协议软件是局域网操作系统的一个基本模块。局域网操作系统为了能在多种通信硬件环境下运行,需要为不同的网卡编写不同的驱动程序,这些网卡驱动程序对上层协议提供统一的接口。当引入了多协议栈的概念后,局域网操作系统就不必为每一种网卡编写不同的驱动程序了。

6. 网络互联

将局域网和其他系统(如局域网、广域网等)或设备连接起来实现更大范围内的信息通信和资源共享,称为网络互联。网络互联所使用的设备主要有中继器、网桥、网关和路由器等。

7. 用户界面

几乎所有的局域网操作系统都保证了工作站使用 DOS 命令访问网络资源的能力。通过对资源标识符的重定向或映射,工作站用户就可以像使用本地打印机或本地硬盘一样地使用网络打印机或服务器上的硬盘。此外,局域网操作系统还提供一系列有助于网络操作的命令和菜单,使用户能快速、方便地使用网络中的各种共享资源。

8. 命名服务

命名服务又称为名字服务。在一个多服务器的局域网中,共享的资源分布在不同的服务器中,用户注册到一个服务器上,一般只能查阅该服务器的资源。为了使用户能迅速、准确地了解网络中所有的共享资源和网络用户的名字及分布情况,必须在局域网中建立一个唯一的命名管理中心。这个命名管理中心实际上是记录网络资源和网络用户信息的数据库，用户利用它就不必了解网络资源在网络中的实际位置，而方便地使用网络资源。

（二）局域网操作系统的结构

局域网操作系统负责管理局域网中各种共享资源和用户操作。但在不同操作系统结构中，可共享资源的范围和资源共享的方式各有不同。局域网操作系统的结构分为以下三种。

1. 工作站/文件服务器系统结构

工作站/文件服务器系统是目前局域网中使用最多的一种。它将若干台微机工作站与一台或多台服务器通过通信线路连接成局域网操作系统，其目的是让各工作站共享服务器上的软件和硬件资源。工作站的资源，如硬盘和打印机一般只能为本机的用户使用，而不能作为网络的共享资源。服务器除了为网络提供并管理共享资源外，还管理网络通信。服务器是局域网中的核心设备，每个局域网中至少有一台服务器。

如果作为服务器的计算机仅仅运行网络操作系统，则这种服务器称为专用服务器。一台服务器既要运行网络操作系统，同时又可以作为一个工作站使用，既能够像其他网络用户一样访问网络操作系统，使用共享资源，又能管理整个网络，这种服务器称为非专用服务器或并发服务器。使用非专用服务器可以节约一台微机，但要特别小心，要记住这台微机的后台正在运行网络操作系统，不能随意关闭电源或热启动，否则会使文件服务器非正常关闭，从而造成用户的连接失效和数据丢失。

2. 对等网络系统结构

所谓“对等”指的是系统中各台计算机的地位是平等的。在这种网络系统中，允许用户共享网络上任一台微机贡献出的磁盘和打印机之类的资源。如一台微机在运行应用程序时，其他用户可以访问这一台微机硬盘上的文件，连在这台微机上的打印机也可以被网络上的其他用户使用。这台微机上的操作系统被扩充成前后台方式，本地的应用程序为前台进程，其他用户对这一台微机资源的共事要求为后台进程。

对等网络系统虽然具有很好的灵活性，但是由于计算机本身的处理能力有限，让一台计算机既要处理本地的业务，又要为其他用户服务，势必导致内存紧张，处理速度下降。对全网范围内协调和管理共享资源增加了处理的困难，并要付出相当大的开销，进一步限制了系统性能的提高。因此，对等网络系统仅适用于较小规模、安全保密要求也不高的局域网。

对等网络系统的优势是经济实用、安装容易、使用灵活，在教学、企业管理、远程通信等小规模的用户中仍有一定市场。

3. 客户机/服务器系统结构

客户机/服务器(client/server)系统简称 C/S 系统。C/S 系统是数据库技术的发展与网络技术的发展相结合的成果。它是 20 世纪 90 年代发展最快的一种系统结构，它的出现使系统的整体性能产生了质的飞跃。

在这种系统中，每当一个用户需要服务时，由工作站发出请求，然后由服务器执行相应的服务，并将服务结果送回工作站。换句话说，在这种系统结构中，数据处理被分割成在客户机上运行的部分(前台进程)和在服务器上运行的部分(后台进程)，数据处理由客户机启动并部分控制，由服务器和客户机协同执行一个应用程序直至完成。目前流行的各种网络操作系统，如 Novell 公司的 NetWare、Microsoft 公司的 Manager 和 Windows NT 等，都是支持 C/S 系统结构的网络操作系统。

C/S 系统与工作站/文件服务器系统在硬件组成、网络拓扑结构及通信连接等方面基本相同，最大的区别是服务器控制处理数据的能力和方式不同。举例说，在工作站/文件服务器系统中，如果一个工作站需要某个共享数据库文件中的一个特定记录，它需要送一个“读整个文件”的请求给文件服务器，服务器将整个文件通过网络传送到工作站上，再在工作站运行应用程序从整个文件中找出所需要的记录。如果要对记录进行修改，还需将修改后的整个文件送回服务器。而在C/S系统中，客户机只要送一个“读一个记录”的请求给服务器，随后服务器响应这种请求，对数据库文件进行必要的检索、索引和排序等操作，再将所需的记录送给客户机。也就是说，原来由工作站承担的数据操纵任务(即应用的一部分)，现改由服务器来承担。显然，C/S系统大大降低了网络传输量，特别是对于大型文件和远程数据访问的应用具有明显的优势。

(三) 局域网操作系统的组成

当前的微机局域网多数采用工作站/文件服务器的系统结构，即采用一种集中控制式的管理。服务器是网络的中心，它管理网络中的共享资源和网络中的通信，为工作站的各种网络服务请求提供服务。当共享资源增多时，可以通过提高服务器档次或增加服务器数量来满足要求。

工作站是网络服务的使用者。工作站用户通过局域网操作系统提供的多种手段，如命令、菜单、功能调用等访问服务器的各种资源，实现多用户的通信。因此，局域网操作系统也可分为两个功能不同而又互相配合的部分，即服务器部分和工作站部分。

服务器部分是局域网操作系统的核心。它不仅要通过通信协议与网络硬件(如网卡)打交道，还要负责管理服务器的各种硬件和软件资源，如处理器管理、文件管理、内存管理、进程任务管理、外存管理、打印管理等。

工作站部分由重定向软件和通信协议软件组成。重定向软件的作用是截获用户键入的命令和应用程序的功能调用，对它们进行识别：如果是针对本机发出的命令或调用，则将它送交本机操作系统处理；如果是网络命令或调用，则将它送交通信协议模块，通过网卡和传输介质最后将它送到服务器，等服务器处理完以后，再接收从服务器返回的处理结果，通过显示等方法提交给用户。工作站部分不涉及工作站的磁盘、文件和打印机等本地资源。

如何设计局域网的操作系统，目前有两种不同的观点：一种观点是以现有的单机操作系统为基础，为它增补网络处理功能，以实现网络的操作管理；另一种观点是在服务器上彻底摈弃不适应多用户多任务环境的单机操作系统，吸取大中型机操作系统的思想，为局域网设计全新的操作系统。

第五节　物　联　网

物联网技术是继计算机与互联网之后世界信息产业的又一次飞跃。物联网的概念最早由美国麻省理工学院于1999年提出，即通过信息传感设备把所有物体连接到互联网上。2005年在突尼斯举行的信息社会世界峰会上，国际电信联盟(ITU)发布了《ITU互联网报告2005：物联网》，正式提出了物联网的概念，即物联网是通过使用射频识别(RFID)、传感器、红外感应器、全球定位系统、激光扫描器等信息采集设备，按约定的协议，把任何物品与互联网连接起来，进行信息交换和通信，以实现智能化识别、定位、跟踪、监控和管理的一种网络。

物联网是互联网基础上的应用拓延和业务扩展，其组成和运作，能形成物与物、物与网络的联结。一些通信感知、计算机技术和计算理论等在网络中得到广泛应用和有效融合，达到物与物、物与网络联结的作用和目的，与网络技术一起成为物联网技术关键构成。一般来说，物联网技术包括实现网络联结的互联网技术以及实现物物信息交换和通信的末端设备及设施。

（一）无线通信技术

1. 无线通信方式

无线通信是利用电磁波信号在空间中直接传播而进行信息交换的通信技术，无须有形的媒介连接。无线连接自由灵活，终端可以移动没有空间限制，但是可靠性受传输空间里的其他电磁波以及障碍物的影响，因此可靠性较低。

通常把无线通信距离在 100 m 以内的称为短距离通信，而把无线通信距离超过 1 000 m 的称为长距离无线通信。两种距离无线通信方式都可以应用在矿井井下，其中，本节重点介绍物联网用到的短距离无线通信，如蓝牙、Wi-Fi、ZigBee（蜂舞协议）等常用技术。

2. 蓝牙技术

(1) 蓝牙组网

蓝牙技术是一种支持设备短距离通信（一般几十米内）的技术。该技术采用分散式网络结构，支持点对点及点对多点通信；工作在 2.405～2.485 GHz 频段，其数据速率不小于 1 Mbps；采用时分双工传输方案实现全双工传输；能在包括移动电话、无线耳机、笔记本电脑等众多设备之间进行无线信息交换。

蓝牙系统的网络结构的有两种形式：微微网和散射网。

微微网是通过蓝牙技术以特定方式连接起来的微型网络，一个微微网可以只是两台相连的设备，也可以是 8 台相连的设备。在一个微微网中，所有设备的级别都是相同的，有相同权限。蓝牙采用自组式组网方式，微微网由主设备单元（发起链接的设备）和从设备单元构成，有一个主设备单元和最多 7 个从设备单元。

散射网由多个独立的、非同步的微微网组成，以特定的方式连接在一起。一个微微网中的主设备单元同时也可以作为另一个微微网中的从设备单元，作为两个或两个以上微微网成员的蓝牙单元就成了网桥节点。网桥最多只能作为一个微微网的主设备单元，但可以作为多个微微网的从设备单元。

(2) 蓝牙协议栈

物理层：负责提供数据传输的物理通道（通常称为信道）。一个通信系统中往往存在几种不同类型的信道，如控制信道、数据信道、语音信道等。

数据链路层：在物理层的基础上，提供两个或多个设备之间、和物理无关的逻辑传输通道（也称作逻辑链路）。

中间件层：提供针对某种通信方式、服务模式的协议。如针对语音通信的协议、针对串口通信的协议、查询服务的协议等。

应用层：为实现各种各样的应用功能制定的协议。

3. Wi-Fi 技术

(1) Wi-Fi 定义及特征

Wi-Fi 也是一种无线通信协议，正式名称是 IEEE 802.11b，与蓝牙一样，同属于短距离无线通信技术。虽然在数据安全性方面比蓝牙技术要差一些，但在电波的覆盖范围方面却略胜一筹，可达 100 m 左右，不用说家庭、办公室，就是小一点的整栋大楼也可使用。其主要特点是使用无线的方式，从而使网络的构建和终端的移动更加灵活。

Wi-Fi 局域网有两个重要的基本概念，即站点和无线接入点。

站点：每一个连接到无线网络中的终端(如笔记本电脑、手机等可联网的设备)都称为一个站点。

无线接入点：无线网络的创建者，也是网络的中心节点。一般家庭或办公室使用的无线路由器只有一个无线接入点。

(2) Wi-Fi 通信协议

Wi-Fi 最早是基于 IEEE 802.11 标准，发表于 1997 年，定义了无线局域网的介质访问控制层和物理层标准。继 IEEE 802.11 标准之后，相继有众多版本被推出，最典型的是 IEEE 802.11a、IEEE 802.11b、IEEE 802.11g、IEEE 802.11n，详见表 8-2。

表 8-2　Wi-Fi 技术标准

标　准	描　述
IEEE 802.11	1997 年原始标准，支持速率 2 Mbps，工作在 2.4 GHz ISM 频段
IEEE 802.11b	1999 年推出，工作在 2.4 GHz ISM 频段，兼容 IEEE 802.11。IEEE 802.11b 修改了 IEEE 802.11 物理层标准，使速率可达 11 Mbps
IEEE 802.11a	1999 年推出，IEEE 802.11b 的后继标准，又称高速无线局域网标准，工作在 5 GHz ISM 频段，速率可高达 54 Mbps，但与 IEEE 802.11b 不兼容
IEEE 802.11g	2003 年推出，工作在 2.4 GHz ISM 频段，组合了 IEEE 802.11b 和 IEEE 802.11a 标准的优点，速率可高达 54 Mbps
IEEE 802.11n	2009 年批准，兼容 IEEE 802.11b、IEEE 802.11a、IEEE 802.11g，速率可高达 600 Mbps(目前业界主流为 300 Mbps)，可工作在 2.4 GHz 和 5 GHz 两个 ISM 频段

4. ZigBee 技术

(1) ZigBee 定义及特征

ZigBee 技术的名字来源于蜂群使用的赖以生存和发展的通信方式，蜜蜂通过跳 ZigZag 形状的舞蹈来通知发现的新食物源的位置、距离和方向等信息。

ZigBee 技术过去又称为“HomeRF Lite”、“RF-EasyLink”或“FireFly”无线电技术，目前统一称为 ZigBee 技术。

ZigBee 技术是一种新兴的近距离、低复杂度、低功耗、低数据速率、低成本的无线网络技术。它是一种介于无线标记技术和蓝牙技术之间的技术提案，主要用于近距离无线连接。

ZigBee 技术依据 IEEE 802.15.4 标准，在数千个微小的传感器之间相互协调实现通信。这些传感器只需要很少的能量，以接力的方式通过无线电波将数据从一个传感器传到另一个传感器，所以它们的通信效率非常高。

(2) ZigBee 通信协议

ZigBee 是一组基于 IEEE 批准通过的 802.15.4 无线标准，是一个有关组网、安全和应用软件方面的技术标准，被称作 IEEE 802.15.4(ZigBee)技术标准。其主要适合于自动控制领域，可以嵌入各种设备中，同时支持地理定位功能。

IEEE 于 2000 年 12 月成立了 802.15.4 工作组，这个工作组负责制定 ZigBee 的物理层和介质访问控制层协议，并于2001年8月成立了开放性组织——ZigBee联盟，一个针对无线个人区域网而成立的产业联盟，Honeywell、Invensys、三菱电器、摩托罗拉、飞利浦等公司是这个联盟的主要支持者，如今已经吸引了上百家芯片研发公司和无线设备制造公司，并不断有新的公司加盟。该联盟负责介质访问控制层以上高层协议的制定和应用推广工作，其长期目标是能够建立基于互操作平台和配置文件的可伸缩、低成本嵌入式基础架构。

IEEE 802.15.4标准的正式版本于2003年5月发布。2004年12月，ZigBee联盟确定了ZigBee的正式版，希望将该技术部署到商用电子、住宅及建筑自动化、工业设备监测、PC外设、医疗传感设备、玩具以及游戏等其他无线传感和控制领域当中。

ZigBee联盟于2005年6月27日公布了第一份ZigBee标准“ZigBee Specification V1.0”。该标准定义了在IEEE 802.15.4物理层和介质访问控制层之上的网络层及支持的应用服务。

IEEE 802.15.4标准是一种经济、高效、低数据速率(小于250 kbps)、工作在2.4 GHz和868/915/2 450 MHz的无线技术，用于无线个人区域网和对等网状网络。它是ZigBee应用层和网络层协议的基础。

(二) 物联网技术在矿井监控中的应用

矿井井下巷道布置错综复杂，且环境恶劣，采用有线网络形式不易实现通信网络的全井覆盖，而且有线网络施工维护成本较高，系统整体稳定性较差、不易扩展。为实现感知矿山感知层的全面感知要求，考虑矿井井下通信技术特点，采用“有线网＋无线网络”的形式构建矿井综合自动化网络。

其中井下无线感知网络的构建是通过每隔一定距离(可视距离)放置一台综合无线基站来完成。综合无线基站组成链状网络线性传输，所有节点(即综合无线基站)间可互相高速通信。如图8-13所示，各巷道区段的无线感知网络子网与主干光纤传输网络首尾相接形成

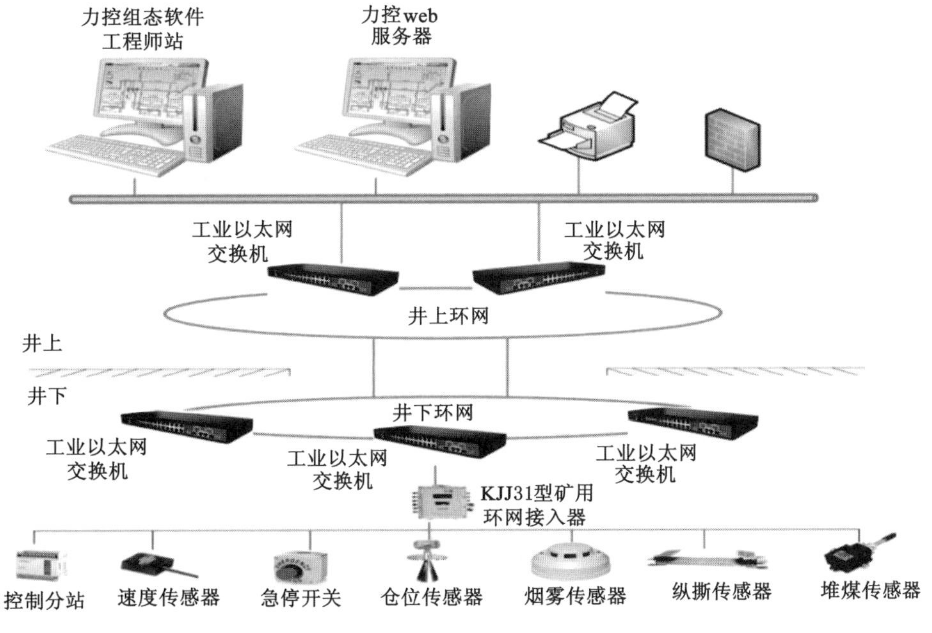

图8-13　矿井物联网结构示意图

子环网，从而形成一个可以覆盖全矿井范围的无线感知网络，实时进行人员、设备的定位，环境的监测监控以及矿井内部和外部的通信联络。

复习思考题

1. 什么是计算机网络？计算机网络如何分类？
2. 简述计算机网络的功能。
3. 计算机网络的拓扑结构有哪些？
4. 计算机网络数据交换方式有哪些？
5. 组成网络协议的三要素是什么？
6. OSI 参考模型如何划分网络的功能？
7. OSI 参考模型中，数据如何传输？
8. 简述物理层的特性。
9. 网络层的主要功能是什么？
10. 什么是局域网？其特点是什么？
11. IEEE 802 标准的主要内容是什么？
12. 简述以太网的工作原理。
13. 简述物联网技术的类型、作用和功能。
14. 结合某矿井安全监测监控系统的实际安装和运行状况，分析互联网对于安全监测监控系统的作用。

第九章

安全监测监控管理系统

第一节　监测数据统计基本理论

误差理论是检测技术中一门十分重要的基础知识，是对实际测量值进行科学、确切的评价的理论。掌握误差理论的基本概念及分析方法，可以对所要进行的测量作出正确评估，确定测量仪器的精度等级、测试环境和方法的要求、测量误差形成原因及采取的补偿措施，还可以对所获得的测量结果进行正确的分析和处理，确认测试精度及误差大小，评价测量结果的可信程度。随着科学技术的不断发展，人类对测量的要求越来越高，测量误差分析的理论得到不断的充实和完善，在测量学中已形成一门新的学科。在这一节里，仅介绍测量误差分析的一些基础知识。

一、误差的定义及分类

（一）误差定义与表示方式

测量误差按其表示方式可分为绝对误差和相对误差，相对误差在实用中又分为实际相对误差、示值相对误差和满度相对误差。

1．绝对误差

绝对误差是被测量的示值与真值之差。设被测量的示值为 x，真值为 a_0，则绝对误差 Δx 为：

$$\Delta x = x - a_0 \tag{9-1}$$

式(9-1)中的真值 a_0 指的是被测量的真实值，一般来说是未知的，所以在实际应用时，常用精度高一级的标准器具的示值 a 作为实际值代替真值 a_0，此时的绝对误差为：

$$\Delta x = x - a \tag{9-2}$$

在实际测量中，绝对误差只有和测量值一起考虑时才有价值。例如，测量矿井瓦斯抽采管道中的 CH_4 浓度时，管道中 CH_4 真实浓度为 45%，测量的绝对误差假设为 5%，那么可以认为这个结果是令人满意的。但是，如果这个误差发生在 CH_4 浓度为 0～5%的巷道 CH_4 测量时，这个误差值就不允许了。因此，除了绝对误差外，还需引入相对误差来评价测量数据的好坏。

2. 相对误差

相对误差 δ_a 是用绝对误差 Δx 与被测量的真值 a_0 的百分比来表示，即：

$$\delta_a = \frac{\Delta x}{a_0} \times 100\% \tag{9-3}$$

在实际测量当中，当标准参考值不知道时，可用多次测量的算术平均值 $\overline{x}$ 来代替真值。$\overline{x}$ 的计算公式如下：

$$\overline{x} = \frac{\sum_{i=1}^{n} x_i}{n} \tag{9-4}$$

式中 n——测量次数。

于是，相对误差也可表示为：

$$\delta_a = \frac{\Delta x}{\overline{\overline{x}}} \times 100\% \tag{9-5}$$

（二）误差的分类

测量误差按其性质的不同，可分为系统误差、随机误差和粗大误差三类。

1. 系统误差

系统误差是指服从于某一确定规律（定值或规律性变化）的测量误差。具有这种特性的误差通常是由下述四方面原因造成的：

① 测试环境没有达到标准；

② 测试仪表不够完善；

③ 测试电路的搭接或系统的安装不正确；

④ 测量人员的不良操作或视觉偏差。

上述这些因素都是可以预知的，由这些预知的因素引起的系统误差将使测量结果偏离真值或实际值，影响测量结果的准确度。

2. 随机误差

随机误差是指具有随机变化特性的测量误差。这种误差是由一些偶尔的未知因素造成的，因而误差具有偶发性和分散性，但经多次测量出现的随机误差服从于大数统计规律。在误差理论中用精密度表示随机误差的大小，随机误差越小，测量的精密度越高。如果随机误差和系统误差都很小，则说明测量结果的精确度高，因而测量精度实际上包含测量的准确度和精密度。

3. 粗大误差

粗大误差是指由于测量人员疏忽大意而引起的显著偏离实际值的误差。这种误差对测量结果影响很大，应该尽量避免出现，多次测量中出现的粗大误差，应作为异常值除掉，不参与测量精度的评价，因而用于评价测量精度的误差只有系统误差和随机误差。

二、系统误差的消除方法

系统误差是产生测量误差的主要原因，消除并减小系统误差是提高测量精度的主要途径。通常由单个因素引起的系统误差容易被发现和消除，但多个因素综合引起的系统误差往往难以判断。尤其是在随机误差与系统误差同时存在的情况下，在测试过程中是否发生随机误差对系统误差的影响，也是很难估计的。因而，在测试过程中及测试之后都应采取一些行之有效的方法，以消除或减少系统误差对测量结果的影响，下面是常见的几种方法。

（一）引入修正值法

由于系统误差服从于某一确定的规律，因而可利用绝对误差根据式(9-2)引入修正值来减少系统误差，尤其在只能采用仪表或智能测试系统时，引入修正值法很容易实施。当系统误差为恒差时，修正值是一个定值；当系统误差为变差时，修正值是一个数表、曲线或修正计算式。

（二）对称法

很多系统误差是随时间而线性递增的，如图 9-1 所示，称之为线性系统误差。对于此类型的误差，若选定某一时刻(如图中 t_3)为中心，则对应此中点的两对称时刻的系统误差算术平均值都相等，即：

$$\frac{\delta_1+\delta_5}{2}=\frac{\delta_2+\delta_4}{2}=\delta_3$$

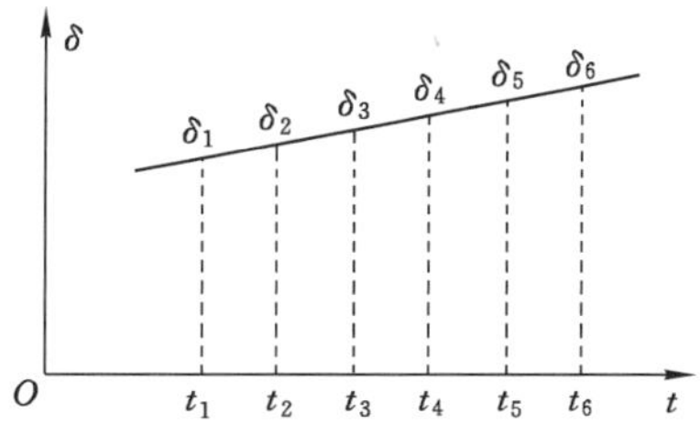

图 9-1　线性系统误差

利用这一特点，在实施测量时，取各对称点两次测量值的算术平均值作为这一时间段的实际值，就可消除线性系统误差。即使是一个规律变化比较复杂的系统误差，也可以将其分段作线性系统误差处理。因此，对称法是消除系统误差的有效方法。

（三）替代法

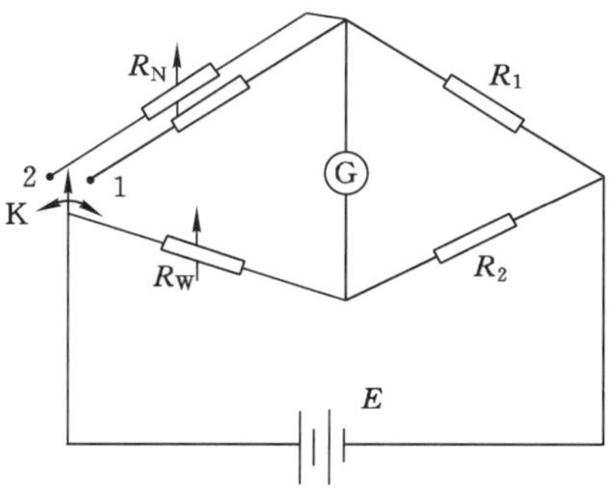

图 9-2　替代法示例

替代法是在相同的测量条件下，用可调的标准器具替代被测量接入检测系统，调节标准器具使检测系统的示值与被测量接入时相同，此时标准器具的读数就等于被测量值。用电桥测量被测量 R_x 值的原理如图 9-2 所示，测量步骤如下：

① 首先开关 K 接端点“1”，调电位器 R_W 至电桥平衡，即使被测量 $R_x=\frac{R_1}{R_2}R_W$；

② 开关 K 换至端点“2”，调标准器具 R_N(电位器不变)至电桥平衡，此时标准器具读数 $R_N=\frac{R_1}{R_2}R_W$，即 $R_x=R_N$。

由替代法引起的测量误差与检测系统电路无关，仅与标准器具 R_N 的测量精度有关。显然，标准器具测量精度越好，测量误差就越小，从而减小检测系统引起的系统误差。

三、随机误差的处理

随机误差是由一些偶尔的未知因素影响造成的，如电磁场的干扰、空气的扰动或湿度的变化、零部件的磨损或老化等，因而单次测量出现的随机误差是不确定或没有规律的，但在相同条件下重复测量某一被测对象时，大量的测量数据所得到的随机误差分布是服从大数统计规律的。

(一) 随机误差的正态分布

大量的实际测量统计表明,随机误差具有如下 4 个特征:

① 对称性。绝对值相等的正、负误差出现的概率相同,即当重复测量次数 n 相当大时,绝对值相等、符号相反的随机误差出现的机会相同。

② 有界性。绝对值小的误差几乎不出现,即在一定的测量条件下,随机误差的绝对值不会超过某一界限。

③ 单峰性。绝对值小的误差出现的概率大于绝对值大的误差出现的概率,即绝对值小的误差出现的次数多,绝对值大的误差出现的次数少。

④ 抵偿性。随着测量次数 n 的增加,随机误差 δ_i 的代数和趋于零,即 $\lim\limits_{n\to\infty}\sum\limits_{i=1}^{n}\delta_i=0$,或者说正、负随机误差相互抵消。

根据随机误差的这些特征,早在 1809 年高斯就以统计学的理论推导出它的数学表达式,即:

$$f(\delta)=\frac{1}{\sigma\sqrt{2\pi}}\exp\left(-\frac{\delta^2}{2\sigma^2}\right) \tag{9-6}$$

式中 δ——随机误差;

σ——均方根误差,亦称总体标准差。

式(9-6)为随机误差概率方程或高斯误差方程,由高斯误差方程描述的随机误差必然遵循正态分布,也就是说服从正态分布的随机变量,其概率密度一定可以由高斯方程描述。随机误差正态分布曲线如图 9-3 所示,由图可知:均方根误差越小,正态分布曲线越陡,即误差的概率密度越大;相对于误差而言,小误差出现的概率也越小,测量值越集中,其精密度越高。

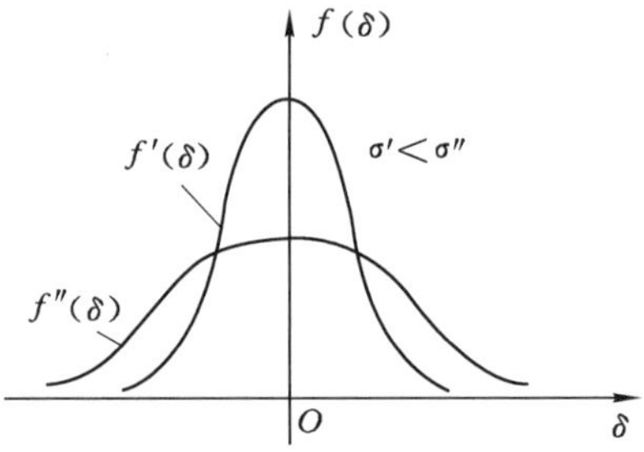

图 9-3 随机误差正态分布曲线

把随机误差看成是服从正态分布规律,一方面是因为大多数测量中的随机误差服从正态分布,而正态分布规律在概率统计中已有比较详细的阐述,有利于我们对随机误差的分析和处理。在实际测量中也确实存在一些非正态分布的随机误差,如泊松分布、均匀分布、反正弦分布等,但对这些非正态分布的研究,仍采用正态分布规律所建立起来的概念和方法,因而以正态分布规律分析随机误差具有普遍性和实用性。

(二) 误差的平均水平指标和波动大小指标

1. 平均水平指标

从一组测量数据 $x_1,x_2,\cdots,x_n$ 出发,计算出它们的算术平均值[见(式 9-4)],来表示测量数据的平均水平,也表示了数字的集中趋势。

除了 $\overline{x}$ 外,有时还用"中位数"来表示测量数据的平均水平。即把 n 个测量数据按大小顺序排列起来,以最正中的数表示测量数据的平均水平,成为中位数,记作 $\hat{x}$。当 n 为奇数时,正中间的数就是 $\hat{x}$;当 n 为偶数时,正中间的两个数的算术平均值就是 $\hat{x}$。

2. 波动大小的指标

对于一组测量数据,只有集中趋势而没有分散程度(即波动大小的指标)是不足以说明整个数据的状况的。例如,在矿井甲烷检测中获得两组数据:第一组是0.41%,0.43%,0.44%,0.45%,0.47%,0.47%,0.48%;第二组是0.33%,0.39%,0.42%,0.45%,0.49%,0.51%,0.56%。两组数据的平均值都是0.45%,但第二组数据的波动要大得多,因此还要有能够反映分散程度的物理量。

常用的这类物理量是极差 r,平均偏差 d 和样本标准差 S,它们分别定义为:

$$r = x_{\max} - x_{\min} \tag{9-7}$$

$$d = \frac{\sum_{i=1}^{n} |x_i - \overline{x}|}{n} \tag{9-8}$$

$$S = \sqrt{\frac{\sum_{i=1}^{n} (x_i - \overline{x})^2}{n-1}} \tag{9-9}$$

它们的单位是与测量值和平均值一致的。单项偏差 $x_i - \overline{x}$ 有正有负,但平均偏差是取绝对值的,因此 d 永远是正值。

上面三个物理量反映了数据之间的分散程度,但仅反映了绝对波动量。为了更全面地反映波动状况,常常采用相对偏差来表示。特别地,样本标准差的相对值称为样本相对标准差或样本变异系数,记为 C_V:

$$C_V = \frac{S}{\overline{x}} \times 100\% \tag{9-10}$$

四、粗大误差的判别与剔除

在进行测量数据处理时,若多次测量结果中含有粗大误差(又称坏值),就会严重地影响和歪曲对测量结果的正确评价。因此在对测量结果进行精度分析时,必须剔除粗大误差,若没有从测量数据中去掉这些坏值,将会使测量结果的精度分析失去可靠性,严重时甚至会得出错误的结论。

在测量过程中若能及时发现并剔除粗大误差是最理想的方法。在测量过程中,若有测量值远远偏离正常的取值范围,应作为可疑的坏值,此时应进行补充测量,或者改变测量方法,甚至更换测量仪器进行重新测量,以确认坏值并剔除。同时查找坏值出现的原因,以消除坏值产生的根源。

当出现坏值的原因一时无法找到时,可通过追加测量次数所得到的正常值减少可疑坏值对测量结果的影响;当追加的多次测量中又出现可疑坏值时,则说明在测量过程中尚存在一些未知因素的影响,这种未知原因的可疑坏值不应随意作坏值剔除,应按粗大误差判别准则判别后再作考虑。常用的粗大误差判别准则简述如下。

(一) 拉依达准则

拉依达准则是最常用的判别粗大误差的准则,亦称 3σ 准则。

设一组等精度独立测量结果中,其一测量值 x_b 所对应的误差 Δx(一般无真值,则取残差 v_b)大于3倍的总体标准差 σ 时,该测量值 x_b 可确认含有粗大误差,应予以剔除。判别式为:

$$|v_b| = |x_b - \overline{x}| > 3\sigma \tag{9-11}$$

在用拉依达准则判断一组测量值时，假若从中剔除了一个含粗大误差的值，那么对于剩下的数据还需要重新判断是否存在粗大误差，直到没有粗大误差存在为止。

（二）格拉布斯准则

格拉布斯准则是指，在一组等精度独立测量结果中，若某一测量值 x_b 的残差 v_b 满足下式：

$$|v_b| = |x_b - \bar{x}| > g(n,\alpha) \quad (9\text{-}12)$$

则认为 v_b 为坏值，应该剔除。其中，$g(n,\alpha)$ 为格拉布斯判别系数，它与测量次数 n 和显著性水平 α（一般取 0.05 或 0.01）有关，如表 9-1 所列。

表 9-1　格拉布斯判别系数 $g(n,\alpha)$

n	$g(n,\alpha)$		n	$g(n,\alpha)$	
	α=0.05	α=0.01		α=0.05	α=0.01
3	1.153	1.155	17	2.475	2.785
4	1.463	1.492	18	2.504	2.821
5	1.672	1.749	19	2.532	2.854
6	1.822	1.944	20	2.557	2.884
7	1.938	2.097	21	2.580	2.912
8	2.032	2.221	22	2.603	2.939
9	2.110	2.323	23	2.624	2.963
10	2.176	2.410	24	2.644	2.987
11	2.234	2.485	25	2.663	3.009
12	2.285	2.550	30	2.745	3.103
13	2.331	2.607	35	2.811	3.178
14	2.371	2.659	40	2.866	3.240
15	2.409	2.705	45	2.914	3.292
16	2.443	2.747	50	2.956	3.336

相对而言，拉依达准则无须查表，使用较方便，但当测量数据较少时，其判别的可靠性不如格拉布斯准则。其主要原因是格拉布斯准则引入了格拉布斯判别系数，该系数的确定已考虑了测量次数 n 及总体标准差 σ 计算时带来的误差，因而理论上较严格，可靠性较高。

第二节　监测数据的估计与统计处理

一、监测数据的估计

监测数据的随机误差在 $n\to\infty$ 时都是假设按正态分布的，这种概率分布说明当测量次数趋于无穷多次时，所得的平均值是正确无误的。但实际的监测只能是有限次数的，因而所得的平均值客观上带有不准确性，这就需要对测得的 $\bar{x}$ 附加一个在某种置信水平（置信度）上估计出来的表示准确度的区间，称为置信区间。通俗地说，置信水平与置信区间就是估计监测结果的把握程度和范围。一般来讲，置信水平高，置信区间就大，即测量结果把握大时可能取值的区间就宽，离散度大。例如，95%置信水平时的置信区间较小，而99%置信水平时的置信区间就要大一些。这就是说考虑同样一组数据，把握大时取值的范围就要宽些，而把握小时取值的范围可以窄些。

实际工作中都假设随机误差概率分布服从正态分布。首先确定测量次数 n 和置信度（即上述置信水平），由于求算术平均值的关系式 $\overline{x}=\frac{\sum_{i=1}^{n}x_i}{n}$ 存在，n 个数据中仅有 $(n-1)$ 个独立变量，即 $(n-1)$ 个自由度。然后利用置信因子概率分布表（见附表），查出概率为 P（$P=1-$置信度）时的置信因子 t。

置信区间就可以表示为：

$$\overline{x}\pm t\cdot S$$

它可以用来估计在监测中同一组监测数据（即同一个统计样本）的其他数据，按某种概率可能落入的区间范围。

样本标准差 S 是反映一组数据组成的样本中，单独一个测量值的精密度。由于对一个总体中的几个样本，平均值的精密度要比单个测量值的精密度好，即分散性小，因而统计上常使用平均值的标准误差 $S_{\overline{x}}$：

$$S_{\overline{x}}=\frac{S}{\sqrt{n}} \tag{9-13}$$

于是置信区间就表示为：

$$\overline{x}\pm t\cdot\frac{S}{\sqrt{n}}$$

例 9-1　在矿井瓦斯监测中获得一组 CH_4 浓度数据，分别为 0.41%，0.43%，0.44%，0.45%，0.47%，0.47%和 0.48%。计算该组数据平均值的标准误差和 95%、99%置信水平时的置信区间，再以这两种置信水平估计 CH_4 浓度。

解　根据前面误差基本理论可知：

$$\overline{x}=0.45\%$$

$$S=0.025\%$$

$$n=7$$

于是可求出：

$$S_{\overline{x}}=\frac{S}{\sqrt{n}}=\frac{0.025\%}{\sqrt{7}}=0.01\%$$

根据附表得出 95%、99%置信水平时的置信区间，如表 9-2 所列。

表 9-2　置信区间 $\overline{x}\pm t\cdot S_{\overline{x}}$

置信水平	附表中的 P	t	置信区间 $\overline{x}\pm t\cdot S_{\overline{x}}$
0.95	0.05	2.36	0.45%±0.023 6%
0.99	0.01	3.50	0.45%±0.035 0%

对 CH_4 浓度可作出判断：置信区间为 0.45%±0.023 6%时，检测正确的可能性为95%，错误的可能性为5%；置信区间为 0.45%±0.035 0%时，检测正确的可能性为 99%，错误的可能性为 1%。

二、监测数据的处理

对矿井环境进行监测将获得大量有关环境参数的数据，特别是使用多测点多参数的监测系统，测得的数据极多。为了从大量数据中取得有用的信息和重要的变化趋势，必须进行数据处理。

（一）原始数据的格式

目前采用的监测仪表有两大类，一类是连续监测的，另一类是断续监测的。连续监测仪表常用自动记录仪记录被测量的曲线，从记录曲线可以直接看出被测量的值及其变化情况。但为了分析一段时间内被测量的最大、最小值，超过某一值（超差）次数等，需要进行抽样分析。在多点记录仪中，实际上是对不同测点的测值作抽样记录，抽样后的数值与断续测值可以进行类似的处理。以下讨论中我们以断续测量数据来说明，对连续测量的情况可以理解为抽样数据。

对环境监测的原始数据，首先应有一个完善的记录表。记录表的具体形式及复杂程度可根据测量对象的性质和监测方案来决定，但它至少要有以下内容：测量值在记录表中应体现为时间、地点的函数。记录表中应包括监测地点和测量值（包括测量值的单位）。记录表的格式可参考表 9-3。断续测量中，在一段时间内的测量值一般用来代表这段时间的平均值，对一段时间例如一分钟、一小时、一天，测量值与最大值、最小值、平均值都有区别，但用它作为平均值更合理一些。连续测量时，抽样值也作为抽样间隔内的平均值。

表 9-3 ________局（矿）________井________地点 CH_4 浓度监测记录表

时	日									
	1	2	3	4	5	6	7	8	9	10
0	0.17%	0.21%	0.19%	0.20%	0.21%	0.19%	0.18%	0.21%	0.20%	0.21%
1	0.19%	0.23%	0.20%	0.21%	0.20%	0.20%	0.19%	0.22%	0.19%	0.27%
2	0.21%	0.20%	0.21%	0.22%	0.23%	0.19%	0.20%	0.20%	0.23%	0.23%
3	0.23%	0.19%	0.19%	0.21%	0.21%	0.23%	0.22%	0.24%	0.24%	0.25%
4	0.21%	0.21%	0.18%	0.23%	0.24%	0.22%	0.21%	0.25%	0.25%	0.23%
5	0.22%	0.22%	0.24%	0.21%	0.25%	0.24%	0.22%	0.27%	0.27%	0.24%
6	0.25%	0.24%	0.23%	0.20%	0.24%	0.23%	0.24%	0.21%	0.22%	0.25%
7	0.26%	0.25%	0.21%	0.24%	0.27%	0.25%	0.27%	0.27%	0.25%	0.27%
8	0.25%	0.26%	0.25%	0.25%	0.23%	0.26%	0.24%	0.24%	0.29%	0.29%
9	0.27%	0.29%	0.26%	0.27%	0.26%	0.27%	0.25%	0.26%	0.30%	0.31%
10	0.25%	0.25%	0.24%	0.23%	0.24%	0.24%	0.24%	0.25%	0.31%	0.39%
11	0.23%	0.23%	0.25%	0.25%	0.24%	0.23%	0.21%	0.23%	0.29%	0.41%
12	0.24%	0.24%	0.23%	0.24%	0.23%	0.21%	0.25%	0.24%	0.28%	0.38%

表 9-3(续)

时	日									
	1	2	3	4	5	6	7	8	9	10
13	0.28%	0.27%	0.28%	0.27%	0.27%	0.27%	0.27%	0.28%	0.27%	0.37%
14	0.29%	0.31%	0.29%	0.28%	0.28%	0.28%	0.30%	0.27%	0.26%	0.32%
15	0.31%	0.28%	0.31%	0.30%	0.30%	0.30%	0.31%	0.30%	0.31%	0.29%
16	0.33%	0.32%	0.31%	0.29%	0.31%	0.31%	0.32%	0.31%	0.30%	0.31%
17	0.34%	0.31%	0.34%	0.28%	0.34%	0.32%	0.35%	0.40%	0.37%	0.31%
18	0.31%	0.29%	0.27%	0.27%	0.31%	0.34%	0.31%	0.45%	0.42%	0.29%
19	0.27%	0.28%	0.29%	0.30%	0.32%	0.28%	0.28%	0.40%	0.38%	0.28%
20	0.25%	0.24%	0.25%	0.24%	0.27%	0.27%	0.29%	0.39%	0.39%	0.31%
21	0.21%	0.22%	0.23%	0.25%	0.24%	0.24%	0.27%	0.37%	0.25%	0.24%
22	0.23%	0.21%	0.24%	0.21%	0.23%	0.23%	0.28%	0.35%	0.21%	0.21%
23	0.20%	0.23%	0.22%	0.20%	0.21%	0.21%	0.21%	0.25%	0.19%	0.25%

（二）百分位数法

利用原始数据绘制曲线可以直观地看出被测量变化趋势，但不能定量地给出各种测量值的分布状况。有害气体或者易燃易爆气体的浓度是随时间而变化的，例如，矿井 CH_4 的浓度在采掘过程中会随时发生变化。为了分析研究在某段时间内 CH_4 涌出量的规律，仅给出何时超限或者多少次超限常常不能满足需要，还需要了解 CH_4 浓度监测值的分布情况。百分位数法就是常用来进行这类分析的方法，简单地讲，它是一种分组统计的方法。

分组时先找出监测数据中的最大值和最小值，两者的差值称为全距。然后按相同的组距把全距分为若干组，再统计落入各组内的测值数并列表分析。以表 9-3 中的数据为例，原始数据中最大值为 0.45%，最小值为 0.17%，全距为 0.28%。若组距为 0.01%，得 28 组；若组距为 0.04%，得 7 组。28 组太多，7 组又较少，观察起来不够准确，于是选组距为 0.02%，得到 14 组，比较合适。于是从 0.17%开始每隔 0.02%为一组，直到包含最大值 0.45%的一组为止，如表 9-4 所列。落入每一组的测值数称为组距内监测数据的频数，它在总数中占有的百分数称为相对频数。

表 9-4　CH_4 小时浓度值的分布

CH_4浓度区间	频数	相对频数	CH_4浓度区间	频数	相对频数
0.17%～0.19%	3	1.3%	0.31%～0.33%	22	9.2%
0.19%～0.21%	20	8.3%	0.33%～0.35%	5	2.1%
0.21%～0.23%	35	14.6%	0.35%～0.37%	2	0.8%
0.23%～0.25%	50	20.8%	0.37%～0.39%	5	2.1%
0.25%～0.27%	32	13.3%	0.39%～0.41%	5	2.1%
0.27%～0.29%	37	15.5%	0.41%～0.43%	2	0.8%
0.29%～0.31%	20	8.3%	0.43%～0.45%	2	0.8%

注：CH_4浓度区间除 0.45%外均不包含大数。

监测数据的最大值和最小值表明了测量值的范围。根据上面数据的分组情况可以看出，中位数是数据分配中的一个特殊值，在这个值上下，各有总数一半的数据分布着。如果再在中位数以下找出一个值位于四分位数的位置，称为第一个四分位数，也可以在中位数以上找到上四分位数即第三个四分位数，显然中位数即是第二个四分位数。同理可以将数据分为十等分，得到十分位数据，中位数就是第五个十分位数。按照这个方法也可以得到百分位数据分组，并可定义百分之 p 的数据等于或小于第 p 个百分位数，p 在 1 至 100 内取值。此时中位数即为第 50 个百分位数。监测数据按大小顺序排列好后，如果共有 N 个数据，第 p 个百分位数的值就是第 $p\frac{N}{100}$个数据的值。利用百分位数可以对测量值的分布提出限制性要求。

为了简要地说明利用百分位数表示数据分布状态的优点，我们考察两个监测点 10 d 内日平均 CH_4 浓度的数据。第一个监测点的数据是“0.30%，0.31%，0.34%，0.41%，0.46%，0.48%，0.49%，0.53%，0.61%，1.23%”；第二个监测点的数据是“0.29%，0.34%，0.35%，0.41%，0.94%，0.97%，1.14%，1.16%，1.17%，1.23%”。假定 CH_4 浓度以1.2%为警报点，两个监测点各有一次日平均值超过警报点。两个监测点 10 d 内最高日平均 CH_4 浓度都是 1.23%。第一个监测点 10 d 内平均浓度为 0.52%，第二个监测点 10 d 内平均浓度为 0.80%。仅从超限次数、最高值和平均值来看，两个监测点数据的这些特征差别不大。但是认真研究两个监测点数据可以看出，第二个监测点的数据中有 6 次日平均值接近或者超过 1%，这说明第二个监测点附近有较频繁的 CH_4 涌出发生，用十分位数表示就可以清楚地反映这种特性。第一个监测点数据的第五个十分位数是 0.46%，第九个十分位数是 0.61%，而第二个监测点数据相应的这两个十分位数分别是 0.94%和 1.17%，它们具有显著的区别。

第三节　辅助安全信息管理

安全监测监控系统作为矿井安全生产的重要技术手段，为安全管理提供了大量数据和文本方面的信息，因而是一种重要的辅助安全信息管理体系。大量的监测数据还能够深度揭示矿井的通风安全规律与异常，对相应监测数据的系统性分析是提高通风安全科学管理水平的重要基础和保障，也是矿井信息化建设的核心内容之一。这里以西安科技大学与陕西陕煤黄陵矿业有限公司（以下简称黄陵矿业公司）合作研究的矿井通风安全管理信息化和智能化成果为例，介绍目前安全监测监控系统辅助安全信息管理情况。

一、系统总体框架

黄陵矿业公司提出了以矿井通风与瓦斯实时监测数据多屏联动分析为主的安全监测监控在线分析预警平台的研究与应用项目建设需求，以求获取通风与瓦斯的多视角信息，为矿井日常性安全管理提供有效保障和技术支持。

黄陵矿业公司安全监测监控在线分析预警平台的研究与应用项目是以矿井通风与瓦斯监测数据的实时在线分析和安全监控为核心，构建基于多屏联动的矿井通风与瓦斯安全综合分析预警平台，提供多元信息深度分析数据的网络化共享环境和以图形为主导的查询服务，实现对矿井通风与瓦斯安全日常管理的技术支持。

项目部署情况如图 9-4 所示。

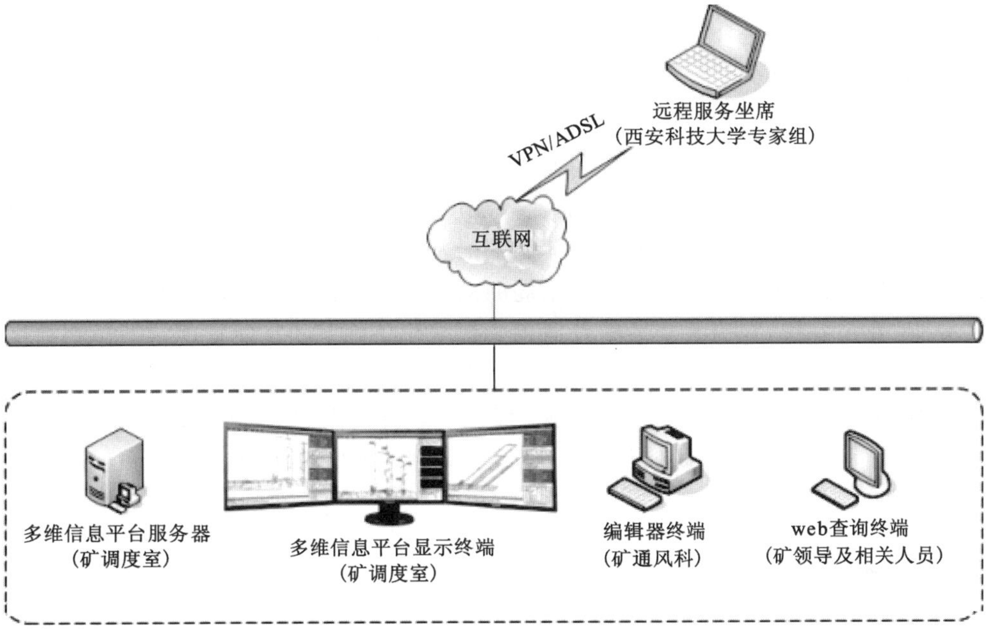

图 9-4 项目部署情况

项目部署可分为黄陵矿业公司一、二号矿和远程服务坐席两部分：

（1）黄陵矿业公司一、二号矿

① 矿调度室配备矿级服务器，为本矿提供数据分析处理。

② 矿调度室还配有一套展示终端（三屏），从矿级服务器获取分析数据进行展示，为本矿的安全管理提供帮助。

③ 矿通风科则部署编辑器终端（双屏），用于创建数据分析图形及编辑维护信息平台的各项展示数据与参数。

④ 矿领导及相关人员可通过 web 浏览器对系统运行结果进行浏览，实时了解矿井通风安全运转情况。

（2）远程服务坐席

通过互联网，与西安科技大学专家组技术支持终端相连，以便对矿井的安全管理提供专业的指导，并提供相关技术报告。

二、矿井通风等技术数据分析服务端

矿井通风与瓦斯数据分析服务端是整个信息化平台的核心，除了在此要进行数据库等参数的配置外，其主要的工作就是进行测点与巷道数据的计算、统计及预测分析，如：测点数据的计算，巷道瓦斯数据推演，测点瓦斯数据预测分析，测点、巷道通风与瓦斯数据统计分析等。

矿井安全监测监控系统提供的监测数据包括传感器所处位置的瓦斯浓度和风速，服务端负责处理采集的瓦斯浓度与风速数据，并采用数据分析模型对各测点数据展开多角度的实时分析，进而实现对其发展变化趋势的预测。

所谓巷道瓦斯数据推演，就是依据瓦斯测点在井巷网络内的实际分布，可将网络完整划分成相互间无重叠的控制分区，通过分析不同瓦斯测点断面处的瓦斯流量，可计算出不同区域的瓦斯涌出量，进而可以计算出全矿各巷道的瓦斯涌出量。

服务端基于对井下所有监测数据的系统性综合分析，提取瓦斯监测数据所隐含的矿井区域性瓦斯显现规律，主要包括各井巷的瓦斯浓度、瓦斯流量以及瓦斯涌出量的统计特征，这些数据可以进一步转换为井巷系统内各局部的瓦斯显现规律特征数据，使得对各测点瓦斯显现的动态定量认识扩展为对局部和全局的动态定量认识，为区分瓦斯区域性显现的“正常”与“异常”奠定基础，并为井巷系统及通风参数变化条件下的瓦斯显现特征预测提供重要参数。

服务端采用最新万维网服务技术开发，保证了软件安全、稳定运行。采用 HTTP 协议传输数据，不增开服务器端口，保证了不对服务器硬件和已有其他系统的稳定运行造成影响。

三、多元数据多屏联动分析平台

以同一软件系统调度的三屏显示为基础，从三种不同的角度对井巷系统进行了展示，如图 9-5 所示。

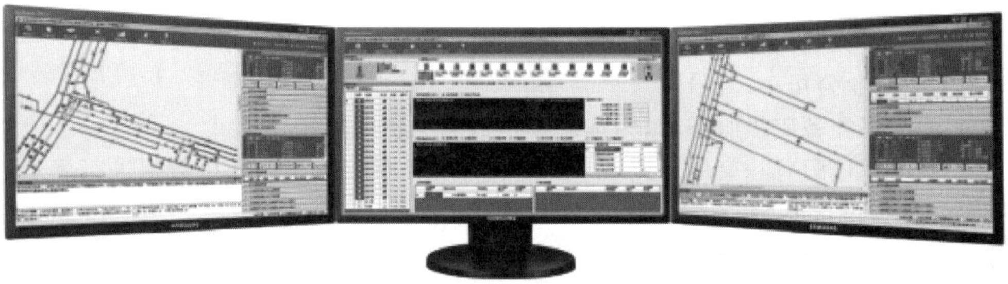

图 9-5　多元数据多屏联动分析平台展示效果图

(1) 主屏：即数据屏，分别以瓦斯监测值、瓦斯移动平均值、瓦斯监测值超限频次、瓦斯波动次数、瓦斯波动幅度和瓦斯波动速率等六个指标为基础，形成单点分项预警指标、单点综合预警指标和全矿瓦斯安全预警三级的动态综合评价体系，深入分析矿井瓦斯显现规律和发展态势。

(2) 副屏 1：以通风系统平面图的分析角度，采用图形与数据图表的方式实现多方位的矿井通风安全数据分析。

(3) 副屏 2：以通风系统立体图或网络图的分析角度，采用图形与数据图表的方式实现多方位的矿井通风安全数据分析，立体图和网络图之间可以相互切换。

多元数据多屏联动分析平台的核心功能如图 9-6 所示。

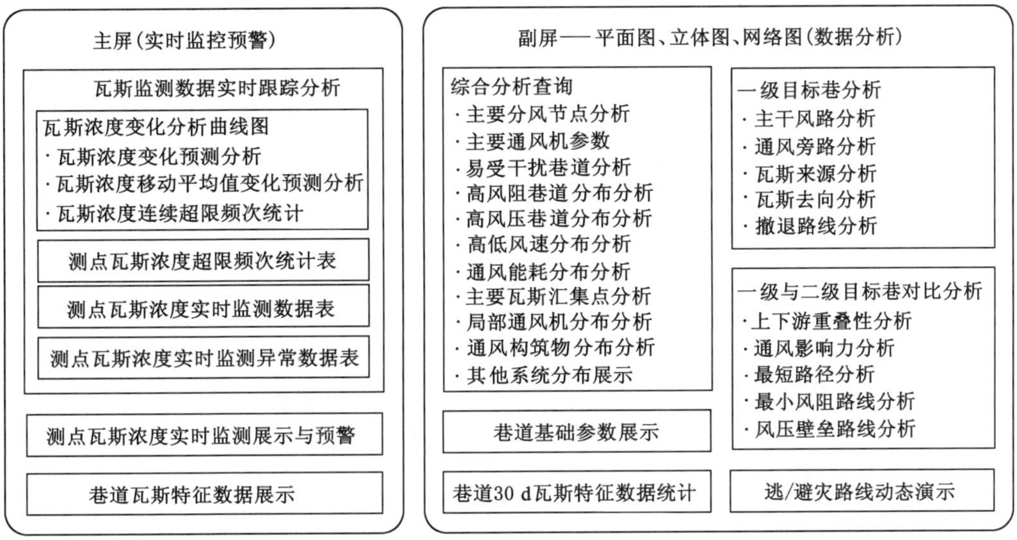

图 9-6 平台核心功能框架示意图

第四节 多网多系统融合管理

根据国家对矿井安全避险“六大系统”的建设要求，所有生产矿井已经建立了调度通信系统、井下语音广播系统、无线通信系统、人员定位系统、安全监测系统、视频监控系统等。许多矿井装备的以上各系统由不同厂家建设，系统之间相对独立，成为系统“孤岛”，系统之间没有相互联络和互动，同时也没有统一的调度指挥平台。为此，需要研究异构通信系统互联关键技术，进行多网融合的矿井协同通信新模式，使得融合新系统综合各个系统的功能，既能互联互通，又能相对独立。

一、测控分站数字通信融合技术

测控分站是矿井安全监测监控系统中的核心设备，是监测监控系统的区域数据传输枢站，由测控分站设计开始，在系统设计中全面采用数字通信技术，对所有接入系统的设备采用统一的通信方式并制定统一的通信协议，同时对测控分站的任务进行重新定义。这样通过组件程序升级，安全监测监控系统具有了多系统融合功能，其组成结构如图 9-7 所示。

与传统的安全监测监控系统相比，融合升级后的安全监测监控系统的测控分站与传感器之间采用了 RS-485 总线进行数据传输，实现了数字化，舍弃了传统的频率和电流传输方式。同时对测控分站的功能及作用进行了重新定义，即测控分站保留了接收中心站下发定义信息、控制逻辑和上传各类传感器数据的功能，增加了发送定义信息到传感器和断电器的功能，但不再对传感器数据进行分析、判断，只将传感器数据按照预先设置的路径进行转发，断电器接收到传感器数据后进行分析判断，达到断电条件时执行断电。测控分站的工作流程如图 9-8 所示。

测控分站挂接的各类传感器、断电器和其他矿用设备，利用现场总线在分站通道配置许

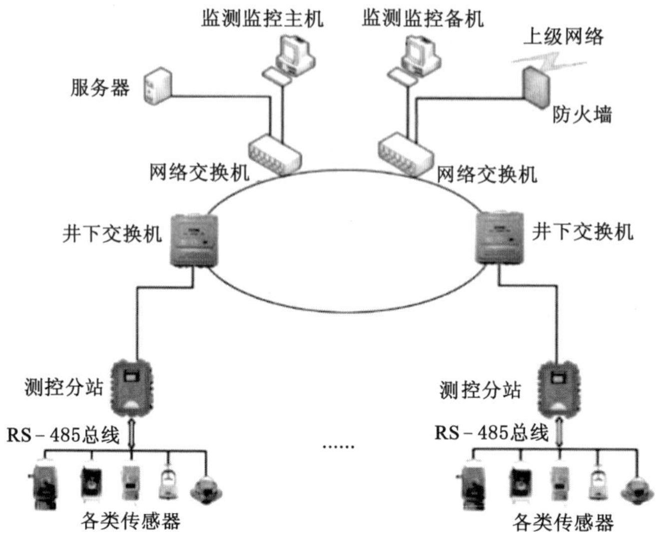

图 9-7 融合升级后的安全监测监控系统的组成结构

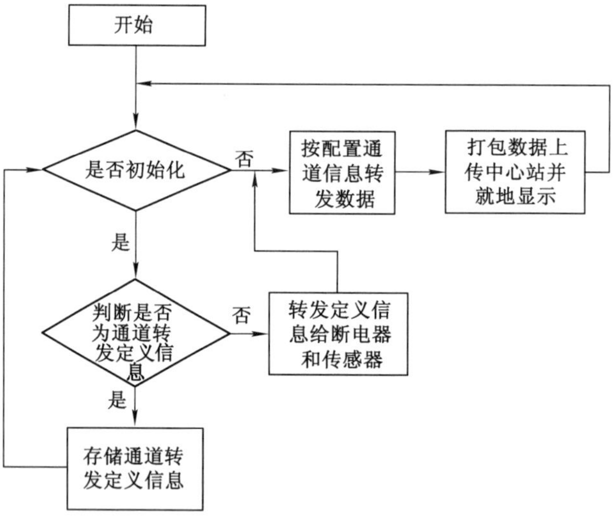

图 9-8 测控分站的工作流程

可的情况下互相通信。优化设计后的测控分站具有数据路由转发功能，当一台设备总线出现短路等故障时分站会关闭该通道从而不会对其他设备产生影响，因此该分站具有响应时间快、故障影响范围小、故障处理时间短等优点。

二、系统间的联动与融合

由于系统内设备都采用了现场总线通信方式并使用了统一的通信协议，因此系统间的融合和联动就变得简单易行。

以一个工作面中安全监测监控系统与人员定位系统的联动为例说明系统间的联动。在工作面分别安装 CH_4 传感器 T_1 和 T_2，并在相同位置安装人员定位读卡器；4 台设备通信接入同一台测控分站，在中心站软件上配置好设备间的通信路由并设置断电撤人阈值，即 CH_4 传感器 T_1 和 T_2 的数据除了发送给断电器，还要实时发送给 2 台人员定位读卡器，当工作面 CH_4 体积分数达到断电撤人阈值后，人员定位读卡器向定位卡发送撤人命令，定位卡接收到撤人命令后发出声光报警提示，人员的撤离情况实时被读卡器采集并上传到软件中。

调度室值班人员通过软件及时了解现场人员撤离情况，有效避免人员撤离不及时或漏撤导致的意外事故发生。系统融合与联动流程如图 9-9 所示。

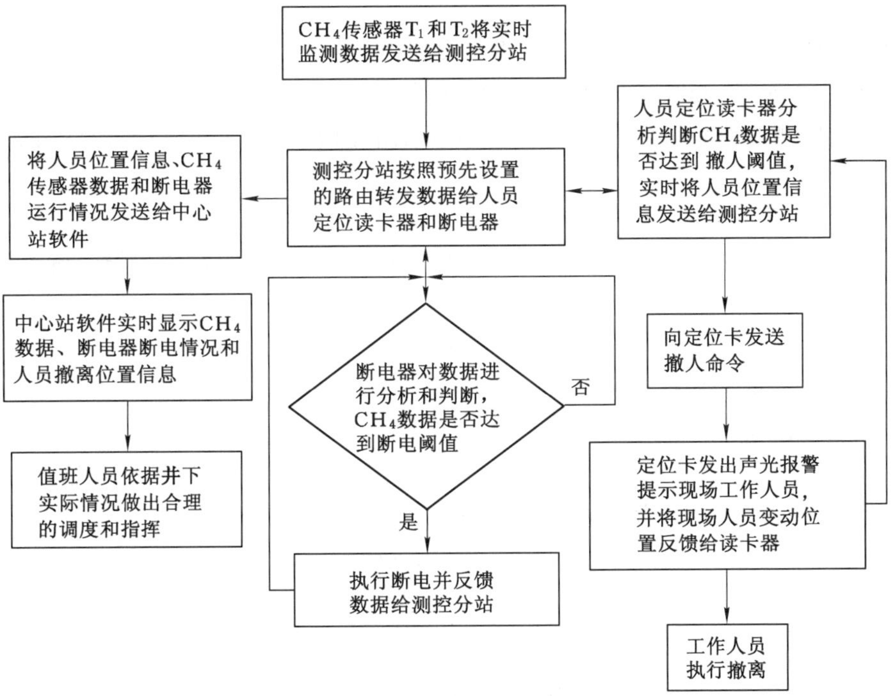

图 9-9　系统融合与联动流程

第五节　安全监测监控系统可靠性分析

安全监测监控系统已经广泛应用于矿井生产场所，一套安全监测监控系统是否能发挥出重要作用，系统中各子系统和元器件的可靠性是关键因素，各种子系统和元器件可靠性的组合，就构成了整个安全监测监控系统的可靠性。

一、安全监测监控系统可靠性基本理论

可靠性是产品在规定的条件下和规定的时间内完成规定功能的能力。

1. 可靠性的五个要素

(1) 产品。指作为单独研究和试验的任何元件、器件、机器、设备和系统。

(2) 规定条件。指规定产品在其全寿命周期内所承受的全部外部作用条件。

(3) 规定时间。指规定产品完成规定功能的时间。

(4) 规定功能。指规定产品的性能指标。

(5) 能力。指产品的可靠性程度。它仅有定性的含义,还必须有定量的规定。

产品可靠性包括固有可靠性和使用可靠性两方面的内容。固有可靠性是产品在生产厂及生产过程中就已经确立了的一种可靠性。它和生产厂所选用的材料、零部件、设计方案、软件结构、硬件结构、制造工艺、装配工艺等有密切关系,是产品内在的可靠性。一旦产品从生产厂制造出来,固有可靠性便已确立。因此,固有可靠性的具体数据可由生产厂将产品放在模拟的实际工作条件和标准环境下进行测试求得,这是生产厂确立的一个产品可靠性指标。

使用可靠性是产品在由生产厂转给用户过程中的包装、运输、保管以及在实际使用过程中的环境、操作水平、维修技术等环节中的可靠性。

对于安全监测监控系统而言,需要从上面提及的固有可靠性和使用可靠性两方面来进行评价分析。

2. 可靠性度量指标

(1) 可靠度。产品在规定的条件下(或规定的时间内)完成规定的功能的概率 P 称为可靠度,即:

$$R(t) = P(t' \geqslant t) \tag{9-14}$$

式中 t'——产品的寿命;

t——规定的时间。

产品的可靠度还可以用无故障工作频率来估计,如 $N(0)$ 个同型号的产品,从 0 时刻开始到 t 时刻,还有 $N_S(t)$ 个产品仍在继续工作,则:

$$R(t) = \frac{N_S(t)}{N(0)} \tag{9-15}$$

当 $N(0)$ 趋于无穷大时,无故障工作频率的准确表达式为:

$$R(t) = \lim_{N(0)\to\infty} \frac{N_S(t)}{N(0)} \tag{9-16}$$

(2) 失效(故障)概率。产品在规定的条件下和规定的时间内丧失规定的功能的概率称为不可靠度或失效概率,记为 $F(t)$。

(3) 失效概率密度。产品工作到某一时刻后,单位时间内发生失效的概率称为失效概率密度,记为 $f(t)$。

(4) 失效(故障)率。在产品已工作到 t 时刻的条件下,其残存完好的产品在 t 时刻后的单位时间内所发生的失效概率为该产品在 t 时刻的失效率,记为 $K(t)$。

(5) 可靠性寿命度量指标。可靠性寿命度量分为平均寿命和可靠寿命。

(6) 维修度与有效度。① 维修度是指可以维修的产品,在规定条件下和规定时间内完成维修的概率,记为 $M(t)$。② 有效度是指可维修产品在 t 时刻维持其功能的概率,记为 $A(t)$。要使产品达到某种有效度,可以通过提高可靠度或提高修复率来实现。

3. 可靠性数学模型

系统的可靠性与组成系统的零部件的可靠性以及零部件之间的相互功能有关。系统的可靠性计算可以采用下列方法:

(1) 数学模型法。根据安全工程学原理,可以将一个安全监测监控系统分为串联系统、并联系统、后备(冗余)系统、表决系统和混联系统等。对于不同系统,根据各子系统和单元组分的拓扑关系，可以有不同计算其可靠度的方法。

（2）布尔真值表法。有的系统不能简化为数学模型加以计算，通常采用布尔真值表法。例如，某系统有 5 个元件，每个元件都有“正常”和“故障”两种状态，故该系统有 $2^5=32$ 种状态，对这 32 种状态进行分析，将各种状态下系统正常的概率相加即得出系统的可靠度。

二、安全监测监控系统的可靠性分析

由于矿井安全监测监控系统是由多个子系统组成的大系统，所以，系统能否正常运行，可靠度是多少，取决于组成系统的元器件和子系统的可靠度。

1. 传感器

由于矿井井下条件恶劣，各种有毒有害气体的影响可能造成元件灵敏度下降，元件寿命缩短，仪器故障增多。

（1）高浓度瓦斯激活失效。试验证明，用瓦斯浓度为 0～10％的气样与元件反应，元件表面温升近似呈线性增加。瓦斯浓度为 10％时在检测元件上反应的温升约为 450 ℃，元件长期通过 10％的气样，表面温度在 1 000 ℃以上。高温下，元件催化剂迅速挥发和烧结，晶粒变大，表面积减小，灵敏度显著下降。瓦斯浓度为 30％的气样与催化元件反应 20 min 后，元件破裂永久损坏。在高瓦斯突出矿井中，元件经常受到高浓度瓦斯的冲击。井下试验证明，载体催化元件经常在瓦斯浓度为 3％以上的地点工作 2 个月就报废，而同类元件在瓦斯浓度为 1％的地点可正常工作 6 个月以上。

（2）煤尘与水蒸气的影响。由于煤尘在检测元件表面吸附以及与水蒸气凝结而形成的糊状混合物作用，使得检测精度显著降低。实践证明，在温度 30 ℃、相对湿度 96％的条件下 10 d 后元件灵敏度下降 20％，40 d 后可下降 50％。

（3）元件化学组分变化，中毒失效。载体催化元件长期工作在没有瓦斯的工作场所时，催化剂化学组分会发生变化。矿井空气中含有微量 H_2S 和 SiO_2，即使其含量在 1.0×10^{-6} 级，也可使元件灵敏度下降或中毒失效。

2. 测控分站

由传感器输出的各种信号要通过转换器转换成易于处理和传输的标准信号。标准信号可以是模拟量、开关量和累计量。这种转换过程存在各种误差：① 装置误差与方法误差；② 基本误差与附加误差；③ 系统误差与随机误差；④ 绝对误差与相对误差。

虽然可以采取很多措施，如制定修正曲线、利用非线性元件补偿、计算机处理等对误差加以校正，但在 A/D 转换过程中的误差是必然存在的。

3. 信号传输设备（信道）

过去由于传输模拟量的影响，信号在传输过程中易受杂波干扰，要求采用高标准屏蔽电缆。近年来由于内联网技术的普及，信号传输普遍采用执行 TCP/IP 协议的调制解调器，传输设备的可靠性大为提高。

4. 中心站

计算机系统可能出现的问题也不少，特别要防范计算机病毒的侵害。

5. 备用电源

备用电源的可靠性也是个大问题。例如，1997 年 5 月 28 日，抚顺龙凤矿发生特大瓦斯爆炸事故。事后查明，在爆炸发生前两小时，爆炸地点区域故障停电，瓦斯监测探头因没有备用电源而停止工作。恢复送电后，还需要人工给瓦斯监测探头复电。结果直到发生爆炸，瓦斯监测探头也未能恢复工作。

6. 管理问题

不少特大事故都与安全监测监控系统管理不当有关。例如，2004 年 10 月，郑州煤炭工业（集团）有限责任公司大平煤矿一掘进工作面发生瓦斯爆炸事故。根据瓦斯监测监控系统测定的数据，煤与瓦斯突出距瓦斯爆炸有 30 min 的间隔，但测定的数据没有引起重视，使得高浓度瓦斯进入西大巷新鲜风流，达到爆炸界限，遇到架线式电机车产生的火花，发生瓦斯爆炸。又如，在调查抚顺龙凤矿特大瓦斯爆炸事故时查阅了瓦斯监测记录，发现事故地点经常出现长时间瓦斯浓度 4%的情况，都没有断电撤人，瓦斯监测形同虚设。

所以，安全监测监控系统在安全生产中发挥作用的大小，不应单单取决系统本身可靠性大小，还取决于管理水平的高低。矿井安全监测监控系统的管理是提高系统可靠性十分重要的一项内容。因此，要认真抓好组织机构的落实、人员素质的提高以及各种制度的健全和安全质量标准化。在一些矿井经济困难的情况下，尤其要强调坚持执行安全监测监控系统质量标准，并给予必要的投入。

矿井安全监测监控系统不是万能的，不能认为矿井有了安全监测监控系统就万无一失。矿井安全生产是正常运行状态的表现。如果生产管理混乱，违章指挥、违章作业现象经常出现，再现代化的监测监控仪器也不能保证不出事故。因此，首先应追求矿井生产系统的良性运行，在此基础上再配备必要的安全监测监控系统加以保证，安全生产是可以做到的。

复习思考题

1. 什么是绝对误差和相对误差？
2. 测量误差的分类有哪些？
3. 系统误差的消除方法有哪些？
4. 什么是随机误差？反映随机误差的指标有哪些？
5. 简述粗大误差判别的准则。
6. 什么叫数据样本的置信度、置信区间？
7. 简述监测数据的统计处理方法。
8. 结合某一矿井实际安全监测监控系统工作情况，说明安全监测监控系统的信息管理作用。
9. 什么叫系统可靠性？怎样用数据来度量它？
10. 影响安全监测监控系统可靠性的因素有哪些？

第十章

矿井安全监测监控工业技术

第一节 安全监测监控系统性能测试

矿井安全监测监控系统能否起到应有的作用，与这套系统在使用过程中的性能有很大关系。由于安全监测监控系统构成的复杂性，所以对其性能必须要有足够的了解，为此，国家有关部门曾经制定过专门的安全监测监控系统性能的测试标准，如《煤矿监控系统主要性能测试方法》(MT/T 772—1998)，在此对其做一些简单介绍。

一、测试条件

1. 环境条件

除环境测试或有关标准中另有规定外，测试应在下列环境条件中进行：

① 环境温度：15～35 ℃；

② 相对湿度：45%～75%；

③ 大气压力：86～106 kPa。

2. 电源条件

除非有关标准另有规定，否则测试用电源应符合以下要求：

(1) 交流供电电源

① 电压：误差应不大于 2%；

② 频率：50 Hz，其误差应不大于 1%；

③ 谐波失真系数：应不大于 5%。

(2) 直流供电电源

① 电压：误差应不大于 2%；

② 周期与随机偏移：$\Delta U/U_0$ 应不大于 0.1%。其中：ΔU 为周期与随机偏移的峰到峰值；U_0 为直流供电电压的额定值。

二、测试仪器和设备

测试仪器和设备一般有以下要求：

(1) 测试仪器和设备的精确度应保证所测性能的精确度要求，其自身精确度至少应比被测指标高三倍。

(2) 测试仪器和设备的性能应符合所测性能的特性。

(3) 测试仪器和设备应按照计量法的有关规定进行计量检定,并校准合格。

(4) 测试仪器和设备的配置应不影响测量结果。

三、受试系统的要求

接受测试系统简称受试系统,一般安装在现场生产场所,在现场检验时,按实际配置的系统进行检验。

进行出厂检验和型式检验时,系统测试至少应具备下列设备:

(1) 中心站或主站设备一套,一般包括主机(含显示器)、打印机等设备(对双机系统可根据具体情况适当增加设备)。

(2) 传输接口一台(系统中具备的话)。

(3) 分站:出厂检验时,为订货的全部分站;型式检验时,为系统容量的 75%。

(4) 每种本安电源最大组合负载的各种传感器及其他设备;对安全监测监控系统,若每种本安电源最大组合负载不含 CH_4 传感器,还应提供一组含 CH_4 传感器的组合负载。

(5) 构成系统的其他必要设备。

受试系统中的设备必须是出厂检验和型式检验合格的产品。

四、测试准备

(1) 系统构成结构不同,要求有不同的连接。例如,对于树型系统按图 10-1 连接设备,N 为参与测试的实际分站数。

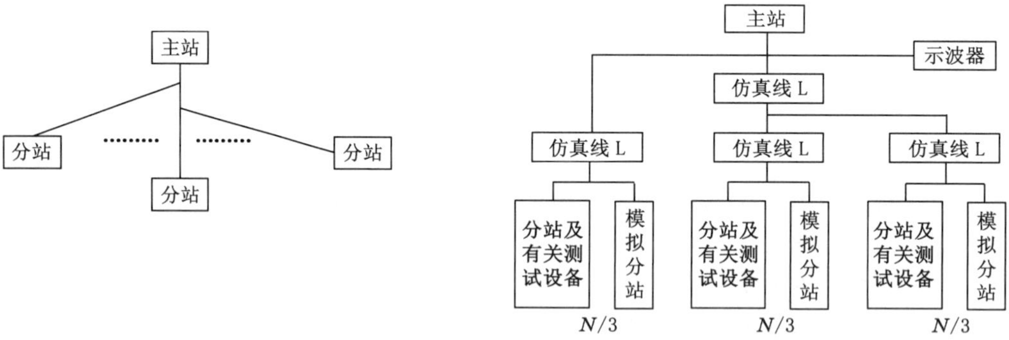

(a) 树型结构　　(b) 树型系统测试方法

图 10-1　树型结构及系统测试方法

对于总线型系统则按图 10-2 连接设备。

(2) 系统测试前应按规定做好运行前的各种准备,包括系统预调工作和系统中设备的预热工作。

(3) 系统所用的仪器及辅助设备(如电源等)在测试中应正常工作。

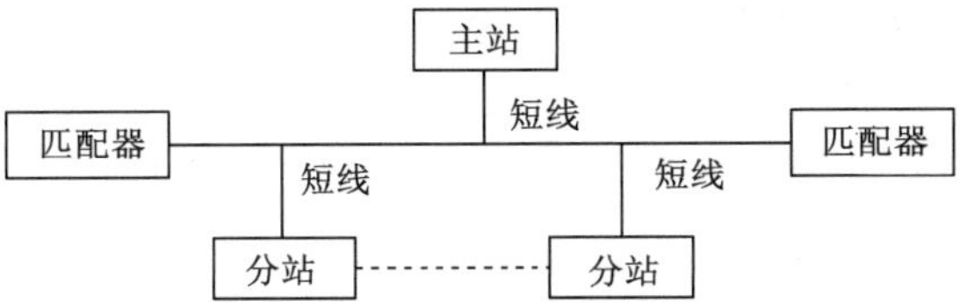

(a) 总线型结构

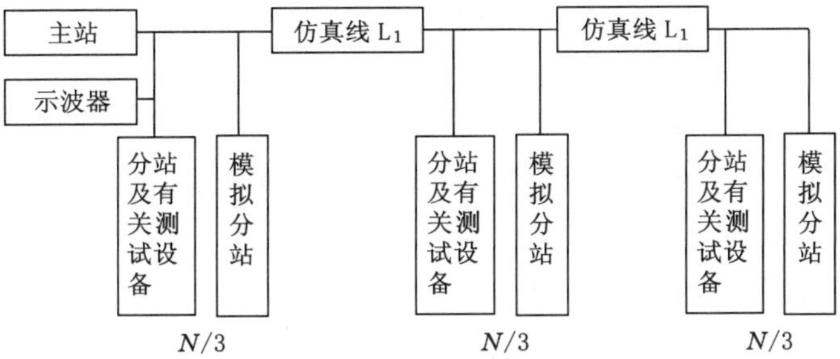

(b) 总线型系统测试方法

图 10-2　总线型结构及系统测试方法

五、系统运行检查

(1) 系统按上述“四、测试准备”中的要求进行连接。

(2) 执行一遍检查程序后，系统应能按规定正常运行，正确反映系统内各组成部分的状态。

(3) 检查程序应符合以下规定：

① 应及时给出运行正常的信息和正在受检部位的工作状态信息；

② 应能检查系统各硬件组成部分正常与否；

③ 能检查通信状况；

④ 对所检查的结果提供清晰的显示、打印和硬盘记录；

⑤ 检查程序编制原则与技术要求应符合《计算机通用规范》系列标准(GB/T 9813.1～9813.4—2016)附录 A 的相关规定。

六、系统功能测试

系统功能测试内容较多，从系统的设备层开始，一直到管理层，各层设备的重要功能都要进行试验。

1. 系统的连接

系统按上述“四、测试准备”中的要求进行连接。

2. 模拟量采集、显示及报警功能测试

(1) 改变传感器、模拟量发生器的模拟量输出值，在规定时间内，主机、模拟盘、图形终端、电视墙、多屏幕和远程终端等显示设备(以下简称显示设备)上应显示相应的数据，该数据应与模拟量发生器输出值相符，其误差符合要求。

(2) 制造模拟量超限或异常故障，系统应有相应的声光报警，报警信号方式及响度应符合规定。

(3) 撤销超限或异常故障,相应的声光报警按各自产品标准规定的形式解除。

3. 开关量采集、显示及报警功能测试

(1) 改变开关量模拟器的输出状态,在规定时间内,显示设备上应显示相应的状态。

(2) 制造开关量故障状态或异常状态,在显示设备上应有相应的显示,并伴有声光报警,报警信号方式及响度应符合规定。

(3) 撤销故障状态或异常状态,相应的显示以及声光报警均按各自产品标准规定的形式解除。

4. 累计量采集、显示功能测试

给出一串累计量信号,在规定时间内,显示设备上应显示出相应的数值。该数值应与输入的一串累计量信号相符,其误差符合要求。

5. 控制功能(含断电、声光报警功能)测试

(1) 手动控制功能:在规定的输入设备上进行控制操作,在规定时间内,控制执行显示器有相应显示,系统亦有相应的显示。

(2) 自动控制功能:使系统输出控制信号的模拟量输入值和开关量状态,在规定时间内,按要求被控的就地和异地控制执行显示器有相应的显示,系统亦应有相应显示和报警。

(3) 其他控制功能:按各自产品标准的规定逐项进行测试。

6. 调节功能测试

(1) 手动调节功能:在规定的输入设备上进行遥调量的变化操作,在规定的调节执行指示器上应显示相应的数值。该数值应与设置的调节量所代表的数值相一致,系统亦应有相应的显示。

(2) 自动调节功能:改变相应的模拟量输入值,在相应的调节执行指示器上应显示出相应的数值。该数值应与设置的调节量所代表的数值相一致,系统亦应有相应的显示。

(3) 其他调节功能:按各自产品标准的规定逐项进行测试。

7. 存储和查询功能测试

(1) 该测试应在上述功能试验后立即进行。

(2) 测试按下列步骤进行:

① 使主机停电 5 min;

② 送电,使主机运行,查询并打印停机前的各种实时监测值、各种状态和统计值以及报警和解除报警等情况记录。这些记录应与上述测试一一对应,并注明相应的时间。

8. 屏幕显示及打印制表功能测试

(1) 召唤显示和打印:按画面显示目录检查屏幕显示功能和打印制表功能。

(2) 定时打印:检查系统在规定时间内打印出符合有关要求的各种表格和图形。

(3) 屏幕显示及打印出的内容与格式应符合有关规定。

9. 人机对话功能测试

(1) 用人机对话方式调用各种菜单,并按菜单和输入提示选测功能。

(2) 在不中断正常检测的条件下,通过操作生成、修改各种系统参数、表格和图形,然后对被修改参数的部分进行实际检测测试,结果应与修改的要求相一致。

(3) 在不中断正常检测的条件下,设定、修改口令和密级,并检查规定的保护功能。

10. 自诊断功能测试

(1) 对任一分站、传感器及传输电缆制造故障,系统应能诊断出相应故障,并有相应的显示和报警。

(2) 将制造的故障撤销,则相应的故障显示和报警解除。

11. 系统软件自监视功能测试

操作相应键,使之处于软件监视状态,系统应能正确监视软件中各任务运行状态。

12. 软件容错功能测试

(1) 人为制造键盘操作错误,应不影响整个系统软件的运行。

(2) 制造盘片读写错误或打印机没联机等故障,应有故障提示,且不影响整个系统软件的运行。

13. 双机切换功能测试

(1) 人工手动切换功能测试:进行手动切换操作,备用主机和相应显示打印设备应投入运行,所构成的系统应能正常工作。同时测试从切换操作开始到备用机正常工作的时间。

(2) 双机自动切换功能测试:设置双机切换的条件,备用主机及相应显示打印设备应投入运行,所构成的系统应能正常工作。同时测试从满足双机自动切换条件开始到备用机正常工作的时间。

14. 实时多任务功能测试

(1) 使打印机连续打印,时间不小于磁盘记录时间间隔。打印结束后,查询存盘记录,不应有信息丢失现象。

(2) 连续操作键盘,时间不小于磁盘记录时间间隔,然后查询存盘记录,不应有信息丢失现象。

15. 备用电源测试

使系统停电,相应设备的备用电源应立即投入运行,检查系统,系统应正常工作;使系统恢复供电,检查备用电源,备用电源应自动退出。

七、系统主要性能指标测试

1. 模拟量输入传输误差测试

(1) 按上述“四、测试准备”中的要求连接设备。

(2) 至少测 3 路,且应分布在不同的分站。对于树型和总线型系统,还应考虑分布在不同的测试区段。

(3) 被测的每一路模拟量不得少于 5 个测试点,测试点应包括下限值、上限值在内,且均匀分布。

(4) 每一路模拟量测试方法:调节模拟量发生器的输出为下限值,逐渐平稳增加到上限值,再平稳减小到下限值。在一次循环中依次记录系统所显示的各测试点的实测值。

(5) 按以下方法计算误差:

① 计算各测试点信号所对应的被测量的理论值;

② 按照由低到高层次统计计算传输误差。

(6) 模拟量输入传输误差应取计算传输误差的最大值。

2. 累计量输入传输误差测试

(1) 按上述"四、测试准备"中的要求连接设备。

(2) 至少测 3 路,且应分布在不同的分站。对于树型和总线型系统,还应考虑分布在不同的测试区段。

(3) 每一路累计量测试方法如下:

① 启动累计量信号模拟器,使之输出一串规定的最小脉冲宽度,数量不小于 3 000 个脉冲信号,同时记录系统所显示的累计量实测值;

② 改变脉冲量的个数,重复上述测试 5 次。

(4) 误差计算按上述"1. 模拟量输入传输误差测试"中的规定进行。

(5) 累计量输入传输误差应取计算传输误差的最大值。

3. 模拟量输出传输误差测试

(1) 按上述"四、测试准备"中的要求连接设备。

(2) 至少测 3 路,且应分布在不同的分站。对于树型和总线型系统,还应考虑分布在不同的测试区段。

(3) 被测的每一路模拟量输出值不得少于 5 个测试点,测试点应包括上限值、下限值在内,且均匀分布。

(4) 每一路模拟量测试方法:在规定的输入设备上进行遥调量的变化操作,使之从下限值逐渐平稳增加至上限值,再平稳减小到下限值。在一次循环中依次记录调节执行指示器上的模拟量输出实测值。

(5) 误差计算按上述"1. 模拟量输入传输误差测试"中的规定进行。

(6) 模拟量输出(调节量)传输误差应取计算传输误差的最大值。

4. 系统巡检时间测试

(1) 按上述"四、测试准备"中的要求连接设备。

(2) 投入的分站应带足所有的输入输出装置。用秒表测得的系统连续运行数次循环所需的时间,与系统连续运行次数的比值即为系统巡检时间。

5. 控制执行时间测试

(1) 按上述"四、测试准备"中的要求连接设备。

(2) 在规定的输入设备上发控制命令,用秒表测量从控制命令发出至控制执行指示器作出响应的时间。

(3) 使系统输出控制信号的模拟量输入值和开关量状态,用秒表测量从信号输入到控制执行指示器显示相应动作的时间。

(4) 对已包含执行机构的系统,测试中测得的时间即为控制执行时间;对不包含执行机构的系统,控制执行时间应为测试中测得的时间加执行机构的动作时间。

6. 调节执行时间测试

(1) 按上述"四、测试准备"中的要求连接设备。

(2) 在规定的输入设备上进行遥调量的变化操作,使之从下限值至上限值,再从上限值至下限值,用秒表分别测量调节量发出至调节量执行完毕的时间。

(3) 对已包含执行机构的系统,测试中测得的时间即为调节执行时间;对不包含执行机构的系统,调节执行时间应为测试中测得的时间加执行机构的动作时间。

7. 站内事件分辨率测试

(1) 按上述“四、测试准备”中的要求连接设备。

(2) 将开关量模拟器的两路输出信号接至任意一台分站的任意两路开关量输入端上，在开关量信号模拟器上设置一个时间定值，使该值等于规定的站内事件分辨率。启动开关量信号模拟器，则系统应打印出符合先后次序并带各自时标的两个事件的顺序记录。

(3) 测试至少在两个分站上分别进行 3 次。

8. 站间事件分辨率测试

(1) 按上述“四、测试准备”中的要求连接设备。

(2) 将 n 路开关量信号模拟器输出分别接至 n 台分站的任一路开关量输入端上，在开关量信号模拟器上设置一个时间定值，使该定值等于规定的站间事件分辨率。启动开关量信号模拟器，系统应打印出符合先后次序并带有各自时标的 n 个事件的顺序记录。

(3) 测试应至少进行 3 次，n 至少为 3。

9. 画面响应时间测试

(1) 按上述“四、测试准备”中的要求连接设备。

(2) 用秒表测试每幅画面从输入命令完毕开始，直到全部画面显示完毕的时间。

(3) 测试至少进行 3 次。

10. 传输速率测试

(1) 按上述“四、测试准备”中的要求连接设备。

(2) 将示波器跨接在传输信道上，运行系统，由示波器读出传输速率。

11. 系统速率测试

测试方法有仪表测试法和实际测算法，这里简单介绍实际测算法。

(1) 对于双向传输监测、监控系统，方法如下：

① 按上述“四、测试准备”中的要求连接设备。

② 主机运行误码率测试软件，产生随机信号，进行发送并接收(或连续发送 00～FFH 并接收)。分站运行“收即发”程序。主机将经分站和传输系统返回的随机信号与发送的随机信号相比较，统计错误码数并显示或打印输出。系统运行时间应保证传输不少于 5 倍误码率倒数的码数。

③ 系统传输误码率为错误码数除以传输的总码数。

(2) 对于单向传输监测系统，方法如下：

① 按上述“四、测试准备”中的要求连接设备。

② 分站循环发送 00～FFH，主机将接收到的数值显示和打印输出，统计错误码数。系统运行时间应保证传输不少于 5 倍误码率倒数的码数。

③ 系统传输误码率为错误码数除以传输的总码数。

八、系统工作稳定性测试

(1) 按上述“四、测试准备”中的要求连接设备。

(2) 系统连续运行，运行时间应符合产品标准的规定。测试开始和结束，均应测试系统功能和主要指标。测试中按规定的时间间隔测试系统功能。

(3) 测试中，如出现关联性故障则终止测试，等故障排除后重新开始计时测试。如出现非关联性故障，等故障排除后继续测试，排除故障过程不计时。

九、电源波动适应性测试

(1) 按上述“四、测试准备”中的要求连接设备。

(2) 将系统电源线接到电压可调的电源上，根据产品标准要求的电压波动范围调节电压，并等待温度稳定且至少保持 15 min 后，方可测试系统功能。

十、电磁兼容性测试

1. 静电放电测试

按《电磁兼容 试验和测量技术 静电放电抗扰度试验》(GB/T 17626.2—2018)的有关规定进行。

2. 电快速瞬变脉冲群测试

按《电磁兼容 试验和测量技术 电快速瞬变脉冲群抗扰度试验》(GB/T 17626.4—2018)的有关规定进行。

3. 辐射电磁场测试

按《电磁兼容 试验和测量技术 射频电磁场辐射抗扰度试验》(GB/T 17626.3—2016)的有关规定进行。

第二节 安全监测监控系统设计原则及步骤

安全监测监控系统的设计是一个综合运用知识的过程，不仅需要前几章的知识，而且还需要计算机原理及接口、模拟电路与数字电路、软件设计方法及编程等方面的基本知识，此外还要具备一定的生产工艺知识。因此，在安全监测监控系统设计过程中，经常需要各个专业人员的密切配合。

一、安全生产对安全监测监控系统的要求

安全生产对安全监测监控系统的要求应由设计单位提出，但提出的要求一般都比较笼统。因此，在此基础上还必须做进一步调查研究，收集有关系统设计的大量原始资料，其内容一般要包括：

(1) 需要检测参数的种类、数量、极限变化范围、常用范围。

(2) 需要检测参数的性质，例如，模拟量是电压型、电流型、频率型还是电阻型，开关量是触点信号还是有源信号等。

(3) 检测对象所处环境是一般场所还是有爆炸危险、高温、潮湿等特殊场所。

(4) 检测精度和速度。

(5) 检测对象环境、数量、性质等。

(6) 控制对象环境、数量、性质、控制方式及控制精度等。

(7) 信息输出形式，如显示、打印记录、存储、传输距离等。

(8) 系统可靠性，系统是长期还是短期运行，允许故障时间，若发生故障后后果如何等。

总之，对生产现场了解得越充分，设计越合理，有时对关键性问题必须进行现场考察，甚

至做必要的试验，以便掌握第一手材料。

二、安全监测监控系统设计原则

在最大限度满足安全生产要求的前提下，安全监测监控系统的设计原则如下：

1. 可靠性

系统可靠性高，是系统设计最重要的原则。要保证系统在使用条件下工作稳定且可靠性高，必须具备较强的抗干扰性能。

2. 先进性

系统使用的元器件、传感器、执行器、监测方法、控制方法、程序设计、输入输出方式及手段等，都应符合技术发展方向，具有技术的先进性。

3. 通用性

系统不需任何改动或只进行少许改动就能应用于其他场合，构成新的安全监测监控系统。

4. 合理性

系统中电路结构简单，软硬件功能搭配恰到好处，便于安装、维护检修。

5. 经济性

系统功能强，成本低，性能价格比高。

三、安全监测监控系统总体方案的确定

如果进行现场了解和技术调研是系统设计的准备工作，那么确定系统总体方案则是进行系统设计的第一步，也是最重要、最关键的一步。总体方案确定的好坏，直接影响整个系统的功能、指标、系统投资及实施细则，甚至关系到设计的成败。总体方案的确定主要是根据调研所掌握的大量资料，结合具体实际情况和现在可行的技术措施及方法来进行的。

1. 确定系统的结构

在确定总体方案时，必须首先确定好系统的结构。它是系统设计的重要一步。系统的结构确定是根据所设计的安全监测监控系统复杂程度、测控范围及要求，确定出该系统为一级管理系统还是分布式多级管理系统，是单计算机运行还是多计算机运行。

安全监测监控系统一般为一级或二级计算机管理系统。一级计算机管理系统多为星型或树型，如图 10-3 所示。图中，▽为受控或检测单元。

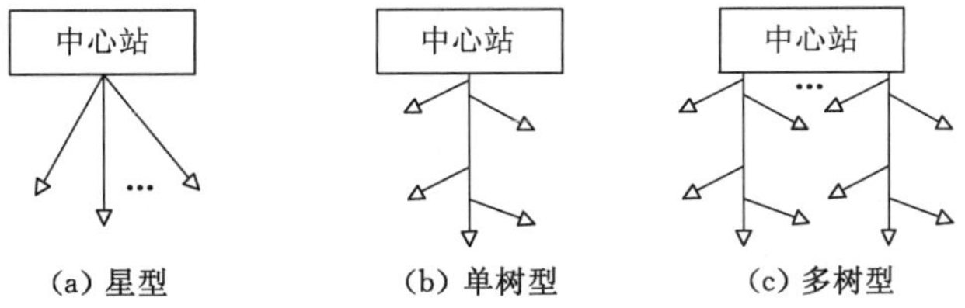

图 10-3 一级计算机管理系统的结构

二级计算机管理系统多为环型、直线型、树型，如图 10-4 所示。

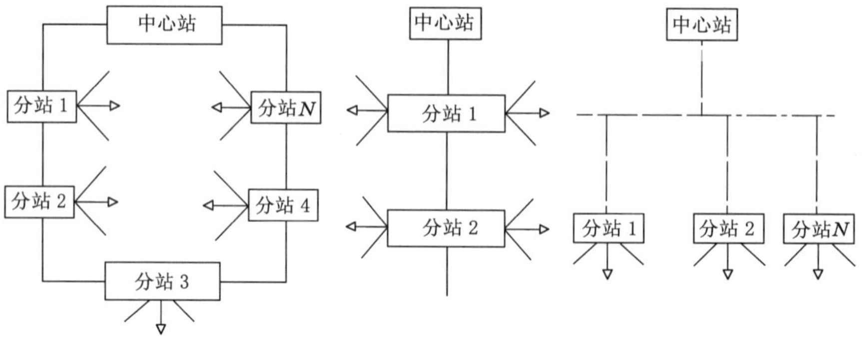

(a) 环型　　(b) 直线型　　(c) 树型

图 10-4　二级计算机管理系统的结构

2. 选择传感器

在确定总体方案时必须选择好测量参量的传感器，它是影响系统检测精度的重要因素之一。特别是随着半导体技术、材料及制造技术的发展，测量各种参量（如 CH_4 浓度、CO 浓度、温度、风速等）的传感器种类繁多，规格各异。因此，如何正确选择传感器并不是一件容易的事情，必须给予高度重视。在选择传感器时，应考虑以下几个方面：

(1) 最重要的是检测精度、范围及寿命。在选择精度指标时，要以系统测控精度要求为依据，然后考虑系统中产生误差的诸因素，对总误差进行合理的预分配，再按预分配给传感器的误差来选择所需传感器的精度。

(2) 信号输出形式，如电压、电流、频率输出及其分站信号采集种类的配套等因素。

(3) 传感器安装位置及数量要符合有关规定，本章第三节内容有详细叙述。

3. 选择分站通道

分站通道是连接计算机与测控对象的纽带，是系统的重要组成部分。通道不通就无法保证系统可靠工作。若通道产生误差过大，就无法达到预期的测控目的。选择通道主要是根据传感器的信号种类、数量及受控设备的状况，选择通道中的关键性元器件，如多路开关、采样保持器、ADC、DAC 等。

4. 选择外围设备

外围设备配置种类、型号主要根据系统要求和系统规模来确定。

在上述工作完成后，画出一个完整的安全监测监控系统原理框图，其中包括各种传感器、执行器、输入输出通道的主要元器件、微机及外围设备。它是整个系统的总图，要求简单、清晰、一目了然。

值得注意的是，在确定系统总体方案时，对系统的软、硬件功能应做统一考虑。因为安全监测监控系统所要实现的某种功能，往往既可以由硬件实现，也可以由软件实现。到底采用什么方式比较合适，应根据系统实时性及整个系统的功能价格比综合平衡后加以确定。

一般情况下，用硬件实现时速度比较快，占用 CPU 时间少，但系统比较复杂，价格比较高，而且故障多、可靠性下降。而用软件完成时系统简单、价格便宜，但要占用 CPU 的时间较多。

总之，在安全监测监控系统的功能中，到底哪些由硬件实现，哪些由软件完成，应该结合具体问题经过反复分析比较后确定。

四、安全监测监控系统设计步骤

1. 了解安全生产对安全监测监控系统的要求

不同的安全生产对安全监测监控系统的要求不同。因此，首先必须详细地了解安全生产对系统的要求，明确设计任务。

2. 调研、搜集资料

在明确设计任务后，就要有目的地进行调研、搜集资料。主要内容应包括：

(1) 通过国际互联网，了解所设计系统目前国内外现状及发展趋势；

(2) 通过查新了解有关新理论、新技术、新元器件等；

(3) 实地考察已有成熟系统的使用情况；

(4) 熟悉有关的法律、法规、设计规范、检测验收规范。

3. 系统总体方案确定

在充分调研、掌握大量资料的基础上，针对实际设计系统确定设计的总体方案，选择系统的结构形式。

4. 选择一次传感器、控制执行机构或元件

根据设计要求及确定的总体方案，选择所需要的一次传感器和合适的控制执行元件。

5. 选择计算机

根据总体方案及可靠性、经济性等情况选择计算机的机型、机种。

6. 系统硬件设计

根据总体方案的要求，进行系统硬件设计和具体电路设计，尽量采用成熟的、经过实践考验的电路和环节。同时考虑新技术、新元器件、新工艺的应用。

7. 系统软件设计

根据软件设计原则、方法及系统的要求进行应用程序设计。尽量采用组态软件等网络化程序语言，注意兼容性、可扩展性。

8. 系统实验室调试

系统软硬件设计完成并进行正确组装后，按设计任务的要求在实验室进行模拟实验。通过实验对设计系统进行初步考核，以便发现问题、进行改进，为现场工业性试验奠定基础。

9. 工业性试验

将所设计的系统安装于实际工业现场，由生产过程对系统进行实际考核，对存在的问题进行改进，最大限度地满足生产、安全要求。

煤矿井下使用的设备还必须经过指定机关进行防爆检验，在取得"防爆合格证"后，才能进行工业性试验。

10. 编写鉴定技术文件

一般在工业性试验通过之后，有关部门要对系统组织技术或产品鉴定，需要编写鉴定技术文件。鉴定技术文件一般应包括以下内容：

(1) 任务来源及要求，即计划任务书、合同书。

(2) 研制报告，亦称可行性论证报告。说明目前国内外有关情况、研制设计的关键、解决方法和措施、最终结果。

(3) 试制报告。说明试制过程和试制过程中出现的问题及解决措施。

(4) 技术条件，亦称技术考核试验大纲。写明对设计检验的方法及达到的功能指标要求。

(5) 型式试验报告。由指定机关进行检验后作出的结论性报告。

(6) 标准化审查报告。由指定机关对设计中标准化情况作出的报告。

(7) 防爆检验报告。由指定机关对煤矿井下应用的设备作出的防爆检验报告。

(8) 系统图册。系统设计的详细图纸。

(9) 使用说明书。写明系统概况、主要技术指标、使用条件、使用方法、注意事项等。

(10) 工业性试验大纲。写明试验现场地点、条件，试验时间，设备安装情况，考核内容、方法等。

(11) 工业性试验报告。经工业性试验后对系统作出的总体和结论性报告。

(12) 证明文件。查新证明，即查阅与本设计有关的国内外最新情况证明。有的鉴定还需要“经济效益和社会效益”的有关证明。

第三节　安全监测监控系统选型设计与施工设计

根据前面几节讨论的安全监测监控系统设计的一般方法，在实际工作中，根据矿井的实际情况和用户的要求，直接选用国内外成熟的系统，即选型设计。系统一旦选定，用户就要根据生产矿井实际情况进行施工设计。本节我们通过具体的例子，介绍安全监测监控系统的选型设计和施工设计一般性方法。

一、安全监测监控系统选型设计

1. 矿井概况

某矿井年产原煤 120 万 t，为低瓦斯矿井；矿井生产布置有 2 个采区，共 2 个采煤工作面，4 个掘进工作面，要求安全监测监控系统进入矿井工业局域网。

2. 系统选型

根据矿井情况和用户要求，选用 KJ4 系统。

(1) 选用 Intel 工控机为系统主机，并加 1 台备用机。根据矿井工业局域网的情况，选用网络连接卡。

(2) 传感器的数量与型号的选择。根据矿井安全的有关要求，确定测点 89 个(模拟量 37 个，开关量 52 个)，考虑二期工程测点共 122 个。配备 2 台风电闭锁装置。

(3) 按测点分布设置 10 台井下分站(2 台备用于井上)。

(4) 通信电缆选用 PUYV39-1 四芯电缆，传感器电缆选用 PUYVR 型。

3. 系统框图设计

分站传感器配置图及图例说明如图 10-5 所示。

系统结构配置图如图 10-6 所示。

4. 系统概算

(1) 系统配套清单，如表 10-1 所列。

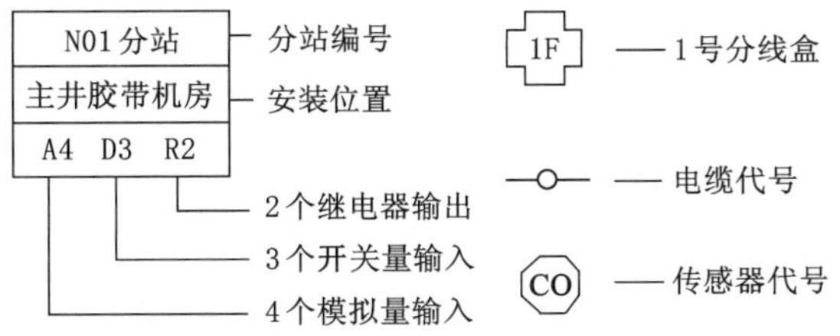

图 10-5　分站传感器配置图及图例说明

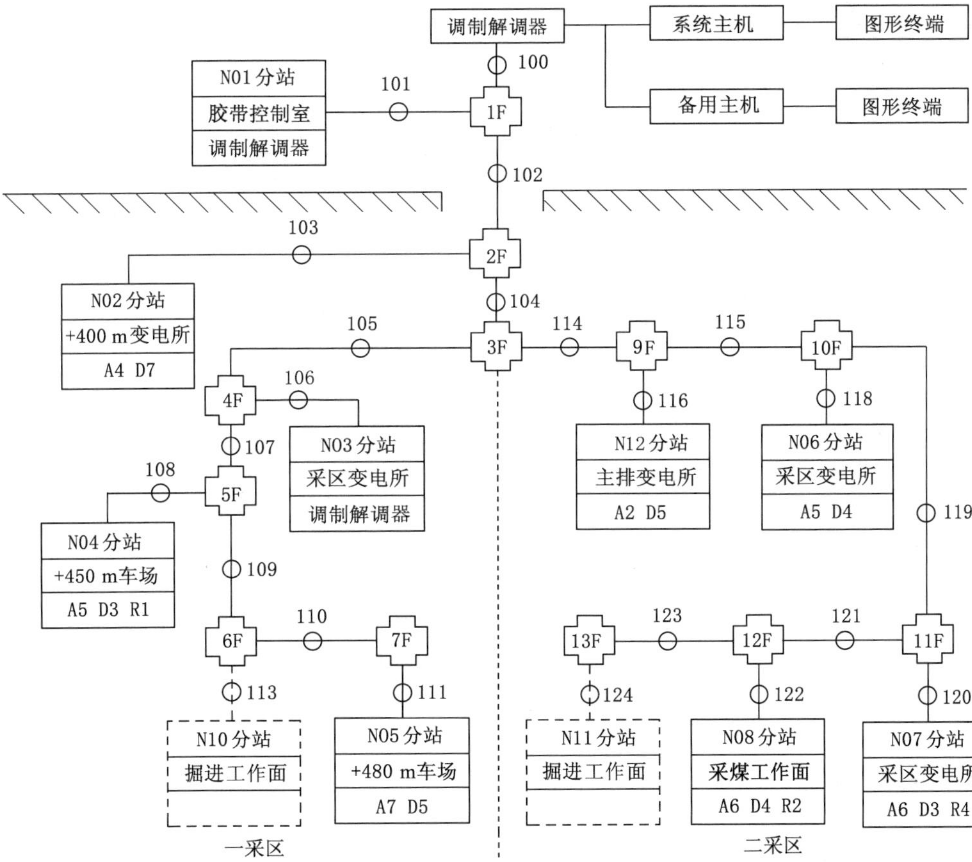

图 10-6　系统结构配置图

表 10-1　系统配套清单

序号	名称及规格型号	单位	数量	单价/元	总价/元
Ⅰ	地面中心站				142 500
1	主机，Intel 工控机	台	1	37 000	37 000
2	彩色图形终端器	台	2	25 000	50 000
3	智能通信接口板	块	1	1 500	1 500
4	系统软件	套	1	5 000	5 000

表 10-1(续)

序号	名称及规格型号	单位	数量	单价/元	总价/元
5	矿用软件	套	1	25 000	25 000
6	调制解调器 KC6001	台	2	2 000	4 000
7	备用机,Intel 工控机	台	1	20 000	20 000
Ⅱ	测控分站及传感器				391 395
1	井下分站,KJ2007B;分站电源,AP2A	套	10	15 735	157 350
2	风电瓦斯闭锁装置	台	2	15 000	30 000
3	瓦斯传感器 KG3003	台	5	1 200	6 000
4	瓦斯传感器 WZJ-1C	台	8	1 320	10 560
5	机组位置传感器 KG1001-2	台	4	16 150	64 600
6	风速传感器 AFG-1	台	8	3 500	28 000
7	一氧化碳传感器 AB302	台	5	3 450	17 250
8	超声波料位计 KG1003	台	3	11 600	34 800
9	负压传感器 KG4003	台	2	2 600	5 200
10	温度传感器 KG3004	台	2	2 600	5 200
11	水位传感器	台	2	1 000	2 000
12	矿车计数传感器	台	2	5 000	10 000
13	开/停传感器 KGKT-C10-11	台	40	285	11 400
14	开/停传感器 KGKT-C10-12	台	5	1 575	7 875
15	风门开关传感器 BF-2	台	4	190	760
16	分站支架	个	10	40	400
Ⅲ	电缆				181 247
1	电缆 PUYV39-1 4×1×1/1.38	km	8	4 981	39 848
2	电缆 PUYVR 4×1×1/0.52	km	13	3 065	39 845
3	电缆 PUYVR 5×2×7/0.52	km	11	7 634	83 974
4	电缆 PUYVR 2×1×1/0.28	km	1	1 080	1 080
5	分线盒　二通 NLH	个	100	50	5 000
6	分线盒　三通 DIA-F	个	50	80	4 000
7	分线盒　四通 KLF06-2J	个	30	100	3 000
8	分线盒　六通 KLF20-1J	个	25	180	4 500
Ⅳ	模拟盘				130 000
1	模拟盘　五列　120 测点	套	1	130 000	130 000
Ⅴ	仪器仪表及随机工具				12 540
1	双踪示波器 SS2020 20MHz	台	1	3 500	3 500

表 10-1(续)

序号	名称及规格型号	单位	数量	单价/元	总价/元
2	直流稳压电源 DH1718/1715	台	1	1 000	1 000
3	数字式频率计 Sab8000C	台	1	2 200	2 200
4	多种信号发生器 GFG-8016D	台	1	2 500	2 500
5	滑线电阻器(2 A,220 Ω)	台	2	250	500
6	三用表	台	5	400	2 000
7	压线钳	把	4	60	240
8	电子恒温烙表	把	2	300	600
总合计					857 682

(2) 通信干线材料汇总表,如表 10-2 所列。

表 10-2 通信干线材料汇总表

序号	名称	规格型号	单位	数量	备注
1	通信电缆	PUYV39-1 4×1×1/1.38	km	8	
2	分线盒	二通 NLH	个	100	包括电缆连接
3	分线盒	三通 DIA-F	个	50	包括电缆连接

(3) 系统通信电缆明细表,如表 10-3 所列。

表 10-3 系统通信电缆明细表

电缆编号	起点	终点	单位	数量	备注
100	调制解调器	分线盒 1F	km	0.45	
101	分线盒 1F	胶带控制室 N01 分站	m	60	
102	分线盒 1F	分线盒 2F	km	0.8	
103	分线盒 2F	+400 m 变电所 N02 分站	km	0.25	
104	分线盒 2F	分线盒 3F	km	0.75	
105	分线盒 3F	分线盒 4F	m	80	
106	分线盒 4F	采区变电所 N03 分站	m	45	
107	分线盒 4F	分线盒 5F	km	0.17	
108	分线盒 5F	+450 m 车场 N04 分站	m	75	
109	分线盒 5F	分线盒 6F	km	0.4	
110	分线盒 6F	分线盒 7F	km	0.13	
111	分线盒 7F	+480 m 车场 N05 分站	m	22	
113	分线盒 6F	掘进工作面 N10 分站	km	1.6	二期
114	分线盒 3F	分线盒 9F	km	1.6	
115	分线盒 9F	分线盒 10F	km	0.8	
116	分线盒 9F	主排变电所 N12 分站	km	0.7	

表 10-3(续)

电缆编号	起点	终点	单位	数量	备注
118	分线盒 10F	采区变电所 N06 分站	m	78	
119	分线盒 10F	分线盒 11F	m	82	
120	分线盒 11F	采区变电所 N07 分站	m	66	
121	分线盒 11F	分线盒 12F	km	1.2	
122	分线盒 12F	采煤工作面 N08 分站	km	2	
123	分线盒 12F	分线盒 13F	km	2.5	二期
124	分线盒 13F	掘进工作面 N11 分站	km	2.5	二期

二、安全监测监控系统施工设计

根据安全监测监控系统选型设计，对所需要的产品进行招标和定购之后，则需要根据现场生产的情况，进行安全监测监控系统安装的施工设计。进行施工设计的依据主要是有关的矿井安全监测监控系统及检测仪器使用管理规范。

1. 一般性要求

系统安装前，使用单位必须根据已批准的作业规程或安全技术措施提出“安装申请单”，分别送通风和机电部门备案或审批。安装断电控制系统时，使用单位或机电部门必须根据断电范围要求，提供断电条件，并接通井下电源及控制线，在连接时必须有安全监测工在场监护。

模拟量传感器应设置在能正确反映被监测物理量的位置。开关量传感器应设置在能正确反映被监测状态的位置。声光报警器应设置在经常有人工作便于观察的地点。

井下分站应设置在便于人员观察、调试、检验及支护良好、无滴水、无杂物的进风巷道或硐室中，安设时应垫支架，使其距巷道底板不小于 300 mm，或吊挂在巷道中。

隔爆兼本质安全型等防爆电源，宜设置在采区变电所，严禁设置在断电范围内。隔爆兼本质安全型防爆电源严禁设置在下列区域：① 低瓦斯和高瓦斯矿井的采煤工作面和回风巷；② 煤与瓦斯突出矿井的采煤工作面、进风巷和回风巷；③ 掘进巷道及工作面；④ 采用串联通风的被串采煤工作面、进风巷和回风巷；⑤ 采用串联通风的被串掘进巷道。

为保证安全监测监控系统的断电和故障闭锁功能，断电控制器与被控开关之间必须正确接线，具体方法由矿井主要技术负责人审定。

与安全监测监控系统关联的电气设备、电源线和控制线在拆除或改线时，必须与安全监测监控管理部门共同处理。检修与安全监测监控系统关联的电气设备，需要安全监测监控系统停止运行时，须经矿井主要负责人或主要技术负责人同意，并制定安全措施后方可进行。

2. CH_4 传感器的设置

CH_4 传感器应垂直悬挂在巷道上方风流稳定的位置，距顶板(顶梁)不得大于 300 mm，距巷道侧壁不得小于 200 mm，并应安装维护方便，不影响行人和行车。

(1) 长壁采煤工作面 CH_4 传感器必须按图 10-7 设置。U 形通风方式在上隅角设置 CH_4 传感器 T_0，工作面设置 CH_4 传感器 T_1，工作面回风巷设置 CH_4 传感器 T_2；若煤与瓦

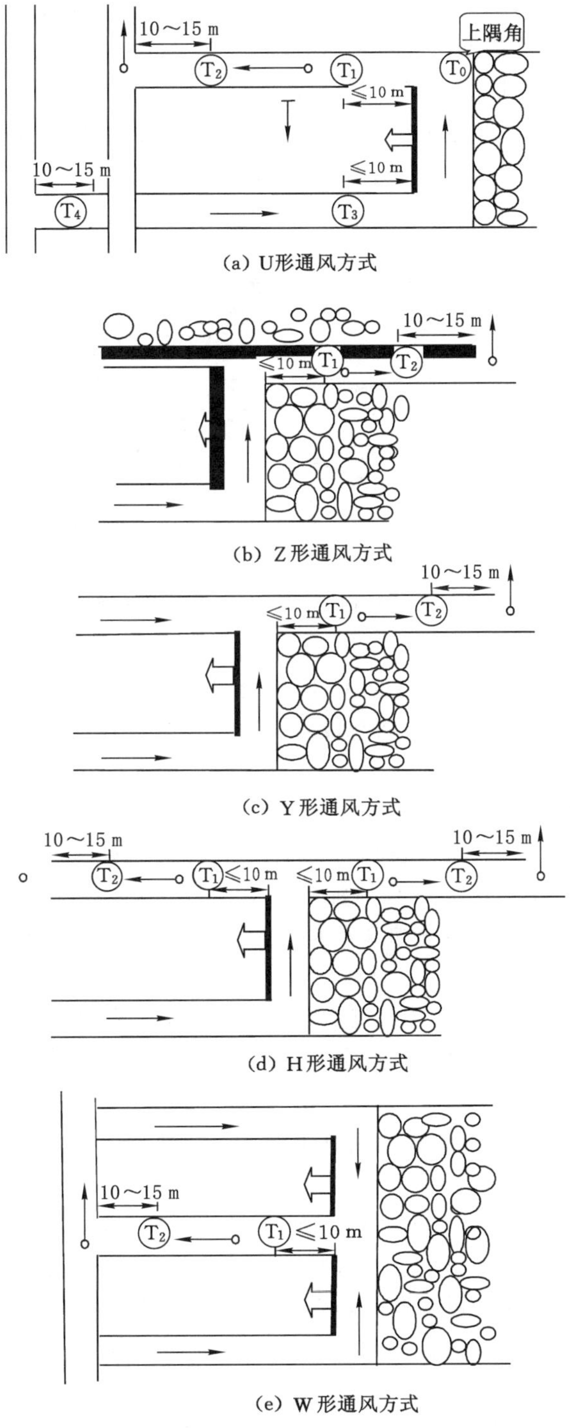

(a) U形通风方式

(b) Z形通风方式

(c) Y形通风方式

(d) H形通风方式

(e) W形通风方式

图 10-7　不同通风方式的长壁采煤工作面 CH_4 传感器的设置

斯突出矿井的 CH_4 传感器 T_1 不能控制采煤工作面进风巷内全部非本质安全型电气设备，则在进风巷设置 CH_4 传感器 T_3；低瓦斯和高瓦斯矿井采煤工作面采用串联通风时，被串工作面的进风巷设置 CH_4 传感器 T_4，如图 10-7(a)所示。Z 形、Y 形、H 形和 W 形通风方式的采煤工作面 CH_4 传感器的设置参照上述规定执行，如图 10-7(b)、(c)、(d)、(e)所示。

（2）采用两条巷道回风的采煤工作面 CH_4 传感器必须按图 10-8 设置。CH_4 传感器 T_0、T_1 和 T_2 的设置同图 10-7；在第二条回风巷设置 CH_4 传感器 T_5、T_6。采用三条巷道回风的采煤工作面，第三条回风巷 CH_4 传感器的设置与第二条回风巷 CH_4 传感器 T_5、T_6 的设置相同。

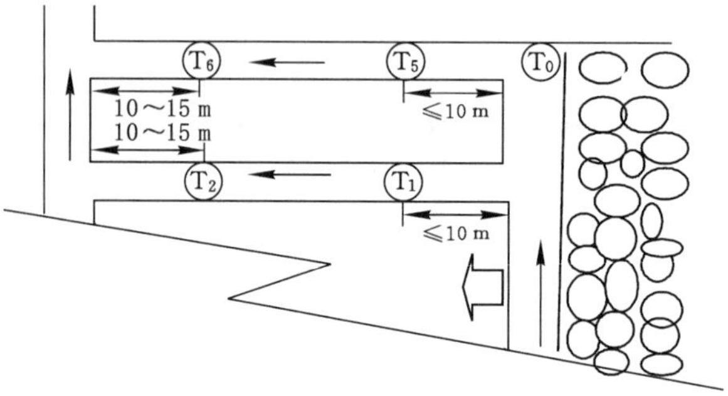

图 10-8　采用两条巷道回风的采煤工作面 CH_4 传感器的设置

（3）有专用排瓦斯巷的采煤工作面 CH_4 传感器必须按图 10-9 设置。CH_4 传感器 T_0、T_1、T_2的设置同图 10-7；在专用排瓦斯巷设置 CH_4 传感器 T_7，在工作面混合回风风流处设置 CH_4 传感器 T_8，如图 10-9 所示。

（4）工作面 CH_4 传感器的设置：

① 高瓦斯矿井的煤巷、半煤岩巷和有瓦斯涌出岩巷的掘进巷道及工作面 CH_4 传感器必须按图 10-10 设置。在工作面混合风流处设置 CH_4 传感器 T_1，在工作面回风流中设置 CH_4 传感器 T_2；采用串联通风的掘进工作面，必须在被串工作面局部通风机前设置掘进工作面进风流 CH_4 传感器 T_3。

② 高瓦斯和煤与瓦斯突出矿井双巷掘进工作面 CH_4 传感器必须按图 10-11 设置。在掘进工作面及其回风巷设置 CH_4 传感器 T_1 和 T_2，在工作面混合回风流处设置 CH_4 传感器 T_3。

③ 高瓦斯和煤与瓦斯突出矿井的掘进工作面长度大于 800 m 时，必须在掘进巷道中部增设 CH_4 传感器。

④ 掘进机必须设置机载式 CH_4 断电仪或便携式 CH_4 检测报警仪。

（5）采区回风巷、一翼回风巷、总回风巷测风站应设置 CH_4 传感器。

（6）设在回风流中的机电硐室进风侧必须设置 CH_4 传感器，如图 10-12 所示。

（7）使用架线电机车的主要运输巷道内，装煤点处必须设置 CH_4 传感器，如图 10-13 所示。

（8）高瓦斯矿井进风的主要运输巷道使用架线电机车时，在瓦斯涌出巷道的下风流中必须设置 CH_4 传感器，如图 10-14 所示。

（9）矿用防爆特殊型蓄电池电机车必须设置车载式 CH_4 断电仪或便携式 CH_4 检测报警仪；矿用防爆型柴油机车必须设置便携式 CH_4 检测报警仪。

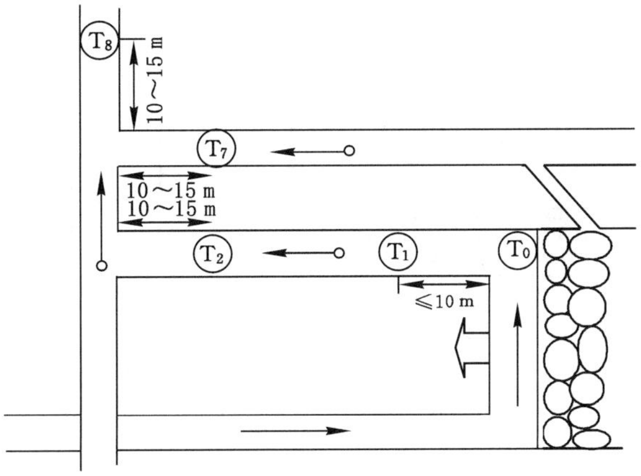

(a)

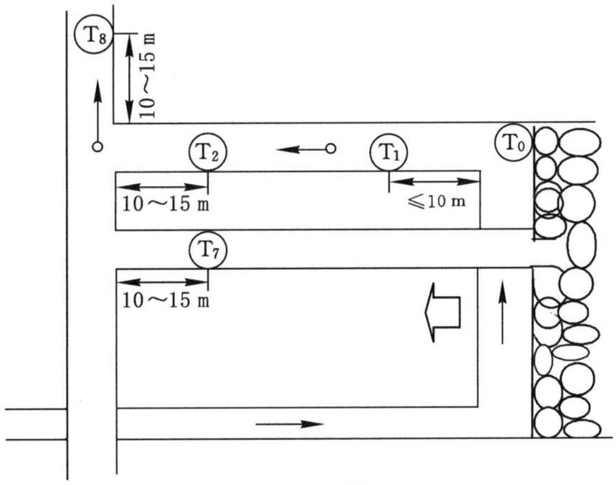

(b)

图 10-9　有专用排瓦斯巷的采煤工作面 CH_4 传感器的设置

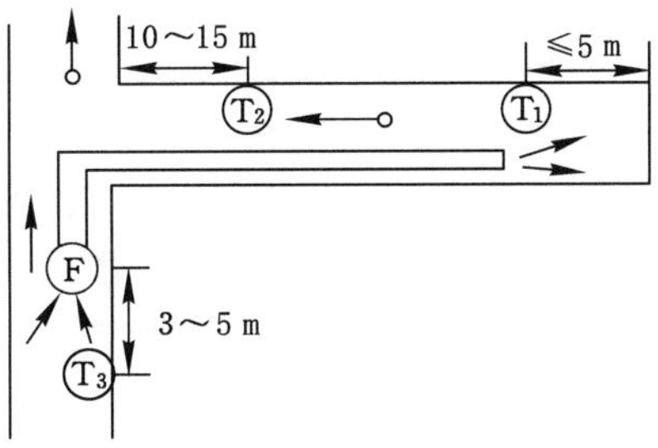

图 10-10　掘进工作面 CH_4 传感器的设置

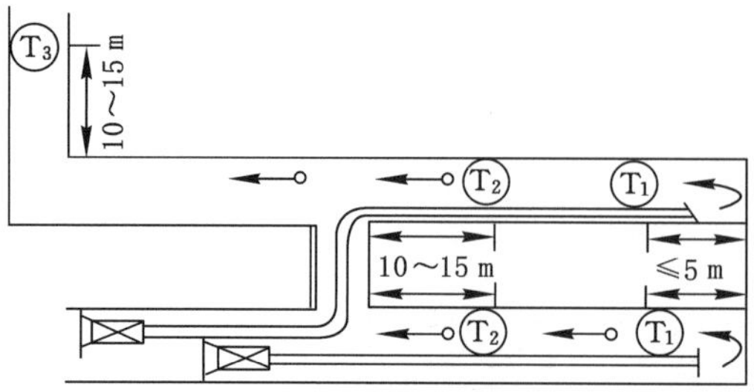

图 10-11 双巷掘进工作面 CH_4 传感器的设置

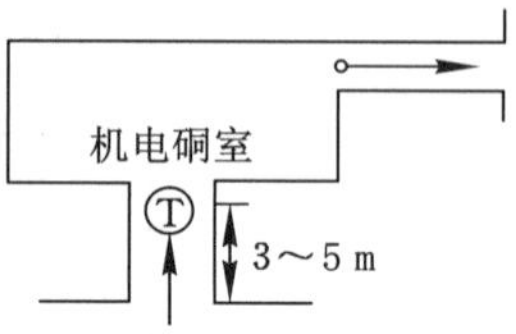

图 10-12 在回风流中的机电硐室 CH_4 传感器的设置

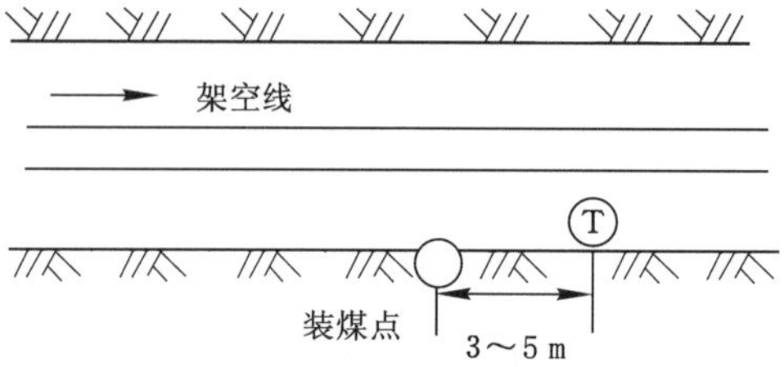

图 10-13 装煤点 CH_4 传感器的设置

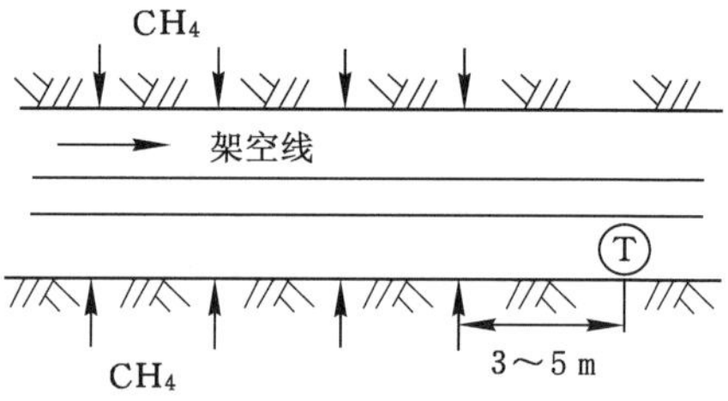

图 10-14 瓦斯涌出巷道的下风流中 CH_4 传感器的设置

复习思考题

1. 安全监测监控系统功能测试的内容有哪些？
2. 安全监测监控系统主要性能指标测试的内容有哪些？
3. 安全生产对安全监测监控系统有哪些基本要求？
4. 安全监测监控系统设计基本原则有哪些？
5. 安全监测监控系统设计基本步骤有哪些？
6. 安全监测监控系统选型设计主要内容有哪些？
7. 试分析不同通风方式的长壁采煤工作面 CH_4 传感器的安装特点及其理由。
8. 试分析有专用排瓦斯巷的采煤工作面 CH_4 传感器的安装特点及其理由。
9. 试分析不同种类掘进工作面 CH_4 传感器设置的特点及其理由。
10. 结合某一矿井生产实际情况，做一个安全监测监控系统的施工设计。

参考文献

[1] 卞长弘，宁培松，王晓滨，等. 矿井监测监控系统综述[J]. 煤炭企业管理，2005(7)：62-63.

[2] 戴焯. 传感与检测技术[M]. 武汉：武汉理工大学出版社，2003.

[3] 董文庚，刘庆洲，高增明. 安全检测原理与技术[M]. 北京：海洋出版社，2004.

[4] 范天吉. 煤矿监测监控综合技术手册[M]. 长春：吉林电子出版社，2004.

[5] 焦阳. 我国安全监测监控系统的发展和应用[J]. 煤炭经济研究，2014，34(10)：37-39.

[6] 柯建华，魏学业. 基于 RFID 与 CAN 的煤矿井下人员定位系统研究[J]. 煤炭工程，2006(11)：104-106.

[7] 雷丽文，朱晓文，蔡征宇，等. 微机原理与接口技术[M]. 北京：电子工业出版社，1997.

[8] 李国彪. 充分发挥监测装置作用　确保高瓦斯矿井安全生产[J]. 矿业安全与环保，2004，31(6)：63-65.

[9] 刘洪. 煤矿安全监测技术[M]. 北京：煤炭工业出版社，1993.

[10] 煤炭工业部安全司. 矿井安全监控原理与应用[M]. 徐州：中国矿业大学出版社，1996.

[11] 孟立凡，郑宾. 传感器原理及技术[M]. 北京：国防工业出版社，2005.

[12] 钱德群. 矿井通风安全仪器及监测系统[M]. 北京：煤炭工业出版社，1991.

[13] 邱振先. 煤矿安全监测系统的可靠性问题[J]. 东北煤炭技术，1998(4)：3-8，13.

[14] 孙继平. 测试矿井监控系统性能的模拟分站及连接方法[J]. 煤矿自动化，2001(1)：1-3.

[15] 王汝琳. 矿井环境传感技术[M]. 徐州：中国矿业大学出版社，1998.

[16] 王宗信，谢万新. 传感器基础知识[M]. 北京：煤炭工业出版社，1988.

[17] 徐闯，何青松. 基于多网融合及联动的煤矿安全监控系统设计[J]. 矿业安全与环保，2018，45(6)：66-68.

[18] 徐建平. 新版 GB3836 系列标准解读与实施[J]. 石油化工自动化，2011，47(2)：9-18.

[19] 徐孟梵. 煤矿中应用的传感器现状及其发展[J]. 煤矿自动化，1996(4)：27-29.

[20] 杨世兴，龚尚福. 监测监控系统[M]. 西安：西安出版社，1999.

[21] 杨天怡，黄勤. 微型计算机控制技术[M]. 重庆：重庆大学出版社，1996.

[22] 殷毅. 智能传感器技术发展综述[J]. 微电子学，2018，48(4)：504-507，519.

[23] 张德增，郑江萍. 煤矿安全监测技术基础知识[M]. 北京：煤炭工业出版社，1993.

[24] 张国枢. 通风安全学[M]. 3 版. 徐州：中国矿业大学出版社，2021.

[25] 张贤，纪佳玉，季念存.原煤仓料位监测方式的现状和发展[J].科技与创新，2022(5)：17-19，22.

[26] 中国石油化工总公司安全监督局.石油化工安全技术：中级本[M].北京：中国石化出版社，1998.

附　录

附表　t分布表

$P\{t(n)>t_{\alpha}(n)\}=\alpha$

n	t					
	P=0.2	P=0.1	P=0.05	P=0.02	P=0.01	P=0.001
1	3.077 68	6.313 75	12.706 20	31.820 52	63.656 74	636.619 25
2	1.885 62	2.919 99	4.302 65	6.964 56	9.924 84	31.599 05
3	1.637 74	2.353 36	3.182 45	4.540 70	5.840 91	12.923 98
4	1.533 21	2.131 85	2.776 45	3.746 95	4.604 09	8.610 30
5	1.475 88	2.015 05	2.570 58	3.364 93	4.032 14	6.868 83
6	1.439 76	1.943 18	2.446 91	3.142 67	3.707 43	5.958 82
7	1.414 92	1.894 58	2.364 62	2.997 95	3.499 48	5.407 88
8	1.396 82	1.859 55	2.306 00	2.896 46	3.355 39	5.041 31
9	1.383 03	1.833 11	2.262 16	2.821 44	3.249 84	4.780 91
10	1.372 18	1.812 46	2.228 14	2.763 77	3.169 27	4.586 89
11	1.363 43	1.795 88	2.200 99	2.718 08	3.105 81	4.436 98
12	1.356 22	1.782 29	2.178 81	2.681 00	3.054 54	4.317 79
13	1.350 17	1.770 93	2.160 37	2.650 31	3.012 28	4.220 83
14	1.345 03	1.761 31	2.144 79	2.624 49	2.976 84	4.140 45
15	1.340 61	1.753 05	2.131 45	2.602 48	2.946 71	4.072 77
16	1.336 76	1.745 88	2.119 91	2.583 49	2.920 78	4.015 00
17	1.333 38	1.739 61	2.109 82	2.566 93	2.898 23	3.965 13
18	1.330 39	1.734 06	2.100 92	2.552 38	2.878 44	3.921 65
19	1.327 73	1.729 13	2.093 02	2.539 48	2.860 93	3.883 41
20	1.325 34	1.724 72	2.085 96	2.527 98	2.845 34	3.849 52
21	1.323 19	1.720 74	2.079 61	2.517 65	2.831 36	3.819 28
22	1.321 24	1.717 14	2.073 87	2.508 32	2.818 76	3.792 13
23	1.319 46	1.713 87	2.068 66	2.499 87	2.807 34	3.767 63
24	1.317 84	1.710 88	2.063 90	2.492 16	2.796 94	3.745 40
25	1.316 35	1.708 14	2.059 54	2.485 11	2.787 44	3.725 14
26	1.314 97	1.705 62	2.055 53	2.478 63	2.778 71	3.706 61
27	1.313 70	1.703 29	2.051 83	2.472 66	2.770 68	3.689 59

附表(续)

n	t					
	P=0.2	P=0.1	P=0.05	P=0.02	P=0.01	P=0.001
28	1.312 53	1.701 13	2.048 41	2.467 14	2.763 26	3.673 91
29	1.311 43	1.699 13	2.045 23	2.462 02	2.756 39	3.659 41
30	1.310 42	1.697 26	2.042 27	2.457 26	2.750 00	3.645 96
40	1.303 08	1.683 85	2.021 08	2.423 26	2.704 46	3.550 97
50	1.298 71	1.675 91	2.008 56	2.403 27	2.677 79	3.496 01
60	1.295 82	1.670 65	2.000 30	2.390 12	2.660 28	3.460 20
70	1.293 76	1.666 91	1.994 44	2.380 81	2.647 90	3.435 01
80	1.292 22	1.664 12	1.990 06	2.373 87	2.638 69	3.416 34
90	1.291 03	1.661 96	1.986 67	2.368 50	2.631 57	3.401 94
100	1.290 07	1.660 23	1.983 97	2.364 22	2.625 89	3.390 49
110	1.289 30	1.658 82	1.981 77	2.360 73	2.621 26	3.381 18
120	1.288 65	1.657 65	1.979 93	2.357 82	2.617 42	3.373 45
∞	1.281 55	1.644 85	1.959 96	2.326 35	2.575 83	3.290 53